新民说

成为更好的人

The Never-ending Feast

饮宴人类学与考古学

THE ANTHROPOLOGY AND ARCHAEOLOGY OF FEASTING

Kaori O'Connor

[英] 香里·奥康纳————著

X. Li————译

GUANGXI NORMAL UNIVERSITY PRESS

广西师范大学出版社

·桂林·

WUJIN DE SHENGYAN: YINYAN RENLEIXUE YU KAOGUXUE
无尽的盛宴：饮宴人类学与考古学

© Kaori O'Connor, 2015
This translation is published by arrangement with Bloomsbury Publishing Plc

著作权合同登记号桂图登字：20-2016-116 号

图书在版编目（CIP）数据

无尽的盛宴：饮宴人类学与考古学 /（英）香里·奥康纳
(Kaori O'Connor)著；X. Li 译. --桂林：广西师范大学出版社，
2023.5（2023.12 重印）
书名原文: The Never-ending Feast: The Anthropology and
Archaeology of Feasting
ISBN 978-7-5598-5732-3

Ⅰ. ①无… Ⅱ. ①香… ②X… Ⅲ. ①饮食－文化史－
研究－世界－古代 Ⅳ. ①TS971.201

中国国家版本馆 CIP 数据核字（2023）第 019664 号

广西师范大学出版社出版发行

（广西桂林市五里店路 9 号　　邮政编码: 541004）
（网址：http://www.bbtpress.com）
出版人：黄轩庄
全国新华书店经销
广西广大印务有限责任公司印刷
（桂林市临桂区秧塘工业园西城大道北侧广西师范大学出版社集团
有限公司创意产业园内　邮政编码: 541199）
开本：880 mm × 1 240 mm　1/32
印张：10　　　字数：276 千
2023 年 5 月第 1 版　　2023 年 12 月第 2 次印刷
审图号：GS（2022）5699 号
定价：88.00 元

如发现印装质量问题，影响阅读，请与出版社发行部门联系调换。

心怀无尽的爱意

献给我的女儿

Kira Eva Tokiko Kalihilihiokekaiokanaloa Ffion Lusela Hopkins

致　谢

　　一场盛宴需要许多人参与。谨在此由衷地感谢大英博物馆信托理事会，以及我的出版社布鲁姆斯伯里出版公司（Bloomsbury），尤其是露易丝·巴特勒（Louise Butler）、莫莉·贝克（Molly Beck）和肯·布鲁斯（Ken Bruce），他们是本书的匿名审稿员。我还要感谢金·斯托里（Kim Storry）和所有文字编辑、校对员、设计师以及其他参与本书制作的人，还有伦敦大学学院人类学系。《无尽的盛宴》的贵宾席要留给我的女儿吉拉（Kira），诺埃尔·里斯（Noel Rees）、保罗·西戴（Paul Sidey）、提摩西·奥苏利文（Timothy O'Sullivan），我快活的烹饪伙伴吉利安·莱利（Gillian Riley）和海伦·萨贝里（Helen Saberi），无意中促成此书问世的马克斯·卡洛西（Max Carocci），我的阿姨山城玛莎（Martha Yamashiro）和外祖母山城かと（Kato Yamashiro），最初是她们带我走过平安时代日本的"梦浮桥"。潘瑟斑（Panserban）和麻将（Mah-Jongg）是不请自来的客人，它们尤其喜爱日本皇室为猫举行的宴会。在这里，特向古往今来的众多学者和作家祝酒，本书收入了他们的成果，同时也为那些与我们共享其盛宴的古人干杯。

目录

第一章

引言：盛宴之邀

倘若庆贺新生儿命名（Amphidromia）的宴会已经开席，门上怎能不挂花环，探出的鼻子怎能闻不到美味？因为此时应按风俗烤香来自半岛的切片奶酪，烹煮浸在油中晶莹发亮的卷心菜，炙烤几块肥美的小羊排，拔下斑鸠、鹌鸟和雀鸟的羽毛，同时狼吞虎咽地吃下墨鱼和鱿鱼，小心舂捣蠕动的水螅，并饮下一杯杯未过分掺兑的醇浆。

——厄庇普斯的《革律翁》，引自阿忒奈奥斯的《宴饮丛谈》

（Epippus in *Geryones*, in Athenaeus IV: 370c-d, in Garnsey 1999: 128）

大英博物馆是世界上历史最悠久，同时也最著名的公共艺术殿堂，其高大的大门两翼矗立着40根石柱组成的柱廊，式样仿效普里埃内（Priene）的雅典娜神庙和忒俄斯（Teos）的酒神狄俄倪索斯（Dionysius）神殿，顶端的山形墙上雕刻有古希腊时期的人物形象，他们象征着文明的进程（Mordaunt Crook 1972）。这座博物馆旨在收存各个文化的珍宝，它们记录着人类从远古走向现代的进程，在高悬的穹顶下，被永远笼罩在柔和的阴影中；这里厅室相连，巨大的楼梯以不可阻挡之势螺旋上升，将我们引向那些来自许久之前和千里之外的物件。700万件争奇夺目的藏品或陈设于基座之上，或展示于箱柜之中，任凭时光荏苒。在它们的面前，连时光也得折服退让——古希腊人的双耳喷口罐（kraters）和基里克斯陶杯（kylixes，一种双耳、浅口的有脚杯），波斯阿契美尼德王朝（Achaemenid）的银制容器，美索不达米亚（Mesopotamia）地区乌尔城（Ur）的黄金碗，中国商代的青铜鼎，日本的漆器，等等，都被贴上博物馆的标签，吸引人们注意其优美的形状、高雅的色泽和精巧的纹样。展品仿佛在宣告这形形色色的就是"艺术"——人类文化和文明的普遍本质与缩影。但，果真如此吗？

如果不将这些物品视为"艺术"，你会看到什么？尽管它们如今空空如也，被剥去了自身的功能和处境，但它们都曾是盛放佳肴美馔的餐具，是能倾倒出精选佳酿的酒壶，是插着吸管供人啜饮、装点着黄金和青金石的高大啤酒罐，是堆着如山高的水果和蛋糕的大浅盘，是雕有饮宴场景的圆筒印章，是描绘了在宾客间奔走如飞、衣襟飘起的仆从形象的雕带。充塞这座博物馆的不是"艺术"，而是无数幽灵般的盛宴的一息尚存。

盛宴！没有几个词语能蕴含如此多的期盼和欢欣，其中又混杂着来自通俗理解的隐晦内涵和联想，2010年版《牛津英文词典》（*Oxford English Dictionary*）将"盛宴"定义为：为向某人致敬或标记宗教/世俗纪念日而举行的、令人愉快且具有庆祝意义的事件；与某地相关的节庆；为若干宾客举行的豪华饮宴或娱乐活动；具有一定公共属性的宴会；一顿不同寻常的、丰盛而可口的饭菜。然而，这就是"盛宴"前世今生的一切吗？

大英博物馆以及世界各地其他大大小小同类机构的藏品显示，宴会和宴请是"世界范围内社会生活中极为重要的一个方面"（Dietler and Hayden 2001 b: 2），是贯穿每个历史时期的全人类共通之处。然而，尽管宴会普遍存在，但对过往宴会（尤其是前现代欧洲以外地区的宴会）细节的了解却只限于高度专业化的学术领域。博物馆管理者喜欢说"每件物品都讲述了一个故事"，但就宴会和宴请而言，更恰当的说法是"每件物品都提出了一些问题"——这些博物馆里的饮宴器具是在怎样的社会和历史背景底下被使用的？这些古老的宴会是什么模样，它们又为什么如此重要？

不久之前，这些都还不被认为是严肃的学术问题。直到20世纪

60年代，除了研究古希腊-罗马世界的学者（Wilkins 2012; Wilkins, Harvey and Dobson 1995; Halstead and Barrett 2004; Gold and Donahue 2005）和经济历史学家以及民俗学者（Scholliers 2012: 59; Scholliers and Clafin 2012）之外，研究古代史的历史学家往往对食物、酒水和饮宴缺乏兴趣，这一点"已被他们自己无声胜有声地证实了"（Bottéro 2004: 2）。不过还是有例外的，尤其是法国历史学家、亚述（Assur）专家博泰罗（Bottéro），他花费数年时间研究古代美索不达米亚的饮食，翻译了世界上已知最早的食谱，其中汇集了名贵的菜肴，堪称宫廷烹饪的典范（2004, 2001, 1999, 1995, 1987, 1985）。还有分子考古学家帕特里克·E. 麦戈文（Patrick E. McGovern）（2009, 2003; McGovern et al. 1995），他追索种植葡萄酿酒的起源及惯例，并为酿酒厂和文化遗产活动重现古代佳酿提供建议，尤其是曾出现在"弥达斯王的葬宴"（King Midas's Funeral Feast）上的美酒。博泰罗和麦戈文都将饮食置于更宏大的社会和历史脉络中去考察，他们的菜谱让过去的饮食能被重新制作出来、供人享用，给这个领域增加了新的维度。不过总的来说，食物和宴会即便真的被提及，也只是历史的注脚。

文学作品则另当别论。希腊和罗马时代古典作品的断章残简充满了如本章开头那样的描述，而下面这段话来自欧洲最古老的烹饪书，公元前4世纪生活在杰拉的阿刻斯特剌图斯（Archestratus of Gela）所著的《奢华生活》（*Life of Luxury*），原文是韵文，这里以散文形式呈现（Wilkins and Hill 2011）：

盛宴之中，人们总是用丰饶大地上的各色鲜花制成花冠，点缀头上；用蒸馏提炼的香水轻抹头发，并终日遍撒没药与香薰的细末，它们是来自叙利亚的芳香果物。而当你饮酒时，这些美食被送到面前：用蒔萝、味道很强的醋和串叶松香草烹

煮的母猪腹肉和子宫；煨烤而成的鲜嫩禽肉，以及任何当季的
食材。

（Archestratus, fragment 62 in Wilkins 2014: 181）

然而，包括该书在内的无数著作都被视为文学作品，或在某些情况
下被当作医学资料，而不是历史文献。在文学分析中，食物不是维持生
命的必需品，而是隐喻，是道德和价值的载体，自成一套论调，远离历
史和日常生活。点明享乐的危险和批判奢侈无度是反复出现的主题。

这种观点融入了西方文学传统并成为内在的文化态度，一直延续
至今，它在学术上体现为一种根深蒂固的忧惧心理：醉心于研究食物
和饮宴会导致著作被视为一种"时髦的消化不良"（Dietler and Hayden
2001b: 2），失之肤浅、琐碎。霍尔兹曼警告说，以食物为中心的通俗
分析，会让对品味的研究降格为单纯研究"美味"，只能逢迎西方"享
乐主义者"的感官（Holzman 2006: 164），而萨顿（Sutton）则提醒说，
虽然赞美食物值得称道，但使研究不至沦为"享乐主义"——通过奢侈
放纵、感官刺激、暴食等一切方式无节制地追求欢愉——的牺牲品十分
重要。实际上，希腊哲学家伊壁鸠鲁*倡导节制和简朴生活，他认为社
交比单纯的吃喝更有价值，他说："在张罗饮食之前，我们应先寻找同
食共饮的伙伴。因为形单影只地进食与狮和狼的生活无异。"

然而，对"享乐主义"一词的曲解和误用已成痼疾。从中可以
看到一种对谢拉特所谓"没有矫饰和贪婪的乌托邦世界"的学术憧憬
（Sherratt 1999: 13），和被埃利亚斯界定为欧洲布尔乔亚式对于名流精英

---

* Epicurus，公元前341—前270。上句"享乐主义"（Epicureanism）一词源自他的
名字。本书作者的注释以文内夹注的形式呈现，脚注均为译者所加。

的光鲜、"放纵"的不满（Elias 1983），这种态度出现于近代早期并长久以来妨碍着对于宫廷社会的研究。在鄙薄和反对的阴云底下，博物馆里的宴饮器具被剥夺了语境，变得暗哑无声，仅作为"艺术品"展示也就不足为奇了。总之，宴会"被当作琐碎或不重要的活动，与更严肃的问题并不相干"，作为一种理解人类社会的途径，它一度是"几乎完全遭到忽视的关键因素"（Hayden and Villeneuve 2011: 435），直到发生了如下变革。

文化/物质转向

20世纪70、80年代，建立已久的学术范式从根本上被重新评估，人文社会科学由此改头换面（这些运动的最初影响发生在人类学中，参见奥特纳的作品［Ortner 1984］，更广泛的影响参见希克斯的著作［Hicks 2010］），特别是在传统的历史和文学领域。前者宏大叙事和遵循事物发展沿革的特点都不再被奉为圭臬，并且官方历史的通行模式，即"独特而不重复的连串事件……个别人零散行动的积累"（Elias 1983: 3），亦称"伟人"进路，受到社会形态和动力研究的冲击而被放弃。官方文本的权威遭到挑战：它们如今仅被看作历史的一部分，只讨论精英阶层，并且存有偏见，只是一种视角。对于历史学家而言，"人类学的洞见有助于理解那些对近代历史学家来说过于奇特的过去的种种情状"（MacFarlane 1988），如繁琐的仪式、血亲复仇、君权神授，以及魔法和巫术；人类学指出了符号的重要性、物料的中介作用、不同形式的社会组织的动力学，以及整体论（holism）的重要意义。如在"新历史"领域影响深远的《传统的发明》（The Invention of Tradition, Hobsbawm and Ranger 1984）就论证了"传统"不是永恒的客观真理，而是对应特定时空的文化建构和诠释。过去聚焦于政治、外交和经济的做法，被更广阔的文化和物质生活整体的视角取代。社会史就是一个值得注意的例子，它由法国的年鉴派学者发展出来，主要研究中世纪晚期和近代早期。曾被认为是纯粹的"文学性"著作，如今却被当作社会学文献，这一转变使历史学家能自由地利用詹姆斯·戴维森所谓"从古代文学的餐桌上掉落的残羹冷炙"（James Davidson 1998: xvi）来阐明他们的分析，以饮食为透镜窥探创造出它们的人物、事件、文化和环境。心态（mentalities）概念出现，意为独特而稳固的世界观和思维方式，与人类学家口中的"文化"相似。本土微观研究或微观历史取代大规模的宏观研究而成为潮流，重大事件被日常小事取代，研究焦点转移到了普通民众身上，他们曾经在官方记录中无迹可寻，而且往往目不识丁，被隔绝于高雅文化之外，也无从对其做出贡献。

拉杜里（Ladurie）的《蒙塔尤》（*Montaillou*，1978）是一部先锋之作，研究中世纪法国朗格多克（Languedoc）地区某村庄的农夫，该书引用了宗教裁判所的记录，其中包含了未受教育的农民的直接证词，并附有根据记录所制作的农民物资清单。粗面包、熏肉和卷心菜汤，以及从野地搜集来、权充给养的蜗牛，缺乏糖、酒等进口物资，这些都显示出他们地位低下，与贸易网络隔绝。正如拉杜里所言，想要把这群面目模糊、沉寂无言的民众从他们晦暗不明的过去中召唤出来，需要参考新型非文学性"文献"——包括曾被认为无趣的行政记录、人口统计，以及由物件承载的非书面记录，如从篮子、家具到建筑、食物等等一切，这点尤为重要。此外，文化的象征层面和平凡事物、日常生活揭示出的宇宙观变得重要起来，当时的一部关键著作是《文化的解释》（*The Interpretation of Cultures*, Geertz 1973）。

总而言之，这就是被后世称为"文化/物质转向"（Cultural/Material Turn）的开端。无文字的文化和日常物质世界，对于大多数历史学家而言是崭新的领域，于是许多人求助于长久以来专攻此道的学科——人类学。

关于食物和宴请的早期人类学研究

尽管一些人类学家主张人类学比历史学更古老（Sahlins 2004），但系统而"科学"的人类学是在西方殖民时期才兴起的。出于对详尽描述新占领的地域和民族的需要，英国从1874年起在一本名为《人类学的询问与记录》（*Notes and Queries on Anthropology*）的杰作的帮助下进行了许多必要的观察，该书自陈其宗旨为"促进旅行者作出准确的人类学观察"，对象则是大英帝国鼎盛期各部分领地的原住民。此书小到足以放入口袋，封面饰有浮凸的英寸尺和厘米尺，以便观察者当场测量。其内容包括关键话题和一些可用于细致描述遇到的任何社会形态的问题列表，得出的成果会被送回位于伦敦的皇家人类学会（Royal Anthropological Institute）。

《询问与记录》最终成为专业人类学家的工作指南，它有意避开了理论问题：

> 这些无疑非常重要，但是观察者的当务之急是观察和记录，而应严格避免将理论混入查明的事实……如果记录者想要沉浸在假设中，相关内容应移至附录处，就不会引致模棱两可。

> （*Notes and Queries* 1929: 17）

较之理论，《询问与记录》聚焦于两个宽泛的类目——社会组织和物质文化——它们不彼此分立，而是组成了一个内容无所不包并互相联系的整体，从经济状况、农业以及待客之道，到舞蹈、刺激物和烹饪，而且细节十分丰富。篮子是缠绕式还是斜纹交叉编织？船只如何建造？用的是什么样的鱼钩？《询问与记录》还提醒读者：

> 重要的是：对一个民族的文物古迹和物质文化的研究，不应单单从物质层面进行……仪式操演和日常工艺品之间存在着一种有机联系。对于各产业而言，这些操演的确如技术流程本身一样必不可少，因此同样需要被记录下来。即便不是所有的，至少大多数比较重要的仪式……具有社会宗教意义……且明显具有实用目的；它们不仅起到维护和增进社会福祉的作用，还常常有着确切的目标，譬如提高庄稼收成，或带来狩猎、捕鱼和战争的成功。因此，任何对占领地民族的描述都不仅要留意其物质方面，还必须留意微小的礼仪行为和重大的典礼仪式……此外，占领地的神话和传说都应当被记载下来……有时栽培特定植物需要格外多的仪式，有些则丝毫不用，应当努力分辨它们并探究其理由。
>
> （*Notes and Queries* 1929: 187）

在这里，《询问与记录》（1929: 188）指出物质文化有着额外的用处："有时候，社会宗教事务的调查者可能无法获取信息，然后他会发现研究物质文化为他另辟蹊径。"物质文化因解释了信仰而揭示出社会组织结构。一些关于物质生活的简单问题——比如"食物是已然切分好，还是每人自己动手？"以及"在侍奉出席宾客或提供酒水的时候，是否遵循什么顺序？"——很明显能够揭示在别处无法轻易观察到的复杂的社会等级制度，以及其中包容与排斥（inclusion and exclusion）的动力。

《询问与记录》中的问题并非用于询问被观察者——"这些问题是设计来吸引观察者注意易被忽视的事实，它们建基于全世界田野工作者的实践经验。这是一次打开所有可能的调查领域的尝试"（*Notes and Queries* 1929: 19）。

通过阅读这本手册，观察者不由自主地被引入了未知的物质世界，学习用新的方法看待它们，特别是从被观察者的角度来看。

一如手册所表述的那样，与食物相关的物质文化提供了丰富的材料证明充足的食物供给"是占据时间和精力最多的事务，所有民族皆如此"（1929: 218）。本书的早期版本有五个小节专门讨论食物——烹调方式、食品种类、生火、酿造饮品及安排膳食。问题包括："食谱中的主食和辅食分别是什么……从蠕虫或蛆到人？"（万一观察者遇到食人的情况，还有特别问题："是惯常还是例外？人肉是与其他动物的肉并无二致，还是被仪式性地食用？食用人体的哪一部分以及为什么？有没有哪些部位被认为是美味？"）在成百上千的其他问题之中，还有："是否知道啤酒及其酿造方法？狩猎和捕鱼活动的收获如何分配？男性和女性是否被允许一同进食？菜肴之间是否有特别的先后顺序？是否存在与食物相关的特殊仪式？是否有保存水果或蔬菜的做法，如糖渍、发酵、腌制等？是否举办盛大的宴会？如果有，在什么场合？"

所有社会，无论大或小，简单或复杂，都离不开宴会，对饮宴的描述如洪水般涌现：在尼日利亚南部的老卡拉巴尔（Old Calabar），盛大的宴会在甘薯丰收之前举行；北美洲的易洛魁人（Iroquois）的仲冬节（Midwinter Festival）围绕宴会和献祭一只白狗进行；新几内亚的猎头人会举行庆功宴，胜利的武士们盛装出席，从雕成鳄鱼形状的木槽中享用特殊的食物；在新几内亚的其他地方，有亲缘关系的部落和联盟聚在一起，举行九天的宴会，以猪作为礼物维系彼此的忠诚，随后是面具游行以及舞蹈；在南非的祖鲁地区（Zululand），长老和头领过世后会举行宴会，以消除死亡带来的"黑暗"；东非的巴凯内人（Bakene）用盛大的肉类宴会庆祝婚礼；在婆罗洲的萨盖人（Sagai）的猎头大会上，成功的猎手发表关于战利品（其头颅同时被展示出来）的演讲，然后讨要他选中的新娘；西非的富拉尼人（Fulani）只有在新婚夫妇诞下头一个儿子时，才宰杀自己的牲口以举办宴席，并且只有婴儿的父亲、他婚礼时的男傧相和一位被选中的男性友人被允许分食；在印度的旁遮普省（Punjab），为庆祝穆斯林的订婚，要举行三天的盛宴和馈赠典礼；东非的阿坎巴人（Akamba）在进行祈雨仪式时，用牛肉和甜啤酒举办宴会；北美洲西北太平洋沿岸，在印第安人著名的夸富宴（potlatch）上，成堆的贵重物品在聚集的宾客面前，在炫耀斗富中被销毁……更多的例子不胜枚举。饮宴贯穿时间、空间和诸多文化，永无止境。

宴会和食物显然属于社会理论家马塞尔·莫斯（Marcel Mauss）（1966: 76-7）所谓的"整体性社会现象"（total social phenomenon），目前常被称作"整体性社会事实"（total social fact）：

> 这些现象同时是法律的、经济的、宗教的、审美的和形态学的。它们是法律的，因其关乎个人和集体权利，也关乎有组织并在社会中扩散的道德准则；它们可能完全是义务性的，或仅仅是供人褒贬的事由。它们同时是政治的和家庭的，与阶层、部落和家庭均相关。它们是宗教的，因其关涉真实信仰、万物有灵论、魔法和弥漫的宗教心态。它们是经济的，因为价值、实用、利益、奢侈、财富、获取、积累、消费和巨额支出，这些观念悉数呈现其中，尽管其内涵或许与现代的不同。这些机制尚有重要的审美意义是我们未加探究的，但是舞蹈、歌唱和演出，在营地和伙伴间穿梭的夸张炫目的表演，悉心制

造、使用、装饰、打磨、收集和充满感情地传递的物品，它们被喜悦地接收、在胜利时赠出，还有人人参与的盛宴——这一切，食品、物件和仪式，是审美情感和利益所催生的情感的来源。

这种总体性直指人类学分析和描述的独特核心——整体论，指对一个社会所有方面及其关联的研究。用马塞尔·莫斯的话来说（Mauss 1966: 78）就是："研究具体事物就是研究整体……较之研究抽象概念……提供了更多的解释。"

人类学的目的不只是单纯积累对异域民族及其习俗的描述。根据人类学家布罗尼斯拉夫·马林诺夫斯基（Bronislaw Malinowski）的说法（1922: 517-8），该学科的基本目标是"以了解自身为最终目的去研究其他文化"。或是如人类学家弗朗茨·博厄斯（Franz Boas）所说（1928: 522），人类学必须研究人类文化过去和现在的所有形式，包括我们自身。

研究模式从积累的大量描述中逐渐浮现。在所有文化中，食物总是处于生物物理和社会文化的交叉口。食品生产的不同形式与特定种类的社会组织相关，反之亦然。食物是给养，也是象征，将身体与精神、过去与现在、地点与人、自我与社会连结起来。这些意义和价值体现在作为整体的烹饪中，特别是在膳食或食物，甚至一道菜之中，赋予它们象征性力量。除了物质方面，还有一种关联式宇宙论将食物与宗教、神话、魔法和信仰联系在一起。食物连结了社会、物质和神，而宴会是其核心所在。

在世界各地，宴会是以下事项的主要舞台：

· 展示等级、地位和权力，包括性别差异

· 表达竞争和冲突的意图

- 协商效忠和联合

- 通过包容与排斥创制和巩固社群和身份认同

- 对自然世界、时间和生命循环进行文化层面的认同和规制

- 建立公共礼仪制度

- 连结神圣和世俗

- 庆祝诞生或死亡

- 致敬神

- 纪念特定事件和要人

- 调动和开发各种资源

　　融入和理解一个社会的最佳方式就是出席一次宴会，并追索其中的关系网络、等级、仪式和展示的物件——这已成为人类学的公理。聚焦于更小范围内特定的一餐或关键的象征性食物，也颇有助益。

　　象征性食物的重要性在古代广为人知，最耳熟能详的例子是斯巴达人用猪肉、血和醋熬成的"黑肉汤"（black broth）。它维系着武士社会的运作，以奢靡闻名的城邦锡巴里斯（Sybaris）的一位市民在品尝过这种肉汤之后表示，他终于理解了为什么斯巴达人能在战场上舍生忘死。另一种说法是，蓬图斯（Pontus）的统治者刚尝了一口，就吐了出来，却被告知："陛下，想要欣赏这道肉汤，必须经过斯巴达式锻炼，还得在欧罗塔斯河（Eurotas，斯巴达城就建在这条河岸边）里洗过澡才行。"我们今日所称的"风土"（terroir）——信赖先祖土地的神秘和本质属性，体现在当地出产并供当地人民食用的食物中。

　　在一本出版于20世纪70年代，之后成为饮食人类学先驱的著作中，当时杰出的人类学家们以当地食物和烹饪为透镜来描述他们所进行田野调查的社会。在一个"民族的"食谱难以被外界取得的时代，大众对异国食物几乎没什么兴趣，烹饪书籍和食谱也尚未被认为是关键的社会学文献，该书却为我们提供了这些食谱。它就是《人类学家的烹饪

书》（*The Anthropologists' Cookbook*）（Kuper 1977），其章节包括朱利安·皮特-里弗斯（Julian Pitt-Rivers）的"（法国凯尔西［Quercy］地区的）鳕鱼干"（Le Stockfish）、罗宾·福克斯（Robin Fox）的"美国西南部的绿辣椒炖菜"、埃丝特·古迪（Esther Goody）的"加纳花生炖菜"、芭芭拉·科铀托夫（Barbara Kopytoff）的"马伦熏烤猪肉（Maroon Jerk Pork）和其他牙买加菜"，以及石毛直道的"烤狗肉或其他替代肉品"。除了这些具体例子之外，该书还促使读者更广泛地思考食物、宴会、我们吃什么、为什么吃及这些因素产生的影响。人类学家玛丽·道格拉斯（Mary Douglas）（1977: 7）在引言中写道："让这本书成为系统性研究饮食人类学的开端吧。"不过，人类学从那时起开始转变。

人类学家起初专注于小规模社群，通常是那些能被称为"部落"的社会组织：居民不会读写，地处偏远以致似乎未受外界影响，处于某种"人类学意义上的当下"，即未随时间流逝发生改变。这样的社群和田野点在20世纪迅速消失，人类学也在二战后愈发被认为受到了殖民主义和帝国主义的污染，并且相对于机械化、城市化及现代性的其他方面来说，它是过时的。较之那个时代横扫世界的社会、政治变迁，全球化对本土饮食的影响以及新独立民族的崛起，"传统"食物似乎显得无关紧要。到20世纪70年代，民族志曾经理所应当的权威性和客观性受到了质疑，人类学家代表其他文化的权力也是一样。而当人类学被自我怀疑压垮时，对食物和宴会的兴趣却萌发了新的生命，另寻沃土、生根发芽。

食物和饮宴研究在历史和考古学界的出现

人类学的暂时失势，恰逢上文提到的文化/物质转向时期，后者见证了包括女性史和文化史在内的所有形式的新史学（New History）的出现。对历史学家而言，一个"借鉴"时期出现了（Scholliers and Claflin 2012: 4），他们如前文所述，借助社会科学，尤其是人类学，赋予他们惯用的、首要的资料——书面文本——以活力、深度和广度。当官方文献的权威受到挑战，学者的研究兴趣便转移到了其他种类的记录和物质文化上。最初，社会学的计量方法——认为事物是有形且可计数的，较之"符号"和"文化"等人类学上的无形物，更易被历史学家采用，但这些无形物最终也被借用了。食物的复杂性及其被人类学家确立起来的在人类生活各方面中的核心地位，使它成为一个如今已遍及全球且发展迅速的研究领域的基础（Mintz and Dubois 2002; Hayden and Villeneuve 2011）。首批食物研究学系于20世纪90年代中期出现在美国大学中，尽管专家学者对这个学科总是存在保留意见。关于食物的历史、社会和文化意义的学术著作开始出现时，批评者就指责它不是一个"真正的"学科，只是"轻学术"（Ruark 1999）。

时至今日，食物史在美国繁荣兴盛（Bentley 2012）并进一步开疆拓土，而在现代欧洲，该领域常被当作理解更重大问题和疑难的透镜，它被形象地比作一座有着许多房间的大宅（Schollier 2012），每一间都住着不同的在某种程度上关注食物的群体。除了那些尽管自诩为"历史学家"却一定程度上受到文化转向影响的人之外，还有社会经济史学家、农业史学家、性别史学家、环境史学家、商品史学家、医药和科学史学家、文化史学家、艺术史学家、以及志在推进批判理论的历史学家。另一些房间里容纳了人类学家、民族学家、社会学家、地理学家、哲学家、心理学家和自然科学家。上述大多是学术界人士，而另有些房间中住着令食物领域大放异彩的、庞大的非学术群体——这些专业人士包括新闻工作者、烹饪作家、博客写手、各种门类的艺术家（参见 Machida 2013）、文物管理者和修复还原者、主厨和其他受过专业烹饪训练的人、手工制作食品的匠人、食品方面的活动家和环保主义者、采食者、作家和小说家、爱好者、收藏家、技术专家和那些将研究与实践相结合的历史学家——比如伊万·戴（Ivan Day）（2014），他重现了中世纪英格兰的烹饪和食品，维多利亚时代圣诞大餐的烹饪技巧、食物和摆盘，以及意大利文艺复兴时期的宫廷膳食。大宅中的人因对不同民族、地域和时代感兴趣而被进一步区分开来。房间之间有时门扉紧锁，有时则连墙壁都可以穿透，促进了交流与合作。这仅仅是食物史吗，抑或是"食物史"在更广阔的跨学科的"食物研究"领域中作为核心存在着？如果是后者，那么究竟是什么构成了这个核心？这些问题极富争议，答案因该领域尚未成熟而不断改变，但辽远的过去以及食物考古学又是怎样的呢？

最初，历史学与关注遥远过去的考古学关系紧密但本质上明显不平等，后者起源于古物研究和收藏。在研究古代近东地区和中世纪欧洲的古典学者和专家眼中，考古被当作历史的附庸，物品建构的无言记录对文本记载的真实性、权威性及联系过去的直接性从不构成挑战。考古所得物件的主要用途是验证文本研究的真实性（Moreland 2001）。因此，收集并按门类或时间发展顺序整理器物的方法备受推崇——如今仍可见于博物馆的展示柜，它显然是对书面记载的确认。为了弥补这种局限的物件用途，通常能以发展的视角看问题的美学和风格便具有了重要意义。历史学家订立了研究过去的议程，而考古学则扮演着历史学的女仆（Moreland 2006: 136）。

这一切都随着"文化/物质转向"而改变了，它对这个学科发生了深刻的影响。对文本的怀疑将考古学从历史学的阴影中解放出来，并且引发了外界所谓"新考古学"（New Archaeology）的出现，考古学家自己则视其为学科持续发展中的对抗性次级运动，或是过程（考古学）和后过程（考古学）的连续发展阶段。如今，考古发现的人工或自然物和整体遗址被许多考古学家视作唯一，或至少主要的与过去的直接联系，于是一切都亟待诠释。与在新史学领域所享受的待遇相似，食物作为人类生活各方面的中心成为一个关键焦点。

在美国，早期的过程主义者（processualists）主张"美国考古学就是人类学，或者什么都不是"（Willey and Phillips in Binford 1962: 217），并且受当时的人类学影响，试图通过考古学的记录，以客观和"科学"的方法，围绕着供给、环境开发、社会结构类型及与之相关的功能性社会身份重构过去的社会（Joyce 2012）。"后过程主义"（postprocessualism）则是一场五花八门而又四分五裂的运动，其最广为人知的做法是以一种主观而政治化的时兴方式处理过去及其物质记录，一系列理论视角都被归入其中，包括马克思主义和新马克思主义考古学、实践理论、性别考古学和现象学（Twiss 2012: 360）。它们的兴趣在于从食物和饮宴的生产、准备、消费、随身用具等方面（Dietler 2006）所体现出来的政治、意识形态、信仰、经济、种族、性别、等级，及其他形式的多样性（Twiss 2012: 357-8）。此外，学者还发展出了"过程加"（processual-plus）考古学，将两者以不同的方式结合起来（Hegmon 2003）。

考古学家"超越了传统的类型学、年代学和分布的考量"（Wright 2004b: 122），开始将人类学的模式和原则应用于文物和遗址，从而使古代遗物重新焕发生机，重现了古代社会的方方面面，并创造了一种不依赖文本的对过去社会的新的动态理解。例如印加（Inca）社会精英阶层的陶器，其形状、分布模式和背景成为"一扇了解在国家权力协调和帝国扩张过程中被形塑的食物、宴会和性别的窗口"（Bray 2003b: 93），而圆筒印章上的饮宴场景则使人们能够一瞥"早期王朝时期（Early Dynastic period，约公元前2900—前2350）美索不达米亚南部城市地区分配和摄入饮食的政治，它对国家权力和政策具有促进作用"（Pollock 2003: 17）。就像当时在其他学科中普遍发生的那样，考古学在早期强调精英阶层食物和宴饮，之后其焦点从权贵拓展到了那些曾被排除在研究之外的人身上。古埃及学（Egyptology）曾长期聚焦于法老墓葬和精英文化，其中新王国时期（New Kingdom）的富人有超过40种面包和蛋糕以及23种啤酒可供选用（Tyson Smith 2003），如今该学科的研究兴趣转移到了"聚落考古学"（settlement archaeology）与无名工人的日常生活、简陋住所和单调饮食之上——是他们建造起了那些精美陵寝、宫室和纪念碑。尽管发生了这些变化，考古学的类型学倾向依然存在，如根据功能分类宴会的趋势——海登（Hayden）笔下的（2001: 38）结盟与合作之宴（为团结）、经济之宴（为获利）与区分之宴（为展示）——这些功能随即被当作模版强加于各种宴会。这可能是有用的探索策略，但却容易脱离情境，使文化景观扁平化，从而令所有宴会千席一面。

同食物史一样，如今的食物考古学也可比作一栋拥有许多房间的大宅，由此萌发的研究五花八门，如发现新大陆之前的加利福尼亚限于单一性别的捣果生产、迈锡尼（Mycenae）的烧祭牲、殖民时代美国奴隶的饮食、玛雅人食肉的经济学和政治学、中国早期的作物选择和社会变迁，以及古埃及阿玛纳（Amarna）劳工村落的面包制作和社会互动。史前历史学家尤为感兴趣的是：在动植物驯化早期与复杂社会和不平等制度出现的过程中，宴会所发挥的作用（Flannery and Marcus 2012; Wright 2014）。

考古学研究与科技日益紧密结合，比如同位素分析法（isotope analysis）为研究过去的长期饮食状况提供了信息。已经有研究者着手揭示地区性的偏好模式——例如认为黏糯米比不黏的米好——这些偏好模式比过去我们所认为的还要古老得多，根植于社会文化的实践和价值观之中（Fuller and Rowlands 2011）。这些偏好显著的长期稳定性和持续性表明：烹饪中存在一种为如今的饮食和宴请方式奠基的文化性史前史，尽管这刚刚开始为人所知。分子考古学（molecular archaeology）被用于研究烹饪锅具和饮器中残留物的成分，而这在过去只能靠猜测，考古植物学（archaeobotany）则探究人类与植物之间长期互动的结果。人们对动植物活动和食物在人类起源、身体发展早期所扮演的角色已有很多了解，但社会层面直到文化/物质转向才开始得到应有的关注。正如考古学家安德鲁·谢拉特（Andrew Sherratt）所言（1999: 29-30）：

> 新的粮食作物和新的驯养牲畜的模式，其扩散是一个社会过程：即像物质文化的其他方面一样，是竞争、仿效、协商、表演和交流整体的一部分。仅就其产品在字面意义上是可消费的，就不应将其排斥于消费人类学的范畴之外。

这将我们带回了人类学。

消费与后来的食物、饮宴人类学

20世纪八九十年代，人类学陷入后殖民时代的自我怀疑中，旧的范式被解构，"消费"概念在人文和社会科学领域横空出世。它被誉为"人类学的一次大转型"和"历史学的先锋"（Miller 1995a: 141, 1995b），涉及将人类学知识应用于发达国家或地区的问题和生命进程中。该领域的先锋之作是玛丽·道格拉斯的《商品的世界》（*The World of Goods,* 1979），她认为当时大批量生产的商品——如手工艺品和在旧的田野点由当地人制作的食品——是以物质形式体现的社会价值，使文化分类变得可见而稳定，社会意义得以交流，并划定了社会关系的界线。物品并非凝滞的，而是能动地反映、影响和创造社会价值和形态。或者像萨林斯（Sahlins）所说（1976），社会分类与物品分类相对应，且当其中一个改变时，另一个也发生变化。消费不仅仅是一种获取行为——它是"文化被争夺和塑造的竞技场"（Douglas 1979: 37）。文献资料中也有记载，阿帕杜拉伊（Appadurai）表示（1981, 1988），在新式流行烹饪书和关键食谱的帮助下，烹制一道标准"印度式"菜肴是达成国家统一的重要因素：食谱和烹饪书都创造并维持了新的社会秩序，因为享用相同食品而产生的共食共生关系（commensality）将社群和个人以一种单靠政治话语无法企及的方式凝聚在了一起。这是《询问与记录》中传统物质文化在当今世界的体现。尽管这在今天看来似乎已是明显又理所当然的，但在当时却是革命性的，它使各学科学者接触到人类学方法，为当代历史学引入了新的推动力，开人类学食物研究领域之先河。

在杰克·古迪（Jack Goody）的重要著作《烹饪、菜肴与阶级》（*Cooking, Cuisine and Class*, 1982）一书中，他基于长期的民族学观察，提出了对食物、饮料和宴会进行人类学研究的三条主要路径，如今可适用于所有社会形态和历史时期，即功能进路、文化进路和结构进路。目前这些依然是重要的分析模式，并得到来自感官人类学（sensory anthropology）、记忆人类学（anthropology of memory）（Holzman 2006, Sutton 2010）以及生态导向的后发展人类学（post-development anthropology）（Klein, Pottier and West 2010）等新领域的补充。功能、文化和结构进路之间的差异常引发学术争议，而其界线也经常模糊不清，但三者在这本书中均有体现。这三种方法暗示了非位（etic）与主位（emic）视角是人类学中一个关键的区别。"非位"是外在的、"客观的",是外界观察者的普遍视角,通过对非特定文化的科技与政治研究概括而来。"主位"指特定文化的内在视角,是人们自己看待事物的方式,从他们的书面文字、表现和口述中提炼而来。尽管考古学家也使用"主位"这个术语,却发现它多少有点问题,因为他们不以文本和观察这样直接的方式与人接触——虽然现在他们可以辩称其采用的新科技为"主位"的含义增加了新的维度。1954年由肯尼斯·派克(Kenneth Pike)引入的这些术语有时被称为"陈旧的",但是这种区分十分关键,并且被以其为中心的全球化研究进一步推广开来。主位与非位视角对于整体性分析来说都不可或缺。

人类学:功能进路

这种非位进路将宴请视为一种在物质和社会层面对人类繁衍和生存具有调适功能和实际益处的活动(Hayden 2014,亦参见 Wiessner and Schiefenhovel 1996)。它的出发点是生存,用美食作家 M. F. K. 菲舍尔(M. F. K. Fisher)的话来概括就是:"我们首先要进食,然后才能做其他的一切。"这是"经济人"(homo economicus)、"自然经济"(natural economy)和功利主义(utilitarianism)的领域。以这种观点来看,宴会是人们将食物剩余转化为其他种种有用或吸引人的商品和服务的手段(Heyden 2001: 27),研究聚焦于剩余的产生、使用、转变、掌控和分配方式。共食共生关系,亦即共食行为本身,被认为无疑促进了团结和共同性。它随即进入社会技术(social technology)中——宴会调动劳动力,从普通民众中提取剩余供精英阶层使用并创造政治权力。一切都被认为是基于功能性原则,重点则在于生产。例如研究葡萄酒的古代史,这种视角倾向于关注早期各品种葡萄的驯化和照料葡萄藤、加工果实的方法，而非葡萄酒是何时及怎样在仪式中被消费和使用的。食物功能主义者（food functionalists）轻视那些透过他们所谓的"意识形态和象征主义之雾"来检视饮宴活动的研究（Hayden 2001: 28）。人类活动被认为是理性而实用的。任何看似非理性或不合逻辑的东西，如庆典和仪式，都被认为具有某种意义上的"功能性"并遭到普遍的忽视。食物和饮品本身并不重要，主要为促进社会关系服务。非位视角下、"从外部"观察到的社会，其文化特性被极大地剥夺。这是各种进路中最为普遍的一种，它是"客观的"并在总层面上关注各社会形态。

人类学：文化进路

文化进路与功能主义的普遍主义和功利主义相反，被玛丽·道格拉斯（1977: 7）概括为："**食物不是饲料**。"食物被**从文化上**定义了。在基本生活所需之外，每个社会自行决定什么是可食用的、什么不是，以及制作和食用的方式。这些决定发展成为饮食习惯或风味——"使菜肴保持紧密联系、风格一致的高度形式化且具特色的规范化烹饪体系"（Ferguson 2004: 22）——这在烹饪外也是一个宇宙论与象征的体系。风味使文化分类变得可见，使社会意义和价值具体化，食用者也通过进食行为与这些意义和价值融为一体。重点在于马歇尔·萨林斯（Marshall Sahlins）（1976: 170）所谓的"我们饮食习惯中的文化理由"——即能够界定具体社会或群体并且展示出他们是如何看待世界、自身和他人的独特做法、偏好和类目。食物，是身份认同的基本组成部分，一种区分"我们"和"他们"、"自我"和"他人"的方式。因为食物对生存而言至关重要，是展现权力和地位的最直接方式，这使其成为路易·杜蒙（Louis Dumont）所谓"阶序人"（homo hierarchicus）的领域。不同样式或类别的食物、饮料、菜肴和宴会礼品对应不同类型的人群。社会－空间的安排也意味深长——家具、姿态、席位和布置透露出用餐者和整个社会的哪些信息呢？文化进路有助于研究品味和记忆，不是简单地把食物当作给养，而是细细审视烹饪的精妙之处、食用方法的变化，特定膳食及宴会的意义，以及仪式和礼节。在古代葡萄酒的例子中，文化兴趣不在于生产，而是饮酒和相关实践的宗教和社会意义。仪式、神话和信仰在文化进路中扮演着重要角色，提供了对过去事件和当前社会形态的洞见。文化进路还关心宴会如何实现并固化权力结构，但同时又挑战它。这种进路具有显著的主位性，从"内在"视角观察宴会和饮食，聚焦于它们在特定社会中的意义和重要性，尽管在进行更高维度的跨文化比较分析时，也会牵涉到非位的方面。

人类学：结构/符号进路

此进路属于"符号人"（homo symbolicus）的范畴，同时也是一个人类学经典名句的来源——食物是"好的思考工具"——出自法国著名结构主义学者克劳德·列维－施特劳斯（Claude Levi-Strauss）。其基本前提是人类感知其世界，并使用分类或反映在语言中的符码将文化与自然区分开来。这里的假设是，通过分析语言学的术语可以清楚地了解人们的思考模式及他们如何体验、安排生活。它兴起于符号学全盛期的20世纪60年代，由对人类思想的普遍"深层结构"的探寻所驱动，这种结构被语言揭示出来，并且与亲属关系、意识形态、神话、仪式、艺术、礼制和烹饪等关键文化现象紧密相关（Levi-Strauss 1967: 84）。食物与烹饪调和了自然和文化，非常适合这类研究。列维－施特劳斯采用结构进路分析烹饪，着手将他所谓的"味素"（gustemes），即构成烹饪的意义的要素独立出来，整理为三组对立关系：民族/外来食材、主/副食，以及口味浓郁/清淡——这为比较和"理解"不同烹饪方式提供了最初的基础。列维－施特劳斯接着对此方法加以发展，将生食、熟食和腐食的"烹饪三角"及其相关含义，和饮食上其他如烤/煮、热/冷等对立关系都囊括其中。他用这些对立关系以及其他种种方法分析了语言和神话，得出一些见解，比如"煮食是将肉和汁全部保留的方法，而腐食则伴随着毁坏和损失。于是前者代表节约，后者则代表浪费；后者是贵族化的，前者则属于平民"（Leach 1989: 23）。虽然一些学者对结构性论述偏向晦涩的风格提出了异议，但这种进路表明，食物的制作过程和类别无论在什么地方都是经过精心组织的。目前该进路是上述三种中最少被采用的分析方法，但依然具有影响力，因为它鼓励学者超越功能和描述，以食物、饮料和宴会作为**思考**工具和对象。其支持者会说，这是最为主位的进路，尽管有批评者认为它是非位的，是一种外部强加的解释模式。

这些模式被批评为本质主义、静态、共时和规范性的（Hicks 2010: 27），但这是对其运作方式的误解。动态论是其本质所在，事物总是在发展变化的过程中，而共时性因素在跨时空比较，即人类学的"比较方法"中被消除。反本质主义在转向后开始流行，但现在我们清楚地知道无论过去还是现在，我们都持续受规范束缚。至于不够"新"这一点——被追求新潮者（neophiles）定为罪责——这些进路经受住了时间的考验，并且持续影响当今的历史学和考古学研究，它们的面貌常常被二手资料的引用所掩盖，有时也会因不同术语的重塑而难以察觉（参见Ingold in Hicks 2010: 79-80）。例如，如今融为一体的"新"文化生态学/考古学（Hayden 2014）就与人类学传统的功能进路遥相呼应。

上述进路单独或综合地揭示了人类学主题与食物的密切关联——神话的重要性，以及作为献祭或赠礼的宴会——这些都是人类学家要到田野、文献和饮宴中去寻找的特点。

食物：仪式、神话、符号和神明

民族学记录揭示了食物、神明和生命起源的深层联系——人类学家A. M. 霍卡特（A. M. Hocart）称之为"创造生命的神话"。他认为，古人和我们一样，真正重要的都是生命——不只是维持生存，而且还要生活得好：

> 生命取决于许多事物——比如食物，而食物又取决于雨水和太阳；比如胜利，而胜利又取决于技巧和力量；比如团结，而团结又取决于明智的规则和服从。于是，一套精心安排的仪式发展了起来，专为确保所有这些好事发生，那些造就完满的生命的好事。
>
> （Hocart 1970:11）

这些好事的开端——其最初的创生——被记录在神话中，是仪式的基础，为其提供先例。事物的存在是不确定的，仪式则试图通过恰当的观察确保丰饶，并去除不确定性。神话描述了仪式，而仪式展演了神话（Hocart 1970: 22）。神话不止寓言和杜撰，它被霍卡特称为生命中的严肃事务——隐秘而神圣的知识为整个社群带来丰饶、健康、财富和胜利。

驱使人们举行典礼、仪式和宴会的，不仅是世俗的实用主义，还有神圣的权力以及对神的恐惧或爱。研究宴会的人类学家的兴趣在于宗教约束如何通过仪式表达出来，如对神的一系列义务规定了对食物和劳力的花费，以及这样的信念——宴会和恰当举行其仪式是通过神恩维持富饶、安全和大众福祉的关键——是如何表达和延续世俗的权力结构的。特定食物、饮料和宴会的意义、关联和象征的起源常蕴藏在神话中。

"符号"是一个难以捉摸的概念。所有文化都构建了一套主观而独特的意义及价值体系，用来界定和构建其世界。这些意义和价值具体化为被称为"符号"的物品和行为，由其代表或显现于其中。符号能够激发强烈的感情，推动社会行为，交流价值观念和风俗，并充当文化的载体，帮助人们洞察处于日常生活的功能性层面下的内情。仪式和符号之间的区别在于程度而非类型。特纳（Turner）（1967）曾将符号描述为仪式行为的最小单位，而柯尔策（Kertzer）（1988: 9, 11）则将仪式界定为"包裹在象征意义之网中的行为"，符号提供了仪式的内容。人们通常认为符号是一个物件，而仪式是一种行为或包含符号的文化表演——例如，一面国旗（符号）以及一次高举旗帜的游行（仪式/文化表演）——但它们在实践中的界线模糊不清。令人类学家感兴趣的是符号和仪式在社会进程中扮演的角色，以及它们所传递的其所属社会和群体的信息。符号和仪式是动态的，古老的符号会消失而新的会涌现出来，既定仪式可能被调整并赋予新的含义，符号和仪式既可用于煽动叛乱和革命，也能促进稳定和存续。正如玛丽·道格拉斯所言："社会仪式创造了一种离开它们就什么也不是的现实"（in Kertzer 1988: 12）。符号的意义的复杂和模糊似乎只会增强它们的力量和操纵、故弄玄虚的潜能。

作为礼品和祭品的宴会

与"宴会"搭配的正确动词是"给予"（to give）。宴会不只是被"举办"，而是以赠礼的方式被"给予"。"赠礼"是人类学的基础概念之一，与马塞尔·莫斯相关联。它不是如今我们想到的那个自发的、看上去无私的"礼物"，莫斯的"赠礼"是一种基于互惠交换的社会契约的一部分，涉及三项义务：给予、接受和偿还。这一原则可以用拉丁语概括为"礼尚往来"（do ut des）——我给予，好让你也给予。没有一件礼物是没有附加条件的，这些条件在一定程度上将赠予者与接受者联结在一起。无论关系是平等还是不平等的，是直接的还是间接的，人们都期待着某种回报，而这就是让人际关系保持活跃的给予、回报和再给予的循环，有助于将整个社会粘合在一起，各个社会之间的联系也以同样的互惠交换方式维系。赠予物被认为包含了施予者的某些东西，于是强化、深化和延长了赠礼的纽带。买卖货品的商业交易则被认为不具有这些特质，而其形成的关系也不超过交易本身的范畴，尽管在实践中两者的区别可能会模糊不清（Wengrow 2008）。宴会本身就是一次赠礼，也是公开进行礼品互换经济的主要舞台。

献祭是特殊形式的赠礼，而根据莫斯的说法，这是最为古老的形式——人、众神和祖先之间的契约。就像其他赠礼一样，献祭和供品也附带着对回礼的希望和期待，如：胜利、丰饶、财富、健康、保护和神恩的其他迹象。正如一份美索不达米亚的古老文献《诚子书》（*A Father's Advice to his Son*）中所写：

> 每日敬拜你的神，
> 焚香之时宜应献祭和祝祷
> 将诚心情愿的供品献给你的神，

因为这是应为神做的。

祷告、祈求和跪拜

每日供奉他，你便**会**得到回报。

（Bottéro，2001:113，着重为原文所加）

献祭有许多种类，包括在祭坛上屠宰生灵的著名的血祭、为众神倾倒葡萄酒和啤酒等液体的酒祭，还有将初产果实或特制食品作为供品，常常先祭后宴。向神供奉饮食十分常见，供品随即被当作神吃剩的食物并以某种方式被人分享，通常是在公开的宴会上。在这样的宴会上，人与神的关系进一步巩固，社会等级也清晰体现出来：谁被允许执行和出席仪式，以及如何分配和享用神圣的饮食。

迈向综合化

尽管有上述历史学、考古学和人类学的发展，以及巨大又不断扩充的食物专业学术作品资料库，但以下问题依然无法得到清楚的答案——博物馆里的饮宴器具在怎样的社会和历史背景下被使用和欣赏？这些古代的宴会到底是什么模样，为什么普遍存在而且非常重要？——因为它们无法从单一学科中得到互相融贯的回答。

在文化/物质转向之前，各学科间的差异可简化表示为：

历史学/过去/文本

考古学/过去/物品

人类学/现在/人

　　转向之后，它们的界线变得模糊且将持续如此，与此同时，仍有人间或试图在某些领域设置阻碍，以保护单个学科的同一性。在人类学和考古学领域尤其如此。《询问与记录》（363）在1929年就宣称：

　　　　考古学和人种学（Ethnology，这里用作人类学的同义词）是同一个学科的不同方面。后者处理现存状况，前者则处理过去；但过去既可能很遥远，也可能相当晚近。

　　一些考古学家十分乐意拥抱这种双重性，而另一些则努力将考古学建设成为一门完全独立的学科，与之紧密相关的是，理论在各领域中的兴起。

　　自从后现代主义发端以来，总有一种进化论式霸权观点笼罩学术界：如果一个学科想要发展，就必须超越描述性进入理论性，而发展或证实理论是学术生产唯一值得追求的目标。理论确实是重要而有价值的，但如果走向极端，它就可能变成如人类学家蒂姆·英戈尔德（Tim Ingold）所说的一种精心设计的学术游戏，一种参与者"用极不相称的理论语言各说各话"的哑谜游戏（Ingold 2012: 427；亦参见Ingold in Hicks 2010: 79-80），《询问与记录》很早以前就警示过这种危险：令人眼花缭乱的抽象概念与物愈发分离。在这一领域，存在过分武断的问题——抱着证实某一特定理论的目的到达研究点。就像一位批评家所说，

　　　　通过向某一种模式大量投入，考古学家可能会发现自己只是在重复讲述同一个故事。例如，致力于批判理论的考古学家所讲述的故事，在反映某时某地的一段历史方面，可能是"真实"的，但是却因不断的重复而失去了力量。每个研究点

沦为又一次确认某个特定历史进程在起作用的机会。

（Practzellis 1998: 2）

此外还有另一种风险，即被束缚于一个微观研究点，而无法研究更广大的区域。结果是对研究点或社会形成一幅不完整的图景，使原本作为整体的研究领域支离破碎，这种困境在当今考古学、人类学以及历史学的很多分支中很常见。最重要的是，这意味着丧失了人类学的整体论——回答如上问题所必需的广阔而完整的图景。文化/物质转向时期的前后呈现出经典的正题和反题模式，从一个极端走向另一个极端。现在则需要综合——将不同的学科融合在一起，不是否定理论，而是对理论应具备的基础进行巩固和激活。

为了达到这个目的，当前的研究从"历史人类学"视角看待宴会和宴请，这是由人类学家马歇尔·萨林斯在他自己的作品及与考古学家帕特里克·柯克（Patrick Kirch）合作中发展起来的（参见 Kirch and Sahlins 1992）。历史人类学就像萨林斯解释的那样（1992: 1），是"一个广义上的综合学科……结合了考古学和社会人类学，以构建起一个完整的历史"，其中，文化属于历史，反之亦然。

萨林斯方法的关键是对"历史"的重新定义，或者是对萨林斯所认为的融合了"逻各斯"（logos）和"米索斯"（mythos）的早期内涵的恢复，前者通常被界定为文化/物质转向前逻辑的、普遍的、客观性思维特点，而后者则是人类学特有的一种神秘、特殊和主观的思维。在萨林斯看来，历史从人类学发端。建立起西方叙述性书面历史的文本是古希腊作家希罗多德（约公元前485—前425）的《历史》。用作者的话说，它欲以史诗的维度"防止人类活动的痕迹被时间抹去"，并"保存希腊人和非希腊人的非凡成就"。《历史》可以被视为后来吉尔茨（Geertz）所说的深度描写的第一个范例（1973）——它是一份文化上广博、材料使用上自觉的记述，在书中，诸神、预言、宗教信仰、王朝间的关联、富有生机的景致、不同的声音、奇异的风俗和衣饰、外来思维方式、神圣而意义重大的目标以及更多事物，与对希腊人为何与波斯人及其他非希腊人产生敌意的检视交织在一起，政治只是其中一个因素。基于这部巨著，西塞罗盛赞希罗多德为"历史学之父"，并且由于他在民族学方面所体现出的敏锐，人类学家们也将希罗多德视为第一位人类学家。

希罗多德几乎原原本本地呈现了非希腊的价值、目标以及成就，并为事件提供了文化上细致入微的诠释，而非一味坚称希腊的优越性，因此被普鲁塔克（Plutarch）和其他后来的历史学家称为"蛮族爱好者"（philobarbaros），这也从此成为人类学家身上的一个标签。希腊人偏爱修昔底德（约公元前460—前395），他的《伯罗奔尼撒战争史》正是希罗多德的《历史》的对立面。前者完全从希腊人的视角出发，旨在呈现修昔底德所谓"对过去的精确认知"，关注实际的政治决策和战场上士兵的一举一动，将对波斯人的胜利描绘成希腊文明和军事策略的优越性的必然结果。没有细微的变化，没有来自各方的声音，也没有针锋相对的动态对抗。历史思想成了"逻各斯"，其他一切则被当作"米索斯"——寓言或文学、诗歌类的东西——而被摒弃。物质性的东西在文字面前退却。如萨林斯（2004）所言——历史变得去文化了。

修昔底德真如他自诩的那样，对过去进行了精确描述吗？一方面，他对战役的描述清晰到军事战略家们今日仍可援用的地步。另一方面，你绝不会从修昔底德的作品中知道，古希腊的一切军事和政治任务、行动、交火、缔约和集会的开幕都以献祭开始，随后吃一顿饭（Detienne 1989: 3），且所有军事行动都具有神圣和世俗的双重意义。"逻各斯"叙述只是一个偏颇的视角，是非位而不是主位的，脱离了完整的语境。为恢复人类学的整体论和动态论，以便更好地理解过去，萨林斯主张回归希罗多德式的文化图景。这是神性和政治彼此交缠的世界，仪式是权力的工具，而常被视为神或半神的统治者负责调节社会和宇宙的关系。纯粹的"米索斯"视角并不比完全"逻各斯"的视角更好，两者都必不可少。萨林斯（2004: 2）写道："如果将过去比作异域番邦，那它就是另一种文化。**时移则事易**（Autre temps, autre moeurs）。如果它是另一种文化，那就需要动用某种人类学来探索它。"

这就意味着要带着人类学家对文化和社会的了解深入过去，但同时也参考考古学和文献资料提供的知识——用萨林斯的话来说是"遨游于文本之间"，或者像科玛罗夫夫妇（Comaroffs）（1992: 11）所说的那样"在档案室的故纸堆中做人类学研究"。最初，许多人类学家对使用可靠性已遭否定的文献资料持保留态度，但现在，档案馆自身已经成为合法的田野场所和研究课题（Zeitlyn 2012）。对文献资料的使用，要求一个社会拥有书面文化，或至少有对无文字社会的书面描述。考古学家和许多历史学家发现，从部落文化提炼出的人类学模型很难套用到古代复杂的等级社会，后者被文字铭记，其精美的文物充塞博物馆。为了避免这个问题，萨林斯在发展历史人类学时，关注过去的复杂社会，特别是伯罗奔尼撒战争时期的古希腊，以及夏威夷的等级社会。本书涉及的各个社会也都是复杂且有等级制度的，有文字记载且有大量材料流传开来。如上文所述，历史学和考古学在后转向时期大量借鉴了人类学。人类学则慢慢地投桃报李，本书就是朝这个方向迈出的一步。

共赴盛宴

目前，人类历史可追溯到距今大约两百万年前，这是从最早的人类遗骸和古器物算起的。接下来，人类从狩猎采集，发展到在全球多个地方出现独立的农业生产。大约从公元前4000年起，城市开始出现，尽管在现今叙利亚和土耳其地区的新发现表明这个时间可能还要更早。在欧亚大陆上，游牧的社会形态在那些不适宜农耕的地区发展了起来，靠驯化大草原上的马匹来支撑。仍在进行中的着眼于阿拉伯湾、红海和地球上所有大洋的研究证实：思索过去既要考虑到陆地上的关系，也要考虑到海上的联系。人们越来越清晰地认识到，在欧亚大草原、丝绸之路沿线和太平洋地区，长期以来被认为是彼此分隔的各个社会实际上早就联系在了一起，而且，曾被欧洲中心主义观点认为是无足轻重和边缘的地区，恰恰是复杂性和技术革新的中心。在这所有地区之中，研究饮宴的历史人类学应当从哪儿开始呢？

在大英博物馆这样的机构中，有全世界200万年的历史可供选择，博物馆的管理者设计了一份菜单，选出他们眼中人类文化史的精品——就像切下一块上等西冷。这一刀切在地球广袤的中部，农业、畜牧业和日益复杂的社会组织的核心地区就置身其间。最早的书写系统也发端于此，使行政记录、法典、书面文献、宗教文本，以及数学和科学知识的发展成为可能。总的来说，这座伟大的传统博物馆着眼于公元前4000年至公元1600年这段时期，而这份菜单上有不同时空的精英阶层、宫廷社会和伟大帝国的遗迹，从精英的视角来看，可称得上是权力、影响力和财富（还有饮宴）的中心。大转向之后，随着日常事物越来越受重视，博物馆对精英的关注受到了批评，但是这种看法正在转变。在人类学领域内，劳拉·纳德（Laura Nader）长期以来一直认为（1972, 1997）：如果想要理解过去或当前社会的动力，不应专注于研究穷人、弱势群体、边缘人群和被殖民者，学术界有必要"向上研究"，关注殖民者、属于富人和权贵的主流文化。乔治·E. 马尔库斯（George E. Marcus）正在研究他所谓的精英身上"被耽搁的特长"（belated speciality），并通过民族学、历史研究和批判性分析重振这个领域。

就这样，我们将循着伟大博物馆给出的菜单进行探讨，但有一点不同，"古代历史"一直以欧洲为中心，直到相对晚近才有所变化。这仍反映在博物馆的收藏之中，但是本书的研究采取了新的观点，将欧洲视为西亚，并且将探究的领域向东移动。下面的章节讨论了美索不达米亚、亚述、阿契美尼德王朝统治下的波斯、古希腊、成吉思汗时代欧亚大陆上的游牧民族、商代的中国，以及平安时代的日本。第二章和第三章讨论的是同一片广阔的区域，但文化和历史时期却截然不同，希望能将纵向的维度引入研究中。上下文会偶尔提到近代早期或现代，以使视野更加宽广。因篇幅所限，本书未能涉及非洲、大洋洲和新大陆，不过这些可能在后续作品中登场。学界已有对宴会和宴请的考古学和历史学研究（Hayden 2014; Hayden and Villeneuve 2011; Jones 2008; Bray 2003; Strong 2002; Dietler and Hayden 2001a），也有许多从民族学的现在（ethnographic present）出发对饮宴作出的人类学论述，不过，本书却是第一部探究古代饮宴活动的历史人类学专著。

然后是萨林斯设想的"历史人类学"研究——一个以人类学为主导，结合考古学和历史学，并借助文学和艺术的综合学科，带着《询问与记录》中提出的那类问题，和人类学经典中讨论模式和动态的部分，来处理文本和物质资料。人类学尤其善于探究信仰、宗教和神话，这些问题在考古学家看来十分困难，因为许多人都"对探索难以通过物质材料记录的社会实践感到不适"（Wright 2004b: 122），并且尚未接受人类学家约翰·科玛罗夫和珍·科玛罗夫（John and Jean Comaroff）（1992: 27）所谓的"历史想象力"（historical imagination）的观念，其中文化被视为"一种立足于历史、在历史中不断展开的能指集合，能指既是物质的也是象征的，既是社会的也是审美的"，这一观念常被人类学家和许多历史学家用于超越物质证据。它可能还涉及在考古学证据或文献缺失的情况下，创造性地使用民族学知识（Willerslev 2011）来展示事情曾经是怎样的，以推动未来的工作。

　　本书在表述中，回归了"米索斯"历史的叙事风格、主位视角和整体性方法，以及经典人类学著作中的那个"亲属、政治和宗教等基本形式融为一体"的世界（Sahlins 2008: 199）。总而言之，本书旨在架起各个分离的学科间的桥梁，并为各个复杂社会中爱好烹饪和饮宴的人提供一个基础，他们目前各自为战，缺乏共识。理论诠释被压缩到了最低限度。理论应当含蓄地体现在字里行间，而且无论如何，上文已做过阐述。这不是否定，而是促进理论的进一步发展——只要能达成某种程度的综合。在没被提到的地方，考古学也隐含其中——它负责博物馆中的器物、叙事中的年表、"解读"遗迹的方法和视觉再现，还要不断地发掘，为这些记载添砖加瓦。然而，本书并未收录对于考古学研究而言十分常见的器物图表、图画、表格以及分布图，也没有像经典的人类学民族志一样使用标准化模版，我尽量让每个社会以自己的形态发出自己的声音。考古学家的活动范围不再局限于丧宴和墓葬，而强调生者的宴会和物品。许多章节与大英博物馆中的展品有关，作为世界各地宏伟博物馆的代表，大多数人在这类地方通过各种展品了解过去。后文会使用"宴会"（feast）和"筵席"（banquet）这两种表达，由文献的来源决定。它们具体准确的含义，借助上下文便一目了然。

　　亚里士多德（公元前384—前322）在他的《政治学》中写道，戈尔迪姆国王弥达斯（King Midas of Gordium）无法食用或饮用任何东西，因为他碰到的一切都会变成金子——"一件能被人大量拥有却仍会使人活活饿死的东西，竟被当作财富，真是荒谬无稽。"由于在人类生活里所处的中心地位，饮食将万事万物相连，是价值的终极形式，而宴会正是其核心。它们在怎样的社会和历史背景底下举行？它们为什么无所不在又如此重要？为了找出答案，让我们赶紧奔赴这场无尽的盛宴。

第二章

美索不达米亚：追求丰饶

当我感觉美妙时，我感觉美妙

饮下啤酒，无忧无虑，

饮下烈酒，欢欣鼓舞，

心里高兴，肝也快乐。

——献给酿造女神宁卡希（Ninkasi）的赞歌，约公元前1800年（Hymn to Ninkasi, the goddess of brewing. Dating from c. 1800 BC, in Jennings et al., 2005）

正如美索不达米亚文明起源的神话和文学作品所展示的那样，当地人从一开始就对自己有清楚的认知（Cohen 2007: 417; Black 2002）。当野蛮人赤身裸体或以兽皮裹身求生荒野、食生肉或草、饮料也只有水时，这些开化的美索不达米亚人已经穿上了亚麻或羊毛。他们住在城市里，他们会说，"像城市一样好""没有什么比这更好的了"（Kramer 1963: 504）。他们乐于享用面包和啤酒——文明中最典型的食物和饮品，上面这首欢乐的宁卡希赞歌就是在庆祝文化战胜了自然。苏美尔人（Sumerians）表达筵席的词汇直译为"啤酒和面包之地"（Michalowski 1994: 29）。而且他们钟爱宴会。就像一位美索不达米亚仆人向他的主人进言时所说的那样，"宴会，我的主人，宴会！一番觥筹交错，能令心情舒畅。"（Spieser 1954: 98）

研究古代世界的考古学家、铭刻学家和历史学家认为，大约6000年前的"美索不达米亚"不仅是一片地理区域，囊括当今整个伊拉克及叙利亚和伊朗的部分地区，也是一幅由多个文化和民族组成的、图案繁

复的马赛克画。我们口中的"苏美尔人"是其中最著名的，包括乌尔城
居民和巴比伦人（Babylonian），但此外还有许多其他民族。美索不达
米亚文明的遗产包括：迄今已知最古老的文字书写体系，也是第一个信
息处理系统；天文学；数学；复杂的会计学；一些世界上最早的城市和
城市规划；第一批古代帝国；中央集权的行政管理制度；大规模漫灌；
第一部成文法典；若干体裁的文学；第一部由女性署名创作的作品，作
者是王室高级女祭司恩西杜安娜（Enheduanna，约公元前2350）；基本
的宗教信仰和哲学信念；创新的纪念性建筑；独特的艺术；被认为是世
界上最早的烹饪技法（Bottéro 2004）；复杂的酿造产业和已知首个酿造
啤酒的配方；可能影响了后来希腊和罗马的斜倚式进食姿势（Dentzer
1971）；如今我们习以为常的大规模食物生产和消费，当然还有规模史
无前例的饮宴活动。相比于古希腊研究，美索不达米亚研究还处于萌
芽阶段，但越来越多的人认为美索不达米亚文明"堪称西方世界的祖
先"（Black and Green 1992: 7），并且"在历史疆域的最边缘"（Bottéro
1995: 1），作为西方文明的遥远源头影响着希腊和罗马文化，我们对其
影响力的认识，目前只是冰山一角。

前世今生：美索不达米亚往事

　　总览美索不达米亚的历史，可以将其定性为"中央集权和动荡混乱
的交替"（Postgate 1992: 22），这种交替贯穿了它漫长的存续期间。尽
管现在已知的美索不达米亚的史前遗迹最早可追溯至公元前6000年，
但学术研究主要集中在两个时期：书写开始出现的约公元前3100年，以
及该地区并入波斯帝国的公元前539年（参见第三章）。历史学家和考
古学家按惯例基于特定的朝代、遗址或遗物——比如只对专家才有意义

的陶器——将美索不达米亚的过往划分为复杂的类别体系,将已然不连续的领域进一步碎片化(van de Mieroop 1997: 7)。为了从更统一的视角理解古代美索不达米亚,一场主张简化体系的运动出现了,它将已知的主要民族、人物、事件和地点都置于后3000年的框架中。本书建基于大致如下的对美索不达米亚过去的人类学叙述。

起源未有定论的苏美尔人,在史前时期就来到了美索不达米亚的南部平原。在他们活跃的时间里,出现了文字,系统灌溉得以应用,城市得到发展,并最终形成一定程度上彼此独立且互相竞争的城邦,其中乌鲁克(Uruk)发展得最好,其次是乌尔。随后,各闪米特民族开始向平原迁移,在共处了一段时间后,阿卡德国王萨尔贡一世(King Sargon I of Akkad,约公元前2270—前2215年在位)征服了苏美尔人,闪米特人成为支配者。萨尔贡一世将之前独立的城邦合并起来,在自己的首都管理它们。他是美索不达米亚成为社会和文化实体的过程中的核心人物。其革新举措包括让他的女儿恩西杜安娜就任乌尔城供奉月神南纳(Nanna)的高级女祭司(参见Suter 2007)——这项任命从此成为王室特权,同时,他还任命王室官员去"协助"被征服城邦的统治者。这些新晋行政长官肩负着打破城邦间界线和向军队提供物资的重任,主要是负责粮食供应,比如仅一次就运送6万条鱼干的补给。陶器等商品的集中化生产制度也被建立起来,征召工人,并实行定额配给(Yoffee 1995: 292)。

在萨尔贡及几任继位者的庇护之下,这片平原上的城市第一次结合形成了近似民族国家的模样。阿卡德王朝在几代后衰落,中央集权的行政管理体系分崩离析,各城邦重返独立,出现了一段被称为"乌尔第三王朝"(Ur III)的全盛期,以乌尔城为核心。乌尔王舒尔吉(King Sulgi of Ur)的统治持续了48年之久,他进一步改变了社会、政治和经济生活,创建了一支常备军,引入系统的度量衡,建立了行省制,以及一套管理税收和物流的规模无与伦比的官僚体系（Yoffee 1995: 295）。然后是又一次的崩溃，新一波侵入者到来，这段过渡时期持续到汉谟拉比（Hammurabi，公元前1792—前1750在位）重新统一了美索不达米亚南部，汉谟拉比的首都是位于中部平原的巴比伦（Babylon），中央集权的政府也终于重新建立了起来。在随后将近5个世纪的统一和扩张之中，尽管政权更迭，巴比伦仍享有一段文化进步、社会发展、经济增长、政治称霸的时期，直到约公元前1300年。随后巴比伦的一个属国，北方的城邦亚述，发动叛乱，引发了本书第三章中描述的持续两个世纪的冲突和征服。

在这种普遍不稳定的政治氛围中，一个问题产生了——为什么"美索不达米亚"能被视作一个有意义的整体呢？需要不断维持和警惕的高度敏感的生态系统（后文将提到这一点）和日益混杂的人口状况更是加剧了这种不稳定性。不过，它确实不仅被美索不达米亚人自己、也被他们同时代的人当作一个整体，在3000多年的时间里一直如此。是什么将它凝聚起来？共同的书写和学术传统（Dalley 1998: 7）、城市的机构建制（van de Mieroop 1997）以及经济管理制度（Nissen et al. 1993），都被看作推动因素，具有解释力，但从人类学的视角出发，是食物、宴会和神明将美索不达米亚人的身份和社会凝聚在了一起——这也反映出美索不达米亚人自己的看法。

面包和啤酒

美索不达米亚南部的大城市，无论从事实还是隐喻上来说，都建立在面包和啤酒之上。史前时期出现了"一种基于文化的饮食实践模式"，涉及"会计制度、啤酒和发酵面包"（Sherratt 2006, in Goulder 2010:

359），这为美索不达米亚未来的发展奠定了基础。在古近东（西亚）部分地区，对粮食安全的追求使人们开始种植大麦，在此之前，野生大麦已被开发利用了几千年（Wilcox 1999）。谷物种植，要求有定居的群落和集体劳动，这最终促进了城市的形成。科学考古学的先驱罗伯特·布雷德伍德（Robert Braidwood）宣称，大麦面包的发明尤其推动了历史的进程，因为它能满足大量人口的生存需求，而植物学家乔纳森·D.索尔（Jonathan D. Sauer）则试图论证大麦啤酒的发明比面包还要早（参见McGovern 2009）。这个问题仍未有定论，但在美索不达米亚人3000年来的生活中，大麦面包和啤酒是烹饪的基石，也形成了一种不断追求富足的文化，宗教和社会技术在这一过程中被高度融合在一起。

这些作为主食的谷物先是被烘烤，然后被煮熟成粥糊或稀饭食用，或是酿成啤酒，再或研磨成面粉做成面包（Ellison 1983: 146）。面包和啤酒在仪式和物质层面有着同样且神圣的起源，在献给酿造女神宁卡希的赞歌中被颂扬。赞歌描述了用水和烤过的"巴皮尔"（bappir，大麦面包），混上蜂蜜和椰枣，经过发酵和过滤制成啤酒的过程。尽管没有给出具体的用量，但该文本仍普遍被认为是最早的啤酒配方：

> 宁卡希，是你掌控面团（并）……用一把大铲，
> 在深坑中，搅拌巴皮尔和甜美的香料……
> 是你在大炉中烘烤巴皮尔
> 将带壳谷物依次排列……
> 宁卡希，是你浇灌埋在土里的麦芽……
> 是你将麦芽在罐子里浸泡，
> 潮起，潮落……
> 是你把煮好的麦芽浆洒在巨大的芦席上，
> 将其冷却……

是你双手捧起绝佳的鲜麦芽汁

用蜂蜜（和）葡萄酒酿造它……

你……将鲜麦芽汁倒入容器……

发酵桶传出悦耳的声响，

你把它恰当地放到巨大的收集瓮（顶）上……

是你从收集瓮中倒出了过滤好的啤酒，

犹如底格里斯河（Tigris）与幼发拉底河（Euphrates）的
急流。

（改编自 Civil 1964:72-3）

　　与所有以谷物为基础的农业社会一样，面包是至善至美的食物，它是"早期美索不达米亚"属于人类和文明"的唯一象征"（Cohen, 2007:418），是一种隐含神秘与宗教意味的食物，被供奉给诸神，作为其日常饮食的一部分。面包的制作工艺常拥有富神话色彩的起源，与谷物本身一样被当作神赐的神圣礼物，而其中培植、收割、加工的繁琐过程以及艰苦的研磨，则代表了人类和文化战胜了自然。面粉受到无上的推崇，被用在奠酒中，倒酒或泼洒面粉是最基本的祭神方式，也荣获神的接纳。美索不达米亚人使用筒状的炉子（tannûr-type ovens）烘烤未发酵的面包，而用圆顶炉烤制经过发酵的面包和蛋糕。韦恩斯（Waines）（1987: 256）观察到，面包拥有"千变万化的'动态'属性，跨越文化和社会背景"。文献中提及的面包大约有300种，包括籽面包、软面包和杯形蛋糕（Donbaz 1988），酵母面包和"起泡"面包（Sasson 2004:190），烘焙方法包括使用不同等级的面粉、调料和水果，并添加油、牛奶、啤酒或甜料，尺寸则从"很大"到"极小"应有尽有，还包括做成心形、手形或是女性胸部形状的新奇产品（Bottéro 1985: 38）。

　　对于那些处于社会底层的人而言，粗制的无酵面包恐怕就是他们的主食了，还有粥糊或稀饭，人们通常从硕大的公用碗中取食，但"精制面包"（prestige breads）可能早在公元前4000年就研发出来了，供应给新兴官僚机构中的管理人员，他们是应集中生产和分配的需要而出现的，这种优质面包既是"薪酬"，也是他们文化身份认同的一部分（Goulder 2010: 359）。后来，享用不同种类的面包依然标示着社会阶层的差异，在制作"御用"蛋糕时还要在优质面粉中加入以下材料：1西拉（sila，大约相当于1公升，但也有不同的定义，参见Gelb 1982）的黄油；1/3西拉的白奶酪；3西拉的一等椰枣；1/3西拉产自士麦那（Smyrna）的葡萄干。另一份来自尼普尔（Nippur）的高级蛋糕配方，可追溯至汉谟拉比时代，其中列出了面粉、椰枣、黄油、白奶酪、葡萄汁、苹果和无花果，而由椰枣和无花果做成的特制蜂蜜蛋糕，则常用于祭神（Limet 1987: 134）。

啤酒作为"液体面包"（参见Schiefenhovel and Macbeth 2011），其营养价值可圈可点，大麦啤酒比大麦面包蕴含更多的维生素B和人体必需的氨基酸——赖氨酸。然而，因其4%—5%的酒精含量（McGovern 2009: 72），啤酒在改变知觉、消遣娱乐和医药方面的价值同样受人赞誉。比如人们会将啤酒与药草及其他物质混合，内服或外用，有一味药方记载：将矿石粉和杜松子油混以啤酒，在星光下晾一夜，然后用其擦拭患者的身体（Reiner 1995: 63）。据称，不是所有"啤酒"都纯用大麦酿成，还可以从发酵过的谷物和水果混合物中提取酒类，尤其是椰枣（Stol 1994），其中一些被酿成"卡瓦斯"（kvass），即一种酒精浓度更低（0.5%—1%）的发酵饮料（Powell 1994）。无论如何，被简单翻译为"啤酒"的饮品，包括了一系列如今被称为啤酒、麦芽酒、烈性啤酒、波特啤酒和陈贮啤酒的麦芽类酒精饮料，此外还有果味啤酒，比如"阿拉帕努"（alappanu）就是一种石榴风味的啤酒（Ellison 1984: 92）。无论其成份为何，主要来自乌尔第三王朝时期（约公元前2111—前2003）

的各种楔形文字文献（Neumann 1994: 321）和如下谚语都表明美索不达米亚人深知饮酒带来的危险与欢乐：

> 多饮啤酒之人必须多饮水！（Gordon, 1959: 96）
>
> 喝啤酒时，不做决断！（Alster 2005: 78）
>
> 没有性就没有小孩——没有啤酒就没有醉。（Hornsey 2003: 107）
>
> 欢愉——即是啤酒。（Gordon 1959: 264）

酿出的啤酒分很多种："黑""甜黑""红棕""金"——每一种再分为不同等级，以"最佳"和"头等"为尊。根据配给清单和其他记录中标明的麦芽数量，以及文学作品中无处不在的啤酒和饮酒，可见当时酿造规模之宏大，也反映出性别的重大社会转变。酿造之神宁卡希是早期美索不达米亚众多"母神"之一，酿造活动原本由女性操办，她们也在酒馆中出售啤酒。街上的流动摊贩也出售用椰枣、葡萄干和干无花果酿制的酒（Bottéro 1985: 40）。后来，啤酒业务（Jennings et al. 2005）就被男性接手了，尽管家庭酿造可能仍然存在，但大规模生产则主要由"庞大的组织"来完成。变革发生时，宁卡希像许多早期的女神一样在神庙中被贬到了较低的地位，这反映出当女性失去对酿造和其他生产活动的控制权时，地位也随之衰落了。神话里众神多有正在饮酒和醉酒的形象，甚至后来当精英阶层已经普遍饮用葡萄酒时，啤酒依然是诸神的饮品，与其他饮品一起置于神殿中祭神。葡萄酒，如博泰罗所说，是"一种外国的、后来的东西……最终被归化，但根源却在别处"（Bottéro 2004: 95）。美索不达米亚与古代其他地方不同，从未有过一位司掌葡萄酒的男神或女神。

啤酒酿造的范围和品质展现出一个等级森严的社会，但即便品质最佳的啤酒，也没有经过现代标准那样的提纯。在最早期的描绘中，啤酒是用大罐盛装，放在地上的。在酿造过程中，大麦的种荚和茎秆会浮上表面，因此人们坐在啤酒罐周围的矮凳上，用长长的吸管从底部吸吮，以滤去渣滓。用吸管饮用，还能使饮用者更快感觉到酒劲（Homan 2004）。此外，也可将"滤过的"啤酒倒在杯子里饮用（Powell 1994），与甜椰枣酿制的饮料混在一起就成了常被译作"糖浆"的饮品，嗜酒的社交活动将人与神联系在一起。在日常生活层面，关于生产、消费过剩和享乐的资料足以说明这是一种饮酒文化，酒及其消费以多种方式发挥着作用。首先，它表现了社会生活的结构和特征；其次，它是一种具有重要意义的经济活动；第三，它通过相关仪式构建起一个理想的世界（Douglas 1987: 8）；第四，这是众神的食粮。但想要得到啤酒、面包和其他食物，人们就必须在充满挑战的环境中孜孜以求。

"一抔尘土中的恐惧"

历史学家和苏美尔文学学者陶克基尔德·雅各布森（Thorkild Jacobsen）（1970）曾引用T. S. 艾略特（T. S. Eliot）的《荒原》（*The Waste Land*）中的诗句"一抔尘土中的恐惧"（fear in a handful of dust）来表达美索不达米亚人长久以来对饥荒的恐惧，这种恐惧也是他们与宇宙、世界和神明之间关系的核心。他认为，这些享受富足的人却被贫瘠所驱使，也许是因为史前大饥荒的记忆挥之不去（饥荒也促成了城市的兴起），当然也是因为面临着生态系统提出的挑战和永远的战争威胁。他认为，正是这种根本性恐惧加上美索不达米亚人对食物之神的虔诚，驱使了他们长达三千年。

美索不达米亚诸神所统治的物理环境以酷热的长夏和同样难捱的

寒冬著称，一首赞颂乌尔王舒尔吉（约公元前2029—前1982在位）的诗中有这样的句子："北风和南风互相咆哮，而闪电与七风一起，吞噬了天上的一切"（参见Black 2002: 42）。美索不达米亚分为三个地理区域，它们之间的差异影响着社会、政治、经济、宗教和烹饪技艺的发展，南部地区与苏美尔人和阿卡德人联系在一起，中南部属于巴比伦人，北部则由亚述人占据。在其最南端的地区——有时称作"苏美尔之地"（Land of Sumer），出现了密集的灌溉农业和美索不达米亚的第一个城邦。该地区主要为冲积平原，包含了底格里斯河和幼发拉底河之间的土地，最初"唯一重要的自然资源就是泥土"（McBride 1977）。这里远离了河流的紧密围绕，旱作农业若没有灌溉就无法开展，于是灌溉系统随着时间推移变得越发复杂和密集。美索不达米亚的涌流灌溉是古代世界的科技奇迹之一，运河和水渠构成的网络利用平原和缓的坡度运送水流，水源主要是幼发拉底河及其现已消失的支流（Jacobsen 1960），人们还建造了径流水道和水库，形成湿地，作为天然的河边洼地、沼泽和牧区的补充，也有助于控制季节性河水泛滥。三千年来，美索不达米亚平原的统治者总会夸耀这三件事：他们对众神的侍奉，他们的军事成就，以及他们构建的食事风景（foodscapes），比如乌尔第三王朝的建立者、苏美尔人的国王乌尔纳姆（Ur-Nammu，约公元前2047—前2030在位）就曾表示：

在我的城市中，我开凿了一条丰饶的运河……我的城市的水道中满是鱼，而空中满是鸟。在我的城市里，种有产蜜的作物，鲤鱼长得肥美。我的城市的吉兹（gizi）芦苇如此甜美，可供牛群食用。愿水道将它们（鱼群）带入我的运河，愿它们被装在篮子里带到他（恩利勒神［the god En-lil］）面前。

（http://www.humanistictexts.org/sumer.htm）

在美索不达米亚微妙平衡的人造生态系统中，耕作成了一门艺术，农业文献详尽地收录了各方面的细节。一本成书时间可追溯到约公元前1750年，但据信对更早版本有所借鉴的农事手册详尽说明了谷物生产的链条：大水漫灌和排水；工具和用品的准备；翻耕和耙土；田间工作；播种、开沟及其维护；灌溉和照管庄稼；收割；脱粒、簸扬、称量，以及取出谷物以供运输和贮藏（Civil 1994: 1-3）。当播种时，农夫受到告诫："每生产一条'宁达'（ninda，即面包）需要开凿八条犁沟……眼睛要盯住播种的人。洒下谷粒时，应有两指的宽度……"（Civil 1994: 31）。维护运河和清淤的工作无休无止并且非常繁重，盗水和蓄意破坏的威胁也一直存在。"智慧文学"（wisdom literature）是一种在美索不达米亚流行的文学体裁，由箴言和谚语组成，其中写于约公元前2600年的《诫子书》力主："不要殴打农夫的儿子，否则他会捣毁你的灌溉水渠"（Bottéro 2001: 113）。在早期，所有美索不达米亚的城市居民都被要求提供劳力和其他资源，以维持灌溉系统和进行其他公共工程。在新亚述（Neo-Assyrian）和新巴比伦（Neo-Babylonian）帝国统治之下，大量民众因其首领反叛、拒绝顺从、扣留贡物或破坏条约而遭俘虏，他们被运往美索不达米亚的偏远地区服徭役（corvée）或被强迫进行农业劳作，从事修建运河、灌溉工程以及公共项目。大多数建筑和城墙由泥砖砌成，必须经常维护以免坍塌，变成可怕的"废墟"。美索不达米亚的"徭役"一词颇为形象，其字面意思就是"铲子、水桶和锄头"（Grayson et al. 1987: 136）。如今最广为人知的流亡者的例子——"巴比伦之囚"（Babylonian captivity，约公元前597—前520），其所属的犹大王国（Kingdom of Judah）在当时就是一个反抗的附庸国。

由灌溉形成的人工景观及河流系统的资源，为美索不达米亚人提供了早期古代世界中最丰富多样的家养及野生食材。根据地点不同，有鱼和贝类，野禽和野味，大麦、二粒小麦、小麦和黍米，水果和蔬菜，家养山羊、绵羊、猪和牛的肉，还有从外国进口的奢侈品。美索不达米亚人对饮食的喜好在早期记载中彰显无遗，有关宫殿或神庙食物的文献中充斥着如"最精美""最好""第一等"之类的词语，且显示出发展得相当成熟的"风土"和"鉴赏力"的概念——针对来自特定地方的上好食材。迪尔蒙（Dilmun）即今巴林（Bahrain）的椰枣颇负盛名，西玛姆（Simum）的甜酒也名声在外。所有人都喜欢甜食，而莴苣这样只能长在水里的植物尤其受到尊崇，它们作为爱称出现在苏美尔人的诗歌中："我眼中的蜜糖……我心中的莴苣"（Kramer 1963: 508）。人们会写信索要特殊的鱼、水果和农产品，并承诺以其他食物回报。在一封信中，写信者恳求道："如果你真的在乎我，请送给我一两磅瘦而精的小腿肉，这样我便能感受到你的友谊。"（Sasson 2004: 195 n. 49），而另一封信则甜言蜜语地劝诱："送给我一些坚果、虾米（crevettes）和一件礼物吧"（Lion et al. 2000: 56）。

美索不达米亚人对食物和饮宴的想法，亦参见被称为"辩论诗歌"（"the debate poems"）（Vanstiphout 1992）的文献合集，其中辩论多发生在宴席间，与食物相关的主角会成对出现——如公牛和马，柽柳和棕榈，鸟和鱼，母羊和小麦——争论各自为人类福祉所做的贡献。在锄头和犁头的辩论中，后者嘲笑锄头"用你的牙齿悲惨地挖掘，悲惨地锄草……在污泥中凿洞……穷人手里的木头，不适合高贵者的手，奴隶的手是你头上唯一的装饰"，对此，锄头反驳道，"我开掘壕沟，我把草地灌满水……捕鸟人搜集鸟蛋，渔民捕获鱼鲜，人们清空捕鸟陷阱。就这样，我所创造的丰饶遍布大地"（http://etcsl.orinst.ox.ac.uk/cgi-bin/etcsl.cgi?text=t.5.3.1#）。

因农业成就突出，美索不达米亚富集的动物资源往往被忽视。但畜牧业及其产品随着灌溉规模的扩大而发展，河流、运河、沼泽和池塘中的养鱼业亦是如此。它们丰富了饮食，扩大了贸易和交换的商品范围，提供了一种展示财富和地位的媒介，并支撑着基于品质、复杂度和式样丰富的能够端上精英阶层和众神餐桌的食材的差异化烹饪的发展（Goody 1982: 99）。

然而，作为"富足的矛盾"（paradox of plenty）的一个早期范例，古代美索不达米亚广为人知的勤劳和丰饶，竟为自身的毁灭埋下了祸根。随着时间推移，城市化和人口不断增长，集约化生产成为必须，灌溉农业被逼到极限，土地盐碱化日益严重（Jacobsen and Adams 1958），引发了粮食安全方面的灾难。正如美索不达米亚人的一句咒骂所说："但愿你犁的沟中生出盐来！"（Cooper 1983: 48）"盐田"（Salty fields）是毁灭的代称，就像征服者炫耀的那样，"我征服了这片土地，并在这里种下含盐的植物"（Grayson 1987: 136）。即使尚未导致土地完全荒废，盐度也决定了作物品种，使美索不达米亚人面临依赖单一作物的危险。大麦就因为比小麦更耐盐和高产，成了南部冲积平原最广泛种植的谷物（Gibson 1974），其次是二粒小麦，尽管有证据表明在密集灌溉和盐碱化加重的时代之前，小麦和大麦在那里是等量播种的。有人提出，盐碱化是造成公元前2000年初期政权中心由美索不达米亚南部地区北移至中部的原因（Jacobsen and Adam 1958: 1252），并且美索不达米亚灌溉的长期后果，在今日仍困扰着该地区。然而，就短期而言，灌溉的成功其实更成问题。丰收、满仓、广阔的土地和充沛的水源，引起其他城市嫉妒和侵略，并导致前文所提到的冲突。尽管在和平时期灌溉系统是丰饶的基础，在战争时期却成了城防弱点所在，这可见于王室铭文中用来描述浩劫的程式化语句，可谓简洁、无情："我拔出他的收成，夷平他的花园，并堵塞他的运河"（Grayson 1996: 30）。以下这一段出自成书时间可追溯至公元前3000年末期的《亚甲的诅咒》（*The Curse of Agade*），反映了几个世纪以来在美索不达米亚人的生活和文学中反复出现的主题：

> 愿这使得该城死于饥饿！愿你那曾享用珍馐的居民，因
> 饥饿而倒伏于荒草之中……愿你运河边的纤道中野草深深，愿
> 呜咽的荒草在你为马车铺就的大路上生长！还有，愿……山间
> 的野公羊和警惕的蛇不放任何人通过你用运河泥沙建成的纤
> 道！愿你长满青草的平原上，长出悲鸣的芦苇！

这些城邦常常彼此争斗，而落败者的结局就是饥馑遍地：

> 曾经享用珍馐的国王，只能抓起配给的口粮。天色渐黑，
> 太阳的眼睛变得黯淡，人民忍饥挨饿。啤酒厅中没有啤酒，没
> 有麦芽可用来酿造它。他的宫殿中没有食物可享，此地已不宜
> 居住。粮食没有填满他的高仓大廪，他连自己的命也保不住。
> 南纳的谷堆和粮仓空空如也。众神的宏伟餐厅中的晚餐遭到玷
> 污。美酒和糖浆不再流淌于宏伟餐厅之中。屠夫杀牛宰羊的刀
> 饥饿地躺在荒草中。那巨大的火炉不再烤制牛羊，不再散发烤
> 肉的香气。

（http://www.etcsl.orient.ox.ac.uk/section2/tr223.htm）

正是为了避免这种"一抔尘土中的恐惧"，人们以各种方式敬拜
众神。

美索不达米亚众神无所不在：他们全视、全知，且如我们将看到
的，全享。其中最著名的有恩利勒、南纳、亚述、马杜克（Marduk）和
伊什塔尔（Ishtar），还有无数其他神明。美索不达米亚万神殿中有3000
到4000位神明，在多元性方面可谓无与伦比（Jacobsen 1970: 16），囊

括了男神、女神、恶魔、精灵和鬼魂，以及被认为是有生命的整体自然世界。新的神被引入，万神殿变得更加等级分明，反映出社会复杂性的增强和王权的崛起。没有神被遗弃，只是会被轻轻地移至天界的边缘。神明反复无常，彼此争斗，有时如果一座城市或某个统治者有所冒犯，他们还会收回自己的恩惠。地位较低的神多如牛毛，人们还会恐惧若死者未得安抚，其鬼魂会变成恶灵回归，来自超自然力量的威胁似乎笼罩着日常生活，人们以神谕、预兆、护身符、魔法、诅咒和符咒与之对抗，例如苏美尔人会用这条咒语抵御邪灵（utukkus）或恶魔：

> 他们七位，他们七位！
>
> 在深渊沟壑中的他们七位！
>
> 在天界光辉中的他们七位！
>
> 在深渊沟壑的宫殿中他们成长。
>
> 既非男，亦非女。
>
> 在深渊之中有他们的脚步。
>
> 既无妻，也无子。
>
> 秩序与善良与他们无涉。
>
> 祷告与祈求于他们无闻。
>
> 他们进入深山的洞穴。
>
> 他们抬着众神的宝座。
>
> 他们扰动湍流中的百合花。
>
> 他们满怀恶意，他们满怀恶意。
>
> 他们七位，他们七位，一而再地他们七位。

（Thompson 1903）

这些恶魔中，有些是神秘的幽灵，另有些则令人恐惧，数千年后也未丧失其可怖的力量。20世纪早期，美索不达米亚地区的考古发现激发了公众的想象力，这条咒语也是当时新发现的，其译文启发了俄国作曲家谢尔盖·普罗科菲耶夫（Sergei Prokofiev）于1917年创作出康塔塔《七位，他们七位》（*Seven, They are Seven*），至今让人不由想起来自恶魔的威胁。为了安抚众神，美索不达米亚人必须把他们喂饱。

美索不达米亚众神的工作

到底是农业催生了城市生活方式，还是相反？学术界对此争论不休，至今未有定论，但从美索不达米亚人的视角来看，神明比这两者都更加重要。等到苏美尔人进入有成文历史的时期，他们与众神的关系早已建立起来了。在苏美尔人的宇宙观中，世界和其中的一切都由众神创造，且完全属于他们。正如苏美尔人的创世神话《恩基和宁玛》（*Enki and Ninmah*）所描述的：

> 众神在疏浚河道，
> 堆起它们的淤泥
> 于突出的河湾
> 众神奋力拖着黏土
> 开始抱怨
> 这等徭役苦差。

（Jacobsen 1987: 154）

当发现灌溉、农事和清理河道及运河是这般苦差之后，众神便用黏土制造了第一批人类，充作仆役，替他们工作。为纪念这一创造行为，众神尽情享用了面包和烤小山羊，还喝啤酒，这令他们开始"感到内心愉悦"（Jacobsen 1987: 158）。就这样，服侍、宴会和饮酒从一开始就是众神和美索不达米亚人关系的核心。服侍义务后来在巴比伦创世史诗《近东开辟史诗》（*Enuma Elis*）中得到重述，在诗中，古老的众神告诉年轻的神马杜克，如果他成为巴比伦万神殿的首领，就必须从此负责供应他们的饮食，并宣称"众神的神殿需要供奉……从此，你将会是我们神殿的供给者"（Lambert 1993: 197-8），马杜克将该职责摊派给了他的信徒。在美索不达米亚各个不同时期和地域的神话、文学及仪式中，这同一个主题有着为数众多的变体。人类被创造出来的唯一目的就是服侍众神，为他们提供饮食，这种信仰构成了美索不达米亚人生活的基础。只有喂饱众神，人们自己才有食物，因为供养众神是获得神明庇佑的必要条件，而有神明庇佑才能使土地肥沃、水源不绝、万物丰产。这种意识形态如此根深蒂固，以至美索不达米亚人将一生都视为奥本海姆（Oppenheim）（1977）笔下"照料和供养众神"的过程。

美索不达米亚众神的工作包括对社会和宗教技术的融合，这些技术的消长平衡和表达方式随时间推移略有差异，但在总体上一直是占支配地位的组织形式和社会行动的动力；也是一个社会的信仰体系的基础，神在其中被视为全知、全能的，影响着战争的结果、国家和个人的命运，并掌控着自然之力。一方面，在宗教或仪式的流程中，神殿中的神被当作有生命的存在。另一方面，在世俗的流程中，社会、政治和经济生活被视作或表现为出于供养照料众神及其仆从之首国王的需要，以及需要实现众神的"愿望"而存在。这些愿望无所不包，从耕种"他们的"土地到军事行动，后者意味着保卫神的领土，或向其敌人复仇。在这个意义上，神圣与世俗合二为一："众神的工作既是为了宗教，也是为了社会"（Firth 1967: 19），而城市是众神工作的中心。美索不达米亚的城市被认为是众神的财产和居所，每座城市都有自己的保护神，此外还有更宽敞的万神殿供奉其他神明。城市从不仅仅是一座城市，而是属于一位神明的城市——南纳的乌尔、马杜克的巴比伦、亚述的同名城市——被次一级的城市神明们支持着，他们常被视为主神的"家人"。最终，王权自身也被看作神圣的："当王权天降的时候"，苏美尔王表（Surmerian King List）如斯表述道，而且"王权在城市之中"（Buccellati 1964: 54）。众神、国王、城市和民众密不可分，彼此以食物相联结。最重要的是，城市是生产、分配和享用食物的机器——为了让人有饭吃，必须把神喂饱。

美索不达米亚的神庙和宫殿经济

美索不达米亚见证了最早、最广泛也最密集的所谓"神庙经济"（temple economies）和"宫殿经济"（palace economies）的发展，它们组织动员了大量人口加入高需求的生产事业中。从原则上来说，土地、水域及其产出都属于众神，而人类是他们的仆从和管家，先是由祭司，而后越来越多地由城市统治者，最终则由国王领导。财富由一个设在神庙或宫殿的集权化行政机构掌控，接收并重新分配口粮和其他物资给或多或少仰赖这些配给的人，其依赖程度因时而异。美索不达米亚的"配给"（rations）类别非常广泛，从农奴的谷物到宫殿管理者的葡萄酒无所不包，在一个运作了几千年的完全不使用货币的复杂经济体系中，它既是生计也是"薪酬"（Powell 1996: 225）。在考古记录中，配给还体现为遗存的大量标准化的碗和其他容器，这些东西是用来给工人分配大麦或制作饮食的（Pollock 2003）。配给在这里一般来说可理解为来自神庙和宫殿的支出，以维系美索不达米亚人身体和社会肌体的运转。基本的大麦配给构成了饮食的基础，养活了公共机构和私人产业的所属人员，并充当了税收、租赁和信贷手段，从而界定了社会和政治权力的核心关系（Edens 1992: 122），也将民众卷入饮食的罗网之中（Neumann 1994）。配给一如乔菲（Joffee）（1998: 298）所言，是高压统治和福利供给之间那条细线的物质化表现，新兴精英和早期国家机构正是沿着这条细线与农业生产者打交道。

建立忠诚也是配给的核心，比如马里国王亚斯玛·阿杜（King Yasma Addu of Mari，约公元前1782—前1774在位）的父亲在信中如此回复针对奴隶和啤酒酿造的拨款请求：

> 与其大开啤酒桶并大洒金钱，不如让军队自身满意，他们是**当地土著**，可能到马里来**保卫城市**。慷慨地配给那些没有牛而无法耕作的人、没有面粉的人、没有羊毛的人、没有油料的人、没有啤酒的人。让他们站在你这边，他们会保卫你，从而巩固马里的根基。应当让他们定期与你聚餐。不要让他们吃得太过分，但总是要大方地款待他们。
>
> （Sasson 2004: 181，着重为原文所加）

私人产业的规模在后期有所扩大，却仍晦暗不明，因为迄今为止的发掘工作都集中在神庙和宫殿建筑群上，而私人产业只作为无关紧要的东西出现在官方记录中。以神庙和宫殿的名义进行的集中活动需要大量劳动力，尚不清楚其中有多少人是奴隶，有多少人享有受限的自由，与奴隶一样领受配给，以及有多少人是领薪酬的自由人劳工，这部分人的数量从古巴比伦时期（The Old Babylonian Period）就一直在增加（Gelb 1965）。目前只能说，美索不达米亚人口中的很大一部分在某种程度上依赖着一些"庞大的组织"（Oppenheim 1977）。据推测，在史前时期，神庙和宗教领袖首先掌权，得到了军事或世俗领导人的支持，随后，后者又在某种程度上取代了前者，负责守卫神庙、城市和民众，并通过维护运河和管理土地确保粮食安全。尽管宫殿和统治者成为富饶和安定的主要保障，神庙和众神依然受到尊崇，神庙/宫殿的二元经济也在总体上一直是占支配地位的组织形式和社会行动的动力。人们在神庙和宫殿中进行多种活动，包括行政、官僚程序、生产、仪式和居住（Winter 1993: 27）。最早的书面记载隶属于一套精心设计、旨在高效控制神庙和宫殿物资的监督管理体系（Nissen et al. 1993: x. 亦参见 Schmandt-Besserat 1992, Michalowski 1990），这些物资聚集于此，然后作为配给和供应品分发给神庙和宫殿所属人员、劳工、手工匠人和各类供应者，当然最重要的是祭司、国王和众神。

　　配给有两点格外有趣。首先，不同种类和数量的给付至少描绘出了社会组织的轮廓，如人类学家玛丽·道格拉斯（1979: 37）所说，食物和消费使"文化的类型变得清晰和稳定"，这在美索不达米亚特别重要，因其早期并没有记叙性编年史或年鉴（Cooper 1983: 39）。在配给的相关文献中，分发给工人的大麦的数量被拆分为"男人""女人""老年女人"，以及儿子、女儿、儿童和婴儿等单位。此外，受到区别待遇的有：士兵、织工、农夫、作坊中的（女）工头、住家人员和仆从、抄写员、包括金匠和银匠在内的手工匠人、木匠、皮革工人、编芦苇垫的人、石匠、制陶工、漂洗工、铁匠、造船者、牧羊人、园丁、渔民、捕鸟人、面包师和厨师、研磨谷物的工人、酿酒工和生产麦芽的人等等（Gelb 1965）。配给可以按日或按月发放，或是根据特定活动的持续时间，比如收割某一块田地（Ellison 1981）。还有些类目有更详尽的描述，这种情况实在诱人但相当罕见，比如：做蜜饯的男童、制盐的男童、果园的园丁、种蔬菜的人、做蜂蜜蛋糕的人和专门清洗喝啤酒的长吸管或烤制肉串的仆人。后来，一个新的群体出现在了配给清单之中：阉人，又分为成年阉人和男童阉人，他们在新亚述时代的王宫中变得颇有影响力

（Mallowan 1972）。

配给的第二个有趣之处是其中计算的部分。例如，对田间工作的估算就是要拟出灌溉或播种等各种项目所需劳力的数量、工作时间、每个项目的工人人数，以及他们的大麦配给量——计算方法大致是：田地大小 × 诸天所需人数 × 每人每天的大麦配给量。更加复杂的计算适用于羊毛纺织等事项，其中原毛和制成成品布之前的各种工序都被规定在配给中，整条商品链涉及的人员皆赖于此。这些计算活动一方面将食物当作生产的驱动力，另一方面视其为产品，而人仅仅是媒介，这一有趣又发人深省的视角在现代薪酬制度中往往被掩盖了。特别是在后期，他们对于计算一个人值多少食物，从质和量上作出了精细判定的划分，使社会等级明确而具体。宴会，正是展现这些等级制度的地方，但前提是把众神喂饱。

喂饱众神

坐落于美索不达米亚各城市中心的神庙，都是一些壮观的建筑，它们的灰泥掺有香和蜂蜜，基座下埋有金银和宝石，如此，整座建筑就成了一件供品（参见Grayson et al. 1987: 49 n. 39）。公众通常不被允许进入神庙，见到众神的主要机会是他们的神像被带出神庙，抬在宗教活动和节日相关的游行队伍中。众神被认为存在于他们的像之中，神像"诞生"——这种语境底下不用"制作"一词——于神庙工坊中，极度保密，使用最珍贵的材料。当准备就绪，在晚间举行仪式，通过仪式程序使神像焕发生命，神像"睁开"眼睛，并且最重要的是"张开嘴巴"，以便进食。然后，这位神明就被放进他/她的神庙内部的圣殿，穿着缝有黄金片、玫瑰花结和宝石珠串（Oppenheim 1949）的华美衣服，再以冠冕和胸饰装点。一首早期诗歌如此描述圣殿的宇宙论意义："建筑（神庙）的最深处，是国家的心脏所在，在其密室之中，是苏美尔人的生命气息"（Jacobsen 1987: 383）。众神的神像被当作活物：他们接受其他神的拜访，供品被呈送至面前，被击败民族的神像向他们臣服，晚上睡觉并在黎明醒来，最重要的是，他们有饭吃。

"喂饱众神"比喻每天向神庙运送食物，其中只有一部分用于神庙的仪式，其余则当作神庙管理者和工人的薪酬或配给，或储存起来用于出口和交换。最早的古代美索不达米亚泥版记载了向神庙运送货物一事，所用记号可翻译为"产品总量""接收官员""机构""目的"——例如，向乌鲁克城的守护神伊南娜（Inanna）的神庙运送谷物，以庆祝女神的昏星*节，或是定期向神庙的粮仓运送大麦（Nissen et al. 1993）。畜牧业的记载显示，活的牛、绵羊和山羊被送入神庙和宫殿，若是屠宰后的，则要将各部位一丝不苟地分别列出，比如牛就包括角、蹄、皮和尾。牧人和其他供应者被严格地追责。如果有任何差池，如缺少角和蹄，或是谷物短量，牧人或农民要负责补足，如果在补足之前死去，债务会转到他们的家人头上，如果无法清偿，会被迫充当劳工甚至奴隶。随着书写的发展，对交货和支出的记载越来越详尽，追踪各种谷物制品：大麦、去壳谷粒和麦芽、一罐罐啤酒、一条条面包，及其他货品，偶尔还有献给众神的货品记录。最详尽的记载出自后期，但因具有仪式性质，被人们认为与早先的惯例相符。

众神每天吃早、晚两餐，每餐包括两道菜，分别称作"主菜"和"第二道菜"（Oppenheim 1977: 188），它们之间的区别尚不清楚，因为目前尚未发现可供参考的神庙菜单。在节日和宗教庆典期间，会额外加

---

*   日落后出现在西方天空的金星或水星。

餐或供奉特殊食品。首先，端上一碗水用于盥洗，后来人们认为这碗水是神圣的，有时会把它洒在统治者身上。然后，食物和饮料被摆上托盘，端入圣殿，呈给亚麻布帘后面的男神或女神，等神明"进食"后再撤去。尽管无人看见且独自进食，但就宗教仪式而言，神的这些每日不断的饮食可以被看作一场永恒的盛宴。以下是乌鲁克神庙每日敬拜城中众神的仪式的部分指南（Sachs 1969: 343-4）：

　　一年中的每一天，为了早晨的主菜，应准备18个金制萨普碗（sappu-vessels）放在阿努（Anu）神的餐盘上。7个放在右边：3个盛大麦啤酒，4个盛混合啤酒。还有7个放在左边：3个盛大麦啤酒，1个盛混合啤酒，1个盛玛苏啤酒（masu beer），1个盛查巴布啤酒（zarbabu beer），还有1个雪花石膏制的盛牛奶，另有4个金制萨普碗用来盛装"压榨"的酒。早、晚的第二道菜也应这么准备。晚上的主菜和第二道菜不得上牛奶……这些碗未装食物……下面列数了公牛和公羊，它们是一年中每日献给阿努、安图（Antu）、伊什塔尔、南纳和其他住在神庙中的神明的常规供奉……全年早晨的主菜是：7只用大麦喂养两年的干净一等公羊，1只用奶喂养的肥卡鲁公羊（kalu-ram）……外加1只大公牛，1只用奶喂养的阉小牛，以及10只肥公羊，它们与其他公羊不同，并非用大麦喂养……宰杀公牛和公羊时，屠夫应背诵这些词句——"萨玛斯（Samas）神的儿子，牛的主神，创造了这平原上的牧场"……类似地，宰杀公牛和公羊时，屠夫长会向众神念一段祈祷词……全年每日早晨的第二道菜：6只用大麦喂养两年的干净肥公羊，1只用奶喂养的肥硕公羊……以及5只肥公羊，它们与其他公羊不同，未用大麦喂养，1只大公牛，8只羊羔，

5只用谷物喂养的鸭子，两只质量略逊于前者的鸭子，3只用面粉喂养的鹅，4只野猪，30只玛拉图鸟（marratu-birds），20只……鸟，3只鸵鸟蛋以及3只鸭蛋……

晚上的主菜和第二道菜也规定了数量相仿的肉类。然后是面包和蛋糕的规制。这些烘烤制品是在神庙内制作的，整个过程都在祈福声中进行。在乌鲁克，当用来做众神的面包的谷子被磨碎时，磨坊主必须背诵"上天的耕种者套上了播种的犁"，而面包师在揉捏面团和从烤炉取出大条面包时，则必须吟唱"哦，尼萨巴（Nisaba，神名）——繁荣丰足又纯净的食物"（Thureau-Dangin 1921: 82-3，作者自译）。

> 一年到头的每一天，为主要的日常供奉……需要648升大麦和斯佩耳特小麦（spelt），磨坊主每天……交给神庙的厨师，以准备（神）阿努、安图、伊斯塔和纳纳亚（Nanaya）的四餐，还要为他们身边其他次级神准备饮食。他们取走486升大麦粉和162升斯佩耳特小麦粉，厨师将其混合，用于准备、烘烤243条"圆面包"。在这总量之中，同一批厨师会准备30条圆面包，端上阿努的餐桌：大、小早餐，每次8条面包，大、小晚餐，每次7条。还有30条供奉给安图；30条给伊斯塔；30条给纳纳亚；还有15条，供他们身边的神明分四次享用。还要准备：1200块"饼干"在油里（炸？），用来配优质椰枣糕……
>
> （Thureau-Dangin 1921: 81-2, in Bottéro 2001: 129）

神庙里的油料、椰枣、水果、蔬菜和各种生活必需品供应十分充足。除神庙自身的产业外，也有来自宫殿、下级神庙，以及人民自愿或强制捐赠的供品。神庙的账目显示出这些产品是如何根据不同地位而重新分配给工人的，但对献给众神的食物、为众神屠宰的牲畜的去向语焉不详。不过众所周知，等神吃完，神圣的"残羹剩饭"被送到国王那里（Parpola 2004）或是在神庙的领导层中分配，而神庙中肉类的分配是严格遵循优先次序的。

分配是一件重要的事，需要详细说明。在巴比伦国王纳布·阿普拉·伊丁（Nabu-apla-iddin，公元前888—前855在位）的时期，乌鲁克神庙日常屠宰的供品肉类被分配如下（McEwan 1983）：

给国王：一只肩膀、臀肉、背肉、一条腿和一块里脊肉。

给祭司长：心脏、一只肾、纳斯拉普（nasrapu）和一块精选肩肉

给众祭司：一只肩膀、一块里脊肉、胸肉和哈米尔（harmil）、一块精选肩肉、半条腿、一只肾以及脾脏，大部分内脏和一半肉皮

给行政长官：半条腿

给歌手：头部

给厨师：阳具

在乌鲁克，其他部位分给了战车的祭司、其他专职的祭司，以及歌手、酿酒师和面包师等等（McEwan 1983: 191）。更大更富有的神庙，会享用更多的祭品，而在较小或首都外的城市，国王的份额会交给他在当地的代表或国王指定的人。不同时期的记录和参考资料——即便有些并不完整——的一致性表明这些供奉的规模和频率并没有被夸大。至今仍不清楚这些产品如何被重新分配的完整细节，尽管有些可能倒卖给了私人，如温格罗（Wengrow）所设想的，将"神庙"当作某种形式的商

品品牌使用（2008, 2010）。

关于配给的文献记载还提到，在节庆日和公众庆典的场合，神庙和宫殿会以众神的名义分发特殊供给。除了标准量之外，还会分发面包和啤酒，比如在纪念萨塔普（Satappu）城的神达甘（Dagan）的节日中，"该城的所有男女，每人拿走摆在面前的用30条生面团做成的面包，还有一桶桶比特酒、糖果和大麦啤酒"（Cohen 1993: 390）。可能还会发放羊肉和牛肉，鱼类、牛奶、奶酪、黄油和其他日用品，洋葱、豆类、黄瓜和其他蔬菜，椰枣、无花果、苹果和其他水果，调味品，以及啤酒和葡萄酒（Gelb 1965: 237, 240; Ellison 1981, 1983）。但这些东西在流出的同时也在流入，因为人们被要求定期向神供奉货品，尽管尚不清楚供奉的内容、方式和频率。下面这份晚近的记录，记载了阿吉图（Akitu）节期间卡拉赫-尼姆鲁兹城（Calah-Nimrud）的纳布（Nabu）神游行，为我们提供了关于公共宴会的珍贵一瞥：

> 神离开卡拉赫，来到宫殿的禾场，然后从宫殿的禾场进入举行献祭的花园……神庙代理人和供应者会到场，他们出售用于个人献祭的动物，然后个人得以献上这类祭品，任何将1"瞿"（qû）面包粉摆到神坛上的人，都被允许在纳布神的庭院里进食。

这份记录继而提到了其他在场的人，包括"烧柴火的人"，他负责为烤献祭的肉提供木柴。据计算，烤熟一只绵羊需要三个小时甚至更久，所需柴火和烤面包炉的数目恐怕相当巨大，必须在节日前提早储备。烹制完成后，公众会举行露天宴会，作为入场费献出的面包粉在一定程度上抵消了盛宴的花费（Kinnier Wilson 1972: 31）。

由于缺乏文献记载，我们只能粗略地了解早期美索不达米亚的神圣宴会，如前文所述。因为所有饮食物都是神赐的礼物，每日的吃喝也就有将宴会当作献礼的意味，体现在苏美尔人的早期当然是用乐享美食佳酿的方式赞美神赐的丰足富饶，尽管这一点将会随着时间而改变。虽然尚不清楚所有的细节，但早期的美索不达米亚显然常举行大大小小由神庙促成的敬神宴会。不过，饮宴虽会继续，情境却非一成不变，就像我们将在乌尔城看到的那样。

从神庙到宫殿——乌尔的盛宴

大英博物馆上层陈列着宴会用品，它们在1926至1932年之间被发掘出来时曾震惊世界，至今也令人困惑。这座博物馆的一大瑰宝就是这件被称为"乌尔旗"（Standard of Ur）的东西。它可以追溯至大约公元前2600年乌尔第三王朝时期，是一个用途不明的箱状框架，表面镶嵌着贝壳、名贵的天青石和被认为来自印度的红色石头。它是由伦纳德·伍利爵士（Sir Leonard Woolley）在"乌尔王陵"（Royal Cemetery of Ur）中发现的，当时呈碎片状。被重新拼合的碎片，表现了美索不达米亚饮宴和社会的重大变迁。它源自美索不达米亚南部城邦战乱频仍、合纵连横的时期，两块主要的嵌板按照伍利爵士（1938）的命名，通称为"战争"与"和平"，其实称其为"战争"与"宴会"倒更贴切。"战争"一面展示了沉重的马拉四轮战车碾过落败的敌人的场景。其顶部刻有穿着制服的士兵迎敌的形象，敌人溃不成军，被剥光衣服，当作俘虏带走。

在"和平"一面，顶部有一身形较大的人物及其较小的同伴，他们坐着，举着酒杯，有斟酒人侍候，一位乐手持里拉琴，而他身边的可能是一位被称作"加拉"（gala）的异装男歌手。在底部，更小的人物列队展示带来的货品，包括绵羊、山羊、牛和鱼。按照当时的艺术惯例，重要人物会被描绘得比下属大一些，人物间的相对位置也很重要。下属不会背朝主要人物，而是面向他，并且都会与地位相当的人坐在一起，其中最重要的离主要人物最近。与乌尔旗同时发现的随葬品，证明了巨大的财富、完善的社会等级制度和活人献祭的存在——16座精英墓葬中都发现有仆从陪同墓葬主人进入死后世界的情况。祭祀死亡的恐怖和随葬物品、珠宝的丰富，使人们不太会注意到殡葬、物件和乌尔旗所揭示的早期美索不达米亚饮宴和社会的风貌。美索不达米亚的这些"人牲"埋葬在随葬品丰富的巨大陵墓中，发生于社会和经济出现重大变革的时期，彼时，当地统治者们冲突不断，互相争夺优良耕地和贸易通道，特别是沿河地区（Yoffee 1995: 290），神圣与世俗间的权力平衡无可避免地被打破了。尽管随葬品中有器皿，尽管墓里的每个人，包括被殉葬的牺牲者，手中或身边都有酒杯，但没有证据表明这里举行过丧宴。这可以被诠释为（Cohen 2005）"宫殿意识形态"逐渐战胜"神庙意识形

图2.1　乌尔旗，展现了国王与友人饮宴的情形，约公元前2600年。图片来源：https://commons.wikimedia.org/wiki/File:Standard_of_Ur_-_Peace.jpg

态"。不同于早先的图像展现神、强调神在人类事务及粮食供应中的崇高和作用，乌尔旗展现出一幅世俗的全景图：一位强大的领袖在战场上取胜，他的胜利、战利品和由此得来的供品在一个本质上等级化的宴会上被庆贺和享用，与先前"神庙意识形态"宣扬的"神明面前人人平等"的思想背道而驰（Cohen 2005: 142）。

更富暗示意味的证据，可见于伍利在乌尔王陵中发现的400枚圆筒印章，这前所未有的数量表明它们在当时当地有着特殊的意义。它们几乎无一例外地展现了冲突和宴会的场景（Pittman 1998）。在早期，印章通常用来描绘神，而所谓的"饮宴印章"（banqueting seals）则常描绘同样大小、地位相当的呈坐姿的参与者，他们友好地通过长管子从固定在地上的容器中饮酒（Collon 1992: 23），但没有食物出现。在乌尔的印章上，饮酒场景的性质发生了变化。出现的参与者更多，表明饮宴的群体更大。社会等级通过人物的大小差异和仆从在场的增多得到了强调，而通过吸管喝啤酒的方式被用小酒杯分别饮酒取代，既然人们不再共用一个容器，社交距离也就成了规则。食物这时开始频繁出现，其图像表现为高脚小桌上摆放的面包和腰腿肉。乌尔王陵中的饮食器皿在发掘后的30年间都没有被分析过，而对普阿比女王（Queen Pu-Abi）陵墓中的食器进行检查后，人们发现其中有那时在美索不达米亚低地发现的、最早的鹰嘴豆样本，还有大麦和小麦粒，烧焦的面包，豌豆和椰枣，穿在一条线上的山楂干，装在罐子里的牛、绵羊和"凯普洛维德"*的骨髓遗骸——这表明它们是炖菜的原料，鲈鱼和鲨鱼，以及大型金枪鱼的脊椎——它是来自地中海的进口货，格外受珍视（Ellison et al. 1978，亦参见Van Buren 1948）。这种趋势一直延续到阿卡德和后阿卡德时期

---

* Caprovids，可能是一种类似羊的生物的古称。

（Post-Akkadian period，约公元前2330—前2110），用杯子的等级化饮酒方式继续出现在饮宴场景中，这与更为平等的通过吸管从公共容器中饮用的方式相对立，而温特（Winter）（1986）主张，杯子本身就是国王权力的象征。

综上所述，在乌尔王陵的时代，新的理想世界通过似乎很密集的饮宴得以实现和庆祝，并且，新引入的饮宴方式日益等级化，宫殿试图借此占据神庙的主导地位。在崛起的精英阶层支持下，国王或统治者大力强调自己的世俗权力和缔造丰饶者、众神的仆从之首等身份，他以神的名义行事，而越来越多的饮宴活动似乎成为达成这个目的的主要手段之一。宴会及其巩固的社会新秩序，对埋葬在陵墓中的群体——王室家族

图2.2　附吸管的金杯，可能是过渡型号，由伦纳德·伍利爵士发掘于"乌尔王陵"，公元前2600年。图片来源：https://commons.wikimedia.org/wiki/File:Puabi_gold_vase.gif

而言是如此重要，以至于他们似乎试图通过举行这些死后宴会在来世建立与今生同样的霸权。尽管更加完整的情况尚有待进一步发现，但饮宴之中的变化显然是社会转型的核心所在，饮宴方式是一个显著的例证，说明在早期复杂社会中，饮酒和公共消费可用于建立"新兴的社会政治秩序、本体论的宇宙起源学说和宇宙论与农业生产者之间的正式关联"（Joffe 1998: 298）。后来，饮宴主题的印章不再流行，取而代之的是国王与神灵同在的形象，进一步强调了王权。

宫廷膳食

在乌尔之后，开始出现更加详尽的关于烹饪的记载，它们常常与宫廷有关。目前为止，两份最详尽的对精英阶层烹饪术和进餐惯例的记载大致属于同一时期。第一份是古巴比伦城邦马里的国王基姆·利里姆（Zimri-Lim，约公元前1775—前1761在位）的宫廷档案。档案的一部分是食物分配记录，记载了生食和预加工食物的流动，并非精英膳食的制作过程。但其中提到的"贮藏室女工"提供了一些线索，她们负责将无花果、欧楂、李子、梨和山楂浸渍在蜂蜜里，腌制成风味浓郁的蜜饯加以保存。另有专门人士负责腌制酱菜，可能还会腌制鲜肉和鱼。鱼被抹上盐、晒干、浸在盐水或油里，而小龙虾和蚂蚱也被保存起来，后者更是被当作美味佳肴，新鲜蚂蚱会被穿成串，放在火上炙烤。还有对冰的记载，"从山间顺流而下，以美王室之口腹"（Postgate 1992: 146）。档案的第二部分更具体地讲到"国王的御膳"，提及与王室餐饮相关的仪式，尽管未有详细描述，却可以清楚地看出：进餐在马里"是食物共享的核心，目的是绑定主人和宾客，并向其渗透团结信念"（Sasson 2004: 199）。国王可以在他巡幸途中的任何地方举办这种共食的宴会，用于王室饮宴的整套瓶、碗、罐、杯、碟和餐具都要随行。在马里宫殿中，发现了许多装饰性模具，用于制作王室宴会上的食物（可能是面包），还有一份文件提到"将棕榈树从果园移到棕榈庭院中……为了举办宴会"（Sasson 2004: 200 n. 58）。马里的宴会规模不一，从26名宾客到招待来访多达千人的大型代表团。常有机会与国王分享食物的人包括：他的随行卫士，以及由秘书抄写员、占卜师和主要行政官员组成的核心圈子。有时，国王的妻子也会加入，但就像所有一夫多妻制社会一样，多个伴侣会导致一些问题。正妻应当坐在国王身边，但有时是当下最得宠者享有这一殊荣。档案中留存有一封信件，是一位马里公主抱怨自己的王室丈夫没有把她当作他的阿斯拉卡城（Aslakka）的正室王后。相反，她的丈夫给了另一个女人王后般的待遇——"他常常当着这个女人的面饮食"，公主在给父亲的信中这样写道（Sasson 2004: 200 n. 60）。

但这与在款待来访使节和代表团的宴会期间大量出现的嫉妒和优先级问题相比，实属小巫见大巫。从有第一个城邦开始，外交就一直是政治才能的重要组成部分，借由频繁举行以仪式和宴会为标志的会议，政治联盟、土地和水源的协议得以商定和维系，贸易得到促进。马里的遗迹展现出一座宫殿，其中汇集了许多装饰华丽的套间，适宜举办盛大的招待会和宴会（Winter 1993: 30），这种排布成为后来宫殿建筑的典范，这些房间则充当了争夺和展示社会地位与权力的竞技场。宫廷和外交礼仪十分严格，规定了谁必须屈身或站立，而谁有权落座及坐在何处。使节们依据所代表的国王或贵族的威望及自己在代表团中的地位，受到不同对待——"当众受辱的可能性是无限的，而马里的信件揭示了当时外交官的脸皮有多薄"（Sasson 2004: 201）。饮宴前后有许多仪式。在宾客入座前，即有一场对不同接待标准的大展示，宣誓并朗读协议后，国王向贵宾赠送礼物和新衣服，每件各不相同，代表了他们受重视和尊敬的方式，也提供了许多比较的机会。各人座位与国王的相对位置是区别待遇的另一个标志，获得的食物也是如此。下属比显要人物"吃得少，且逊色"（Finest 1992: 38），其实现方式是以考究的礼仪将食物分别端上各人的餐桌。这种呈现模式意味着每一餐在组成、菜肴的质与量、酒杯的类型上都可能稍有不同：地位等级展现于众目睽睽之下。宾客十分留意自己得到的酒水类型，以及吃到的牲畜是草饲还是谷饲。所有的轻忽怠慢，无论是真实的还是想象中的（两者均大有可能），都会被汇报给各自国家的统治者，并被极为严肃地对待，这些宴会被认为是权力的宣言，包容与排斥的动态在其中昭然若揭。统治者们也会巡视其领土，为当地行政官和地方官员举行宴会。就像萨松（Sasson）（2004: 210）所说："在一个政治不稳定是常态且忠诚要靠正式宣誓获取的社会，坐在一起用餐必然会产生义务，并在文化的各个层面中培养忠诚。"至于所食何物及如何制作，马里的记录并未提及，只惹人遐思地提到了松露和鳗鱼的季节性丰收，还有大量野味供应。

精英阶层烹饪术的第二个主要来源即所谓的"耶鲁烹饪泥板"（Yale Culinary Tablets），源自大约公元前1700年的巴比伦南部（Bottéro 1987, 1995a, 1995b）。它们并非只是物资供应清单，而是目前所知最早的烹饪食谱，比罗马人阿比鸠斯（Apicius）的《论烹饪》（De Re Coquinaria）还要早2000年。人们认为它们出自一部更庞大的文集，囊括了烹饪的各个方面，但幸存下来的泥板——被博泰罗比作（Bottéro 1999: 254）"一艘巨大沉船"的残骸，一部散佚的烹饪文献的骨架部分——主要记载了炖菜、肉汤和炖肉，以下是两条泥板中菜谱的示例（亦参见Sloisky 2007）：

> 塔尔鲁炖菜（Tarru stew，塔尔鲁是一种具体品种未被识别的小型鸟类，可能是指野鸽子、鹌鹑或鹧鸪）。除了鸟肉之外，还需要有一条新鲜的羊羔腿。备好水。加入油。把塔尔

鲁扎好，盐、去壳的麦芽、洋葱、萨米杜（samidu，品种不详）、韭葱和大蒜一起放在牛奶里捣碎。将塔尔鲁在锅里煮一遍，然后把它们破开，和肉汤一起放进一个罐子里炖，接着将所有东西倒回锅里。以备切分。

（Bottéro 1985: 42）

图布甜菜肉汤（Tubu beet broth）。使用羊羔肉。备好水，加入油。蔬菜去皮。加入盐、啤酒、洋葱、芝麻菜、芫荽、萨米杜、莳萝和甜菜。将所有这些食材装入烹饪容器，并加入捣烂的韭葱和大蒜。将混合物煮好后，撒上芫荽和苏布廷努（subutinnu，品种不详）。

（Bottéro 2004: 28）

还有菜谱是关于炖牡鹿、瞪羚、小山羊、羊羔和绵羊，煮羊羔腿和各种肉汤的，尽管只是一部分，但这些泥板揭示了一种需要技艺高超的厨师、专门的烹饪器皿和炉子、昂贵的食材来实现的菜系。正如博泰罗观察到的（Bottéro 1985: 254），这些是为众神、国王和富人准备的餐食。若要烹饪所有送到神庙和宫殿的肉类，靠炙烤恐怕不切实际，用于烹饪和盛装的硕大容器证实了炖菜和肉汤在精英膳食中的重要性，这些容器令王室和神庙引以为傲。盛着滚烫液体的巨大锅釜并非毫无危险性，伊辛国王艾拉·伊斯米蒂（King Erra-Ismitti of Isin，大约公元前1860在位）就死于热肉汤造成的烫伤。但在博泰罗看来，煨、炖和焖的技术正是美索不达米亚先进的烹饪体系的基础，它们为改进调味、口感和酱汁创造了机会，使菜肴超越了单纯烘烤和炙烤的层次。精英和贫民食物的区别显而易见，面包和啤酒的象征意味也十分明显，乐于享受饮食也是一样，但美索不达米亚烹饪技术的文化含义尚不明朗。

美索不达米亚大厨（宫廷厨师似乎以男性为主）使用的技巧包括：预先烹制，使肉呈褐色；收汁，令肉汤风味更加浓郁；为具体菜肴精心搭配特定部位的肉；须换锅的分阶段烹饪；以及用蔬菜当配菜或制作酱汁。香草和香料得到使用，尽管其中许多仍品种不详，不过一种叫"苏蔻"（suqqu）的液体调味料颇受欢迎，是用泡在盐水中发酵的鱼、贝类或草蜢制成的，大概类似于后来希腊和罗马用来改善生、熟食物味道的鱼酱汁（garum）（Bottéro 2004: 70-1）。但耶鲁烹饪泥板到此就结束了，除非有更多资料出现，博泰罗认为古代美索不达米亚存在某些"苛刻而微妙的品味，以及对烹饪术的真正兴趣"（Bottéro 1995: 194，作者自译），它们某种程度上在今日阿拉伯–土耳其、黎巴嫩和"中东"的烹饪术中被保存了下来。

只有城市能生产和汇集如此数量的食物，也只有城市能够通过大规模的神圣和世俗的消费来分散它们。城市及与其相互支撑的生产和贸易体系，达到了古代世界粮食安全的顶峰。从这个角度来看，存货清单是最令人喜悦的记录，货品源源不断地进出是最能令神满意也最慰藉人心的景象，这也解释了誊写这些记录时的谨慎态度、会计学的繁盛和那些在各时代循环往复，在从圆筒印章到巨大石碑等所有艺术形式均有表现的，似乎永无止境的食物队列的景象，都是对食物和宴会至高无上的重要性的一再强调。最后一个美索不达米亚城邦灭亡之后，无尽的盛宴仍在继续，且规模更大了。下一章中，我们会停留在同一地理区域，但将跟随宴会进入后来的几个世纪，置身于占领美索不达米亚土地的新民族之中。人们倾向于认为古代文明是完全独立的，但在这里，我们却能看到延续和差异——既有文化上的，也有环境造成的，这是一个难得的从纵向视角观察盛宴的机会。

第三章

亚述人和阿契美尼德王朝的波斯人：盛宴帝国

　　我从上扎布河（Upper Zab）开凿了一条运河，将一座山从峰顶一分为二……我灌溉底格里斯河的草甸，并将各种果树遍植其周围。我榨出美酒并将首批果实奉献给亚述，我的主，以及我土地上的神庙。我为亚述这座城市呕心沥血，我的主。在我行军经过的土地和曾经穿越的高地上，我看到的树木和花果有：雪松、柏树……杜松、杏树、椰枣、黑檀、橄榄……橡树、柽柳、笃耨香树、石榴、梨、榅桲、无花果、葡萄藤……以及牛心果。运河的水流从上方注入花园。人行道上香气弥漫。水流辐辏密集，仿佛天上繁星，流入怡人的花园……我亚述纳齐尔帕（Ashurnasirpal），在可爱的花园中，采摘果实……

（Grayson 1991: 290）

　　从大英博物馆入口进去，在不远处耸立着20英尺高、饰以青铜的巨大雪松木门，它们取自亚述国王沙尔马那塞尔三世（Shalmaneser III，公元前858—前824在位）的巴拉瓦特宫（Balawat Palace），一对巨大的有翼狮身人面石雕立于大门两侧。另有一对雕像警觉地立在不远处——筋骨强健、眼神犀利，有着优雅卷曲的胡须，以及神和国王才能佩戴的有角王冠——它们曾经看守沙尔马那塞尔二世（Shalmaneser II，公元前883—前859在位）王宫正殿的入口。美索不达米亚的饮宴活动，就在这般宏伟庄严的环境中达到了它晚期的顶点。在古代，就像今天的许多地方一样，门作为善恶势力的入口，有着特殊的意义，因此才会需要这些雕像的魔力庇佑。在这里，它们伫立于这座博物馆著名的亚述雕塑展厅的入口处，一个接一个的展厅摆满了来自尼尼微（Nineveh）、尼姆鲁德（Nimrud）和霍尔萨巴德（Khorsabad）的方尖塔、铸件、雕塑和雕刻精美的墙板，它们是王室盛宴的背景，因为在亚述人的统治之下，人们重新燃起了对如下事物的兴趣：艺术作品中的筵席场面，以及作为社会实践、政治宣传和看得见的意识形态的饮宴活动。

最早的亚述人是指亚述这座城邦中的人民，由他们崇拜的神祇而得名，就像在第二章中提到的那样，他们曾揭竿而起，反抗巴比伦王国的统治。在接下来的两个世纪里，这个新兴的势力通过征服形成了亚述民族，然后有了帝国的雏形（Grayson 1987: 4），并最终建立了新亚述帝国，领土延伸到亚洲西南部。不过，亚述的霸权也并非没有遭遇挑战。亚述在军事方面有两座顶峰，分别是在提格拉特帕拉萨一世（Tiglath-Pileser I，公元前1114—前1076在位）和亚述纳齐尔帕二世（Ashurnasirpal II，公元前883—前859在位）统治的时期，后者举办了古代已知规模最大的盛宴。在此期间，巴比伦人和他们的盟友，还有为自己打算的邻邦和新来乍到的势力不断挑战着亚述人。公元前609年，巴比伦占领了美索不达米亚，新亚述帝国被新巴比伦帝国所取代，直到公元前539年波斯国王居鲁士（Cyrus）占领巴比伦，美索不达米亚成为波斯帝国一部分。

新亚述帝国是当时最为强大的帝国，而亚述人广大的愿景及其实现方式，在新亚述时期的皇家铭文中被大加传颂，提格拉特帕拉萨一世的这段铭文便是其中的代表：

> ……在（我）主——神明亚述的指挥下，我率军行至奈里（Nairi）之地，而它的君王们天高地远，位于西方的上部海（the Upper sea）之滨，还不知道此地已经归顺。我闯过崎岖危险的道路，个中情况此前不为任何君王所知……我驾着双轮战车驶过平坦的大地，地势艰难处，我以铁镐开道……在我

的利刃猛攻之下，我逼近（敌人），并像阿达德（Adad）神的风暴一样，将他们的大军扫荡殆尽。我将他们战士的尸体堆积成山，在旷野、群山间的平原，以及他们城市的周围……我征服他们的重镇（并）获取战利品、物品（和）财产。我焚烧、夷平（和）毁掉他们的城市，并且将它们变成废墟……我生俘了奈里这片土地上所有的君王。我对这些君王大发慈悲，饶过他们的性命……并且要他们对我伟大的众神宣誓永远臣服。我拿他们亲生的王子们作人质。我命他们交纳贡品……

（Grayson 1991: 21-2）

这些军事行动的暴烈已经载入史册，其规模和野蛮程度与日俱增，特别是当马匹在第二个千年的上半叶被引入并发明出马拉战车后，亚述人更是声名大振、令人畏惧。军事行动并不只针对外国或偏远地区的民族。近邻和亲属如果制造麻烦，也可能成为攻击目标，甚至在第三个千年，当城市化规模变小而政治活动更多在地方层面展开时，据残存的记录显示，小规模冲突经常发生，关于水源和土地权利的纠纷不断，各种誓言和协议不断被打破、重新议定和再次打破。到大约公元前2700年，平原上各城已筑起城墙，这显示出城际战争已然普遍存在（Cooper 1983: 7）。虽然新亚述人和新巴比伦人常常被塑造成侵略者——这让人想起了拜伦勋爵的诗歌《西拿基立的毁灭》（*The Destruction of Sennacherib*）中的诗句，"亚述王来了，像突袭羊群的一只狼，他的大军团闪着紫色和金色的光"[*]——但事实上，富庶的美索不达米亚时常引来四面八方敌人的进犯，迫使它经常进行防卫。亚述的核心王国没有

---

[*]　引自查良铮译文，见《拜伦诗选》，上海译文出版社，1982年，第66页。

自然边界，容易受到攻击，这常被看作亚述发展成为一个军事强国的原因。

在乌尔王陵落葬1000多年后，新亚述帝国的财富和影响力达到了顶峰，权力中心北移至亚述大城如尼姆鲁德、尼尼微和霍尔萨巴德。它们在古代世界享有盛誉，是"财富无穷、各种瑰宝无数"的地方（Book of Nahum 2: 9-10, in Thomason 2004: 151），是贸易活动、贡品流通和外交往来的中心，将美索不达米亚和当时的世界体系联系起来（Edens 1992），尽管在亚述人的军国主义统治之下，其中大量物品都是作为贡品而非贸易商品流入各大城市的，并且，因为亚述人没有苏美尔人那样的灌溉农业基础，确保来自外国的粮食供应就十分重要了。神庙依然受到尊崇，万神殿也留存了下来，但它现在成了由亚述神领导的国教的一部分，他是发源城亚述和整个帝国的庇护神，连至高无上的君王们都只能自称在代行其意志。尽管啤酒还在被饮用，但红、白葡萄酒现在也被推广开来，因为产地扎格罗斯山（Zagros Mountains）近若比邻，并且商贸路线也将产自今日土耳其和黎巴嫩等地的酒类商品或贡品带了进来。葡萄酒通过配给分发，并且其配给清单展现出一幅亚述精英阶层的宫廷社会和饮食文化的图景。

其中最广为人知的是来自卡拉赫–尼姆鲁德城（Calah-Nimrud），在阿达德·尼拉里三世（Adad-Nirari III，公元前811—前783在位）和萨尔玛那萨尔四世（Shalmaneser IV，公元前783—前773在位）的王宫酒窖中发现的一些刻写板，其中炫耀道，王宫上下有6000人，从王室家族和后宫嫔妃到国家官员、廷臣、工匠、士兵、警卫和仆人（Mallowan 1972）。这些清单揭示了庞大的配给机制是如何利用"食堂"这个人们不拘礼节地共同进食之所的。它根据职位来组织安排，驾驶战车的队伍去一处，弓箭手去另一处等等，以确保每个团队得到彼此不同又恰如其分的酒类配给和食物。其中还提到一座"国王的食堂"，供王公贵族、与国王关系亲近者以及埃米尔*或高级官员使用，属于王后的份额被单独列出来，这表明国王和王后通常不在一起用餐（Kinnier Wilson 1972: 6, 82）。这里也有一个再分配体系在运作着。它会起草正式的合同让人们有权食用特定的王室剩饭，并描述了食物、饮料的种类和数量（Parpola 2004）。后宫（阿达德·尼拉里三世有两个）都有各自的配给，被分为内、外廷的宦官也有自己的配给。亚述国王埃萨哈东（Esarheddon，约公元前681—前669在位）的国家档案中就有一份文件提到："宦官和留着胡子的廷臣在国王的庇护下食用面包"（Luukko and Van Buylaere 2002: 158-9）。

为彰显荣光和治理国家而建造的宫殿，以及近千年前出现在马里的策略性饮宴在此时达到了新的高度。从国王亚述纳齐尔帕二世的时代开始，新亚述帝国的宫廷装饰有了重大创新，体现在巨大雕刻石板的使用，其中许多现在都陈列于大英博物馆的亚述展厅。许多人把这些精雕细刻、极费劳力且非常昂贵的石板视为艺术中历史叙述的发端（Winter 1985），它们展现了亚述军队的战斗场景，还有国王们接受战败君王、王子和城市的臣服以及他们的战利品、贡品的景象。另一些石板显示了国王在狩猎场上和在神性人物面前的英勇之举。除了高度装饰性外，它们也是亚述人世界观的形象化。它们不仅像人们通常看到的那样是在庆祝战争、征服、击败和羞辱外族（Cifarelli 1998; Bonatz 2004），也是在声明3000多年来，它们支撑着美索不达米亚人生活的价值观。这些军事行动是在众神的"授意"下进行的，叛乱和不主动进贡是对众神的侮辱，各种战利品则是献给众神的礼物，夺取的收获被奉于众神，但常被艺术史学家忽视的是，处于所有战争场景中心的，正是食物。在表现沼

---

　　*　emir，官名，指地方军事首领。

泽中战斗场面的石板上，敌方士兵试图藏身于芦苇丛中，在贝类、螃蟹和鳗鱼的包围中匍匐着。囚犯们被引到满是游鱼的河边，山间的部队正在穿越一片片果树林。在纪念西拿基立（Sennacherib，约公元前704—前681在位）征服叛乱城市拉奇什（Lachish）的著名石板上，战斗的背景是椰枣树、结满成熟无花果的树以及挂满葡萄的藤蔓。亚述人的眼睛看到的不是自然风光，而是一片食事风景，而石板上的一切都被视为众神的杰作。

为庆祝亚述征服了亚洲西南部地区，亚述纳齐尔帕二世在卡拉赫–尼姆鲁德建起一座新的都城，中心是一座富丽堂皇的宫殿，这位国王将其称为"朕下榻及消遣之处"（Grayson 1991: 289）。宫殿包括八间豪华的接待套房，用各不相同的珍贵木材建成：黄杨、桑树、雪松、柏树、阿月浑子木、笃耨香树、柽柳和白杨木。走进用青铜条箍牢的雪松木大门，门廊上贴着青金石釉砖。宫殿中的豪华房间装饰得如国王的铭文宣称的那样，"金碧辉煌……我用青釉在墙面上描绘我的英勇事迹，我穿越高原、平地到海洋，征服了所有土地"（Grayson 1991: 289），遍布宫殿的石刻也重复着同样的主题。还有对丰足富饶的描绘，包括仆人们端着托盘鱼贯而行的场景，盘中的小蛋糕和水果堆成高高的金字塔。其中最精美的石刻是在正殿——"通过将它们集中于正殿……并且将正殿置于宫殿中央，国王传递了一条基本的信息：就像正殿是宫殿的心脏一样，这座王宫也是国家的心脏所在"（Winter 1993: 36）。这位国王还用从远方运来的雪松木为众神建造了新的神庙。神像流光溢彩，饰以赤金和闪耀的宝石，他特别提到："我给予他们黄金珠宝以及许多缴获的财物"（Grayson 1991: 291）。在卡拉赫，亚述纳齐尔帕二世还创办了颇具异域风情的动物园——向公众展示老虎、狮子、大象、鸵鸟、豹子、熊和猴子。国王通常会提醒继任者善待其宫室庙宇，但这位指挥过历史上最激烈的几场军事行动的勇士，却留下了令人动容的奇特铭文——"哦，未来的众王之君，亚述所召的我的儿子们，或是未来的人们，或是副相，或是贵族，或是宦官——你等万万不可轻视这些动物。在亚述面前，愿这些生物长存！"（Grayson 1991: 226）。

最终，当所有一切完成之后，亚述纳齐尔帕二世举行了有史以来最为盛大的宴会，历时十天，有69574位宾客出席。国王为此非常自豪，他在宫中立起一根石柱，将宴会的食物清单刻在了上面，图案是国王以及他上方的守护神西恩（Sin）、亚述、萨玛斯、恩利勒、阿达德和由七个点表示的塞比提或称"七神灵"*（Wiseman 1952: 25），国王和神灵周围环绕着对这次史诗级盛宴所需食物的描述：

> 当亚述国王亚述纳齐尔帕献上这座欢乐的宫殿，伟大的主亚述和全境的众神被请进卡拉赫的充满智慧的宫殿；100头肥牛、1000只小牛和绵羊来自畜棚、14000只属于我的女主人伊斯塔女神的绵羊、200头属于我的女主人伊斯塔的牛、1000只希瑟布绵羊（siserbu-sheep）、1000只春天出生的羊羔、500只埃雅鲁鹿（aiialu-deer）、500只鹿、1000只鸭子、500只乌苏鸭（usu ducks）、500只鹅、1000只麦斯库鸟（meskku-birds）、1000只丘里布鸟（quribu-birds）、10000只鸽子、10000只斑鸠、10000只小鸟、10000条鱼、10000只跳鼠、10000只蛋、10000条面包、10000壶啤酒、10000囊葡萄酒、10000个容器的谷物和芝麻、1000箱绿色蔬菜、300个容器的油、300个容器的麦芽酒、300个容器的混合拉恰图菜（raqqatu）、100个容器的库蒂穆斯（kudimmus，一种含盐的植物）、100个容器的

---

* the Sibetti，英文著作中亦写作Sibitti、Sebetti。

烘干大麦、100个容器的乌布赫森努米（ubuhsennus-grain）、100个容器的上等比拉图啤酒（billatu-beer）、100个容器的石榴、100个容器的葡萄、100个容器的混合扎姆鲁斯（zamrus）、100个容器的开心果、100个容器的洋葱、100个容器的大蒜、100个容器的库尼弗斯（kuniphus）、100捆芜菁、100个容器的辛辛努籽（hinhinu-seeds）、100个容器的吉杜（giddu）、100个容器的蜂蜜、100个容器的酥油、100个容器的烤阿布苏籽（absu seeds）、100个容器的卡卡图菜（karkartu-plants）、100个容器的提亚图菜（tiiatu-plants）、100个容器的黄芥末、100个容器的牛奶、100个容器的奶酪、100碗米祖饮料（mizu-drink）、100只盐腌牛、10霍默*的去壳达克杜坚果（dukdu-nuts）、10霍默去壳开心果、10霍默哈巴曲曲（habbaququ）、10霍默椰枣、10霍默莳萝、10霍默萨布努（sabunu）、10霍默乌里阿努（uriana）、10霍默安达赫苏（andahsu）、10霍默希萨尼布（sisanibu）、10霍默希姆博鲁果（simberu-fruit）、10霍默哈苏（hasu）、10霍默上等的油、10霍默上等的香料、10霍默纳萨布葫芦（nassabu-gourd）、10霍默辛希穆洋葱（zinsimmu onions）、10霍默橄榄。

(Grayson 1991: 292-3)

就像通常在美索不达米亚见到的那样，这是一份供给清单，而不是在描述制作和端出食物的过程。尽管数据是全面完整的，但考虑到

---

* homers，古代容量单位，约合10.5或11.5蒲式耳。按国别标准不同，蒲式耳在英国等于36.368升，在美国等于35.238升。

有些宾客可能被以不同的方式款待，可以将其看作对消耗品数量的合理估计（Finet 1992: 38），而且虽没有菜单，但能从其他资料中勾勒出宴会的轮廓。至于赴宴的宾客，国王已经在铭文上做了描述，"当我献上卡拉赫的宫殿，有47074名男女从我领土的各个地区受邀前来，还有5000位高官显贵（以及）来自苏胡（Suhu）、辛达努（Hindanu）、帕尼努（Paninu）、赫梯（Hatti）、泰尔（Tyre）、希顿（Sidon）、古尔古穆（Gurgumu）、马利杜（Malidu）、胡布斯库（Hubusku）、吉尔扎努（Gilzanu）、库穆（Kummu）和穆萨希鲁（Musasiru）的特使，16000名卡拉赫居民以及1500名我宫中的扎里曲（zariqu），算上从各地被召集至此的人以及卡拉赫城居民，一共69574人——在十天里，我让他们沐浴，我让他们涂抹香膏。我以此赋予他们荣耀，并将他们平安喜乐地送回各自的土地"（Grayson 1991: 293）。这些人中的大多数可能体验到的是扩充版宫室"食堂"系统，但是真正让人感兴趣的是宴会中的精英层级。卡拉赫–尼姆鲁德是一座国际大都会，是覆盖了当时已知世界大部分地区的外交和军事网络的中心，而所有曾在马里王国宴会上出现的社会动力，都更大规模地在这里上演着。

　　为了这次盛宴，原本已然富丽堂皇的厅堂可能被进一步地装饰和点缀，空气中弥漫着熏香的味道，还会伴上音乐。主宾被安排在一些镶嵌着描绘国王凯旋场景的石板的厅室中，国王则坐在主厅的高台上，两侧是酒侍和手持火炬或扇子的仆人。他欲施以殊遇的宾客坐得离他最近，享用最好的酒食，由周到的仆人端到他们单独的桌上，而长立一旁的酒侍则不时地为其斟酒。饮宴是权力的重要体现，是展演区别的舞台和巩固社会政治联结的工具，剥夺敌人饮宴的能力几乎等同于摧毁他的城墙、阻塞他的灌溉水渠或在他的土地上撒盐。所以亚述的国王在列举战利品时，总会强调这些东西，"100口青铜锅，3000只青铜罐、碗和容器"（Grayson 1991: 211）。这些"锅"并非今天所说的家用小锅，而是用来准备宴会的大型高级器皿，它们会和其他一些被缴获的容器一起在胜利者的庆典上被使用和展示。

主人和主宾的盛装华服与周围的环境相呼应。新亚述时期的纺织品在古代世界享有盛名，王室和精英阶层衣袍的独特之处在于绝妙的叠加花纹，并用饰边和长流苏加以强调。在各种纹样中，受精英阶层青睐的有：棕榈叶、莲花、葡萄藤、玫瑰花环、同心圆和方块、棋盘格和斜线条，它们以各种方式排列组合，混上 V 形线、圆点和不同宽度的波浪线（Guralnick 2004），再进一步用玫瑰花环、三角、圆和星星形状的金质贴片装点。这些服装最初可能与食物、座次安排一样是社会阶层的表现——同心圆图形似乎与王室联系最为紧密。亚述人还会用大量的珠宝、香水和化妆品（男女都用）来衬托衣袍，用他们引以为傲的香膏涂抹头发。这番打扮之后，赴宴者会参加精心安排的庆典和仪式（和在马里一样），行礼的方式包括亲吻国王的双脚以及握手（Munn Rankin 1956），还有赠送和展示礼品。酒食来来去去，娱兴节目纷纷登场，阴谋诡计和紧张的政治磋商也在节庆般的欢乐气氛的掩护下进行着，其中既有恐吓威胁，也不乏宽宏雅量。新亚述社会竞争激烈，依赖于"对体制的归属感和个人与体系上上下下的关系"（Postgate 2007: 358 in Radner 2011: 38），而这会通过饮宴而被不断确认或重新协商。正如很久以前苏美尔人的一则箴言所说："王宫的地面滑溜溜。"而在亚述纳齐尔帕二世的盛宴上，这个展示、协商、包容与排斥的过程会持续十天之久。

不出所料，新亚述的国王们常常待在皇家园林里享受更私人化的娱乐。在更早的时候，尽管也存在公共花园，但观赏性城市花园一直是文明的美索不达米亚式生活的象征，是与神庙和宫殿相关的最精致的存在。用一首献给埃齐达（Ezida）神的颂歌中的歌词来说，"花园让城市更自豪"（Wiseman 1983: 138）。观赏性花园甚至比宫殿更加奢华，这是国王举行私人宴会和娱乐活动的场所，在亭子里或阴凉的露台上会举办露天晚宴，这是贵族餐饮的早期范例。现藏于大英博物馆的尼尼微北宫浮雕就展示了一座宏伟的花园。其中心部分是一块由拱顶支撑的凸起区域，一座亭台坐落其上，园中布有水槽和水渠，水流顺坡而下，浇灌着花园的每个角落。有人认为这是亚述纳齐尔帕二世的祖父西拿基立的遗产，他在尼尼微建起了一座"无与伦比的宫殿"和美轮美奂的花园，后者可能得益于使用了一种机械螺旋汲水装置进行灌溉，比阿基米德（公元前287—前212）的发明早了500多年（Dalley and Oleson 2003）。亚述的国王们建起了豪华的公共花园，并从王室花园中移来花木。其规模可通过一份记录判断，它记载道，1200棵树苗用于公共绿植，包括350棵石榴树、450棵枸杞树以及400棵无花果树，还有支撑香水产业的香料树（Wiseman 1983: 142）。众神也有他们的花园，与各神庙毗邻。

本章开头的段落提到，亚述纳齐尔帕二世庆祝他的花园的落成，其间种植有他从占领地带回的树木、水果和花卉。在大英博物馆中，有一块被称作"筵席雕带"（Banqueting Frieze）的雕刻石板，描绘了亚述纳齐尔帕二世和妻子饮宴的场景，地点就在他花园葡萄藤下的露台上。这是在庆祝国王战胜埃兰国王泰–乌曼（Te-Umman, king of Elam），后者被斩下的头颅就挂在葡萄藤上。从宴会的角度来看，石雕的中心并非作为战利品的头颅，而是国王本人，他倚卧，而非坐在榻上——这是目前已知最早对倚卧姿势（position couché）的描绘，它影响了后来的希腊人和罗马人（Dentzer 1982; Pinnock 1994）。对这块石板的研究揭示了该创新出现的一个可能的理由。千年以来，苏美尔人偏爱的矮凳被椅子取代，地位越高者的椅子也越高，直到"至高无上者"真的坐在最高处，他们坐在非常高的吧台凳似的座椅上，双脚悬于空中或是不稳地搭在高的脚凳上，石板上的王后采用的就是这种姿势。通常坐在高台上王座中的国王甚至可以坐得更高，或是干脆采取完全不同的卧姿，这样的反差更能彰显他的优越地位。

在亚述于公元前609年灭亡之后，新巴比伦王朝继续在饮宴上费尽心思。从希伯来语作家那不赞同的语气来看，所有异教宴会都是偶像崇拜，而因为以色列人流亡巴比伦期间的悲惨遭遇，巴比伦人的例子就被描述得更加糟糕了（Josephus 2006）。在作家们的道德论调中，宴会象征着这个东方国度江河日下（Said 1978），它们已变成公开展示豪富、感官享乐和挥霍浪费的竞技场，并最终导致了国家的毁灭。所有这些都表现在伦勃朗·凡·莱因（Rembrandt van Rijn）于1686年创作的名画《伯沙撒王的盛宴》（*Belshazzar's Feast*）中，画面描绘了《旧约·但以理书》记载的大战前夕的巴比伦王宫中的一幕。巴比伦国王伯沙撒举办了一场盛大的宴会，宴请了1000名贵族及其妻子、姬妾。当与宾客饮酒时，伯沙撒下令取来若干金银制成的高脚杯，这些都是他的先祖尼布甲尼撒王（King Nebuchadnezzar）从耶路撒冷圣殿中掠夺来的，以色列人也是在那时被掳走的。这被以色列人视作亵渎神明

图3.1　与埃兰的战事结束后，亚述纳齐尔帕二世和妻子在花园中饮宴；战败国国王的头颅被悬挂在葡萄藤间。这是目前已知最早的关于采取倚卧姿势进餐的描绘。©大英博物馆信托理事会。图片编号：00237000001

的行为，但对这位国王来说，则是统治的象征。伯沙撒和在座者一边用圣殿的容器饮酒，一边赞颂他们"用金、银、铜、铁、木和石造的神"。画作上的伯沙撒穿着绫罗绸缎，佩戴着金银珠宝，身边是醉醺醺的廷臣，就在这时，一只幽灵般的手出现了，并在墙上写下了神秘的字句："弥尼，弥尼，提客勒，乌法珥新（MENE, MENE, TEKEL, UPHARSIN）。"这被解释为在警告伯沙撒，他的国家时日无多："你被称在天平里，显出你的亏欠；你的国分裂，归于米堤亚人（Medes）和波斯人（Persians）。"伯沙撒立刻惊得一跃而起，打翻了他面前的高脚杯，在这间因不祥之兆而黯然失色的屋宇中，被吓坏了的宾客们畏缩而退。*

阿契美尼德王朝的波斯——馈赠帝国

当晚，兵临巴比伦城下的是居鲁士二世（Cyrus II，约公元前559—前530在位），他是波斯帝国阿契美尼德王朝的第一位伟大的君王。人们普遍认为，他贪婪的征服欲与其食欲相符，传说仅一次筵席，他们就要消耗数百只牲畜和大量其他食物——这是对早前在卡拉赫–尼姆鲁德发现的供应品清单的误解。在米堤亚盟军的帮助下，征服巴比伦乃至后来征服美索不达米亚只不过是形成第一个世界性帝国的初始阶段，在罗马崛起之前，就数波斯帝国最为富强，其王庭在古代是奢华和富丽堂皇的代称。在它的时代，"阿契美尼德王朝的权势无可匹敌。阿契美尼德

---

*　此典故参见《旧约·但以理书》5：1-31。据《圣经》记载，宴会结束后的当晚，伯沙撒就被杀了。

的王庭无与伦比。它就是唯一的王庭，代表了王权所能企及和应呈现出的模样"（Kuhrt 2010: 902）。王庭金碧辉煌，但它建基于高度的社会控制、分化和监管之上：

> 据说，国王本人住在苏萨（Susa）或埃克巴坦那（Ecbatana），无人得见，他身处一座宏伟壮丽的宫殿中，由镶嵌黄金、琥珀金和象牙的耀眼高墙包围；它有一道道门楼，彼此相隔许多斯塔德（stades，距离单位），由黄铜大门和高墙守护；外面是排列有序的领袖们和最杰出的人物，其中一些是国王自己的贴身护卫和侍从，一些是各道外墙的守卫，他们被称为护卫（Guards）和监听官（Listening-atch），这样国王本人……就能看到和听到一切。
>
> （Pseudo-Aristotle in Brosius 2007: 29）

阿契美尼德帝国从爱琴海延伸到印度河流域，从亚洲中部延伸到尼罗河。人们常把这等疆域与马其顿的亚历山大三世，即亚历山大大帝（Alexander III, the Great, of Macedon，公元前336—前323在位）及其继承者们的帝国相提并论，但越来越多的历史学家认为，与其说亚历山大建立了一个帝国，不如说是接管了一个已被创建起来的帝国，这使得他被称为"亚历山大，最后的阿契美尼德皇帝（Alexander, last of the Achaemenids）"（Briant 2002: 2）。无论如何，阿契美尼德人从他们的美索不达米亚前辈，特别是亚述人的模式中获益匪浅，他们也挪用了这套模式：通过行省和附庸国系统进行中央行政管理，经济网络则建基于贡品和税收。在那里，帝国各地的食品生产机制大体保持不变，但是意识形态则发生了变化。如第二章中描述的，食物在美索不达米亚被视为对众神的义务和侍奉，后来侍奉的对象转向作为众神管家的国王。在阿契美尼德官方的世界观中，"馈赠"（gift）而非"侍奉"（service）才是主流观念。一切好的东西都是统治者的赠礼，尽管也经过了神明的准许，而感恩戴德的民众则以效忠、侍奉和生产的形式回赠国王（Sancisi-Weerdenberg 1989）。这在精心准备的赠礼展示、策略性王室宴会，以及被称为"国王的餐桌"的制度上都有所体现。这些元素在美索不达米亚和亚述都已出现，但在阿契美尼德王朝的统治下发展到了前所未有的程度，以便适应新兴的王朝、不断变化的社会秩序和处于移动状态的宫廷的需要。

长久以来，波斯宫廷就是财富、权力和堕落之间的腐蚀性关系的化身。波斯人的这种形象大多源自其对手希腊人充满敌意的记载，居鲁士二世于公元前547年入侵伊奥尼亚（Ionia），此后希腊人一度处于波斯的统治之下。这些希腊城邦后来在公元前499年到前449年间进行了一系列后来被称为"波斯战争"（Persian Wars）或"希波战争"（Greco-Persian War）的抵抗活动。其间大多数时候，希腊人在数量上远逊于波斯军队，常被波斯人调动的资源压倒，这场冲突最终也没有结果，但这些都未出现在希腊的文献中。波斯人最后是被亚历山大大帝，而非希腊人击败的，尽管后世认为是波斯文化征服了亚历山大，因为他战胜波斯人之后，接受了他们奢华的生活方式。

对波斯人而言，与希腊人的战争不过是他们广阔帝国外围的一场小规模冲突，甚至几乎没在文献资料中提及。后文会指出，波斯人将军事行动看作神圣的使命，旨在将波斯秩序的好处带给所有人（Lincoln 2007: 69-70）。相反，希腊则认为这场战争完全是一场"自由民主与专制暴政"的对决（Curtis and Tallis 2005: 9）。在整个战争期间以及之后的很长一段时间里，在军事上处于劣势的希腊人利用他们正在发展中的文学形式和新兴的历史叙述展开了一场宣传活动，将波斯人描绘成相对于"文明"希腊人的野蛮他者，而食物是波斯人的主要武器之一。

波斯人、希腊人和"垂废"

对于希腊人来说，他们和波斯人之间的不同，可以用一个希腊语单词概括："垂废"（tryphé），意指柔软、娇气、放纵、奢华的生活，或者简称为"奢侈"，它被看作道德上的连锁反应的催化剂，其中，靡费过度和放纵耽溺无可避免地导致了个人和社会的堕落和毁灭（Gorman and Gorman 2007）。因此，这个时期的希腊人害怕"垂废"，他们以高人一等的蔑视姿态掩饰忧惧，这可见于修昔底德笔下雅典政治家伯利克里（Pericles）在阵亡将士葬礼上的演讲，他的这番话被广泛地认为是希腊价值和道德的最典型表述——"我们爱好美好的东西，但是没有因此而至于奢侈；我们爱好智慧，但是没有因此而至于柔弱。我们把财富当作可以适当利用的东西，而没有把它当作可以夸耀自己的东西。"*在希腊人的眼中和笔下，波斯人的行为方式与自己截然相反。这些差异迅速地成为陈词滥调，在贬低敌人的同时巩固了"希腊性"，那时的希腊人远不是同质的。我们在众多例子中仅举一个，希腊作家色诺芬（Xenophon，约公元前430—前354）的《居鲁士传》（*Cyropedia*）（8.8.1.5-6）描述了他理想中的居鲁士二世（大帝）的生活。对于他自己那个时代的波斯人，色诺芬在书中写道：

> 此外，与居鲁士时期的人相比，他们显得益发柔弱而缺乏男子气概。因为在那个时候，他们还遵循着沿袭自波斯人的古老纪律和节制，但是（后来）采取了米堤亚人的衣着打扮和米堤亚式奢侈享乐……我想更详细地解释一下他们的柔弱。首

---

* 引自谢德风译文，有所改动。见《伯罗奔尼撒战争史》，商务印书馆，1985年，第132页。

先，他们不满足于只在卧榻垫上绒毛，而是将床柱放在地毯之上，以使得地板不会硌人，地毯也不会窜动。此外，过去发明的任何品种的面包和糕点，都无一例外地仍在被食用，但他们还总是在继续发明新的品种，对肉类也是如此，实际上，在烹饪术的这两个分支中，都有烹饪大师专门发明新菜式。

从烹饪法的角度讲，这段话更多地表明了希腊人的处境，而非波斯人。希腊不是一块富饶的土地，早期的希腊人也不是美食家，尽管有荷马式英雄的理想化肉食消费（参见第四章），普通人的日常饮食却必然倾向于节俭和单调。阿尔弗雷德·齐默恩爵士（Sir Alfred Zimmern）将古希腊阿提卡（Attic）的经典膳食绝妙地总结为两道菜，其中第一道是"一种粥，而第二道又是一种粥"（in Kitto 1957: 33），波斯人则蔑视希腊食物。喜剧作家阿里斯托芬笔下的一位波斯人角色说道，"但嚼吃树叶、连桌子都没有的希腊人，能成什么事？在他们之中，你只能花点小钱弄到四小块肉。而我们的祖先常常烧烤整只的公牛、猪、鹿和羔羊。我们的厨师最近烤了一只庞然大物，把一只热气腾腾的骆驼端给了伟大的国王"（Athenaeus IV: 130-1）。在希腊人的进食方式中只有两种食物：sitos，即谷物主食，如大麦和小麦；以及opson，即精美的菜肴和酱汁。他们认为理想的饮食应当主要由sitos组成，而opson只是偶尔的调剂。希腊人发现：波斯宫廷那种主要是opson的饮食（用他们的话来说），其大量的肉和花样繁多的菜肴都是外来的，希腊人还抓住一切机会将饮食差异转化成道德譬喻，正如下面这段出自希罗多德的《历史》（IX: 82）的文字所言。其中，斯巴达将军保撒尼阿斯（Pausanias）麾下的士兵在普拉提亚（Plataea）缴获了波斯国王薛西斯（Xerxes）遗弃的军帐：

　　　　然后，当保撒尼阿斯看到那以金银装饰、挂着多彩花毡的帐篷时，他命令烘焙师和厨师按照他们的常例准备一场筵席……于是，他们奉命行事；而保撒尼阿斯，看着金银制成的床榻铺起豪奢的织物、金银制成的桌子被摆好，其上的筵席本身也准备得尽善尽美，他震惊于眼前的珍馐美馔，带着愉快的心情命令自己的随从准备一顿斯巴达式晚餐。两种晚餐都被端上来，其天渊之别显而易见，保撒尼阿斯笑了，并让仆人唤来希腊的将领们。他们一来，保撒尼阿斯就指着两桌菜，说道："希腊人啊，我唤你们前来，是要让你们见识一下这个米堤亚人首领的愚行，一个享用如此奢侈饮食的人，偏偏要到这里来掠夺我们可怜的饭食。"

甚至当希腊城邦不复存在时，波斯人的负面形象依然存在，并在文学作品中根深蒂固，后来也挥之不去，为我们提供了一个范例来说明食物刻板印象的力量（Sancisi-Weerdenberg 1995），以及它们如何形成并持续存在。

人类学家珍视自我和社会的主位或本地的记述，但是波斯人——就像早期的美索不达米亚人一样——并没有描述与叙事写作的传统，并且除了一些行政记录之外，没有留下多少关于宫廷生活的文献，因此在考古学出现之前，他们的过去在很大程度上掌握在希腊作者的手中。色诺芬和希罗多德都曾赴波斯游历，尽管他们所写的大多来自他人提供的信息，而不是直接观察到的，但其作品还是有着民族志的质地，即一种"身临其境"的感觉（参见Lincoln 2007: 27-8），若不是他们，阿契美尼德的文献记载就会全然缺乏这种特质。这一点也适用于另外一位作者对食物和宴会的描述，那就是瑙克拉提斯的阿忒纳乌斯（Athenaeus of Naucratis），其写于公元2世纪末至3世纪初的多卷本著作《宴饮丛谈/博学的欢宴者》（*The Deipnosophists/The Learned Banqueters*）援用了大约1000名早期作者的作品，其中有1万则引文的原稿已散佚。即使是这些文献资料，也只是对宫廷生活的惊鸿一瞥，希腊人的记述倾向于简洁，好像哪怕只是写到"垂废"都会被玷污，但他们倒是乐于细致描述阿契美尼德人的军事和政治事务。就像在第一章中提到的，虽然过去的历史学家和考古学家心不甘情不愿地接触这些及其他资料，而且觉得它们"不可靠"，历史上的文化转向及当下的学术研究却提高了它们的地位，特别是希罗多德，如今许多人认为他不仅是第一位历史学家，还是第一位人类学家。至于文献本身，对于人类学家而言，所有来源都是特定时间和地点的不完美产物，其真实性是相对的且与语境相关，重要的是它们所揭示的模式和动力，在这里指人们通过食物和饮宴看待自己和他人的不同方式。

智慧之主的国度

大约公元前550年到前330年之间，波斯帝国阿契美尼德王朝的统治者依次是：居鲁士二世（大帝）、冈比西斯（Cambyses）、巴迪亚（Bardiya）、大流士一世、薛西斯一世、亚达薛西一世（Artaxerxes I）、薛西斯二世、大流士二世、亚达薛西二世、亚达薛西三世、亚达薛西四世、大流士三世和亚达薛西五世。这些尊号暗示了一种不断受到家族和帝国动态干扰的连续性。阿契美尼德王朝的统治者实行父权制和一夫多妻制，凡帝王均有数位妻室和大量姬妾，随之而来的是无法避免的继承权危机和家族内部倾轧，而在高度竞争的宫廷中出现的派系争斗更加剧了这种情况。由于幅员辽阔、疆域不断变动，其人口日益增长，具有世界性和多语言的特征，帝国已然呈现严重的离心趋势。当时，这些力量被帝国的严格统治所抵销，其统治通过在帝国巅峰期数量达20多个的

总督辖区或大行省实现，由君王任命的省长（总督）或地方统治者通过
与帝国中央王廷类似的总督廷来管理辖区。波斯人没有像后来的罗马人
那样尝试按照自身形象重塑世界，也不追求"民主的"雅典所要求的一
致性。在阿契美尼德人的统治下，只要被征服的民族能够遵循波斯的统
治秩序、尊重宫廷的宗教并向中央行政机构缴纳大量的贡品，大多都会
被允许保留他们的习惯和信仰。这种多样性增加了对社会整合机制的需
求，整合机制除了包括被称作"国王耳目"的高效情报机构，以及威胁
对异议、叛乱进行迅速而严厉的报复之外，还包括一种宫廷宗教，它能
通过关于崇高、馈赠和王权的意识形态支撑国家的统一。

阿契美尼德国王的宫廷宗教被宽泛地描述为"玛兹达教的"
（Mazdean），致力于膜拜"智慧之主"阿胡拉·玛兹达（Ahura
Mazda），他是一位被认为创造了世界并为人类带来幸福的泛伊朗神明。
阿契美尼德时代早期没有神庙，以火、水和太阳为中心的仪式和献祭是
露天或私下在宫殿中举行的（de Jong 2010: 543）。在对玛兹达教的分析
中，林肯和赫伦施密特（Lincoln 2007, Herrenschmidt and Lincoln 2004）
将阿契美尼德人的宇宙观描绘为"真理"（Arta）和"谎言"（Drauga）
的对立，后者的邪恶力量能将其面前的一切腐蚀殆尽，不断威胁着原本
由智慧之主赐予所有民族的幸福和统一。"谎言"的武器是"三大威胁"
（Three Great Menaces）——敌军来袭、饥荒缺粮，以及虚假不实。国王
被描绘成由智慧之主挑选出来保护土地和人民免受三大威胁的人，肩负
着终极使命，致力于彻底铲平"谎言"，并通过将被其拆散的各民族重
新团结起来，从而恢复全世界的完满幸福。在波斯人看来，他们的征服
并非扩张，而是试图恢复世界的正常秩序，最终造福于"那些足够幸运
而被包含在内的人——无论是心悦诚服者还是被征服者——他们受惠于
从无法无天到令行禁止、从谎言到真理的转变"（Lincoln 2007: 26）。人
们很容易将这种主位观点看作自私和犬儒而加以摒弃，但是"犬儒主义

并非唯一的可能，因为通常情况下，那些能够说服他人的正是那些最能说服自己的人……他们不只是在事后进行辩解，而是构建了一种关于权力的原生的形而上学，以及自信地、相对无罪地使用权力的意识形态前提"（Lincoln 2007: xv）。尽管自身并非神明，由智慧之主授予王权的国王，却成了人类和神明之间一切交往的最终媒介。在国家游行期间和集结作战时，总有一辆由白马拉动的装饰富丽但无人乘坐的战车伴随在国王左右，代表着阿胡拉·玛兹达无形又全知的存在。展示崇高和宏伟是国王和宫廷的职责所在，象征着他们得到了阿胡拉·玛兹达的认可，也体现了智慧之主的力量。并且，国王在一切行为中都会援用馈赠与赠礼的意象，重演阿胡拉·玛兹达最初创造世界和人民的情境。于是，在波斯宫廷，奢侈既是宗教习俗也是政治工具，在仪式和象征的展示中大行其道，其更深层次的"意义对于外来者而言，无从得知"（Lincoln 2007: 14）。

豪摩

在波斯波利斯（Persepolis）的发现之中（参见下文），有269件用独特的绿色石料制成的研钵、捣杵、盘子和托盘。它们是在国库中被发现的，不属于厨房用品，而是用在备制豪摩（Haoma）或索玛（soma）的仪式中，豪摩是一种在早期印度—伊朗神明崇拜中处于核心地位的植物。这种植物自身就被认为是一位神明，通过食用它，人会获得某种神性，于是摄取豪摩成为一种神圣的交流和仪式性宴会，它既可被单独服食，也可搭配食物服用。希罗多德（Herodotus I. 132）曾这样描述献祭活动：牺牲被祝福并屠宰后，被分割和炖煮，然后摆在嫩草上，尤其是三叶草（可能就是豪摩），接着玛哥斯僧（Magi）对肉食吟诵和咏唱颂歌，然后参加仪式的人就可以将它们取走。豪摩也被认为是众神的食物，用以确保自身的不朽，增强对抗敌人的力量（Bowman 1970: 8）。豪摩制造了欢乐，改变了意识状态，还被认为能够促进健康、在战斗中提供保护、提升性能力和繁殖能力、刺激思维、增强辩才，以及赋予人超自然的力量。据说，它是人们对新生儿的第一件，以及对临终者的最后一件馈赠。至于豪摩是致幻剂还是仅为强力麻醉剂，存在大量争议。而它到底为何种植物也不详，麻黄是候选之一，其他备选还包括人参、大麻、野蒜、野生大黄和毒蝇伞。此外还有一些可能，但是无论如何，人们认为最初的豪摩就像串叶松香草一样，在古代便已灭绝，然后才有了其他代用品。在阿契美尼德人的宫廷，豪摩的使用受执事祭司或玛哥斯僧控制，只有他们有权制作。豪摩被压碎，并在石钵中被捣烂，经用牛毛制成的筛子过滤，然后与石榴汁、水和牛奶混合，可能还要经过发酵，再供祭司和其他参加仪式的人饮用。对于原料和工具的清洁、仪式中每个节点应当使用哪只手、植物摆放的方向和捣碎时的节奏都有规定，玛哥斯僧的位置和人数也不例外，记载中有时为8人，按基本方位站成直线。火祭坛也被采用。在后来的阿契美尼德人之中，豪摩与战争之神密特拉（Mithra）联系在一起。根据阿忒纳乌斯的说法（Athenaeus X: 470），"在波斯人的所有节庆日中，只有在密特拉的节日上，国王会一醉方休并跳起'波斯舞'（the Persian dance）。"这珍贵的一瞥揭示了早期阿契美尼德国王宫廷宗教的一个特征——豪摩仪式中神圣的迷醉与狂喜之舞，但我们对此仍所知甚少。作为正式崇拜仪式的一部分，豪摩的摄取后来遭到琐罗亚斯德教创始人琐罗亚斯德（Zoroaster）或称查拉图斯特拉（Zarathustra）的反对（Burkert 2004: 114），但是这种做法在帝国和其他一些地方秘密地持续了很长一段时间。

波斯波利斯的王权

阿契美尼德王朝的宫廷没有固定的位置，而是取决于国王身在之处。在国王统治的巅峰时期，宫廷由庞大的王室家族、廷臣和军事守卫以及数以千计的全套行政和后勤人员组成。在一年之中，这支庞大的队伍在帝国心脏地带的各个王室住所之间移动。希腊作家色诺芬和斯特拉波（Strabo）声称居鲁士二世会将一年时间划分成几份，在巴比伦度过七个冬月，接下来三个月在苏萨，剩下两个月则在埃克巴坦那，通过选择各地气候适宜的时间，他能够享受四季如春的温暖和清凉，不过这又是一个"垂废"的例子。国家事务、监察、军事行动，以及获取新鲜资源以满足这庞大宫廷的需要，才是阿契美尼德人不断迁徙的背后原因，人们不再认为这些地方是仅有的王室驻地，也不再认为这种移动真的进行得那样规律。

阿契美尼德王权的重大见证被雕刻在帕尔萨（Parsa，希腊人称之为波斯波利斯）的石头上，它位于设拉子城（Shiraz）北面的平原上，即今日的伊朗，该城由大流士一世兴建，并由其继任者完成。波斯波利斯并非美索不达米亚意义上的永久而多样化的城市中心，而是带有尚待发掘的卫星定居点的宫殿和国家建筑的综合体，当宫廷驻扎此地时，这个建筑综合体就会周期性地成为展示和促进王权的巨大庆典中心和舞台。阿契美尼德艺术"是国王的艺术"（Root 1979: 1），它为国王服务，意在表现权力和建基于前述宇宙论系统的等级秩序的图景。阿契美尼德官方建筑的标志是拥有角楼和高层建筑的大柱厅（apadanas），有些建筑坐落在凸起的石台上，人们通过巨大的楼梯进入其中。宫殿豪奢的装饰表明统治者能够掌控来自帝国各个角落的财富——白银、黄金、宝石、异国木材、大理石和象牙。对于波斯人而言，这绝不仅仅是为了炫耀奢华，而是一种玛兹达教的象征性声明，它下令将世界的民族及财富重新团结在一起，就像当初智慧之主创造它们时一样。

波斯波利斯最大的宫室即所谓的"百柱大厅"，"仅其底层就可以容纳1万名宾客，还不包括这座建筑的其他各层"（Curtis and Razmjou 2005: 54），还有一些较小的厅也可用于接待宾客。接待的性质可见于"波斯波利斯浮雕"，刻在大柱厅下的楼梯和石台上。浮雕表现了一个规模之大前所未有的集会场景，参与者包括从帝国各地召集来的代表团、波斯宫廷的贵族以及王室卫队，后者由名声赫赫的"长生军"（Immortals）组成，是国王的贴身卫队。之所以叫这个名字，据说是因为其人数不能低于10000，它有自己内部的军衔，衔级较高者与国王最近，其长矛尾端有金石榴或苹果印记，其他人的则是银制水果印记（Herodotus VII. 41, 83）。中央石板则展现了加冕登基的波斯国王接受两侧身着民族服装的23个不同民族的代表朝觐，他们带着贡品，包括各种财货、动物和食品。据说，波斯波利斯浮雕上的场面展现了如今仍在欧亚大陆各地被庆祝的诺鲁兹节（No Ruz或Nowruz）的情景，这是琐罗亚斯德教的新年节日，用来庆贺春季的第一天。浮雕表现的也可能是一年一度庆祝国王的官方生日的场景，但是这些都未得到证实。相反，浮雕被普遍认为是对王权、帝国和玛兹达教使命的理想化庆祝，融合了不同时期波斯及其领土的其他地方的仪式元素。这与亚述那些描绘军事胜利和战利品的石雕有共通之处，但亚述石雕展现的是各被征服民族卑躬屈膝的驯服姿态，而波斯浮雕上表现的关系则"始终表现为臣民自愿支持国王而与其同心合力"（Root 1979: 130）。如此和谐的场景与玛兹达教的世界观相吻合，将大量精力花费在服饰和贡品的细节上也是同理，这是在用象征的方式表现给国王的献礼——而非从各总督辖区流入然后分配出去的义务性政府税收。就农业产量而言，巴比伦是各总督辖区中最为富庶的，课税也最重。在浮雕上，披着披肩、带着蜂窝状帽子的吕底亚人（Lydians）献上碗和手链，穿着裤子、肩上系着斗篷的卡帕多西亚人（Cappadocians）牵来一匹骏马，穿着流苏斗篷的伊奥尼亚人（Ionians）献上碗、布料和羊毛球，穿着束腰外衣、裤脚塞在高筒靴里的帕提亚人（Parthians）带来更多的碗并牵来一头双峰驼等等。身穿华丽长袍、佩戴珠宝的王室卫队、官员和廷臣的形象也得到了展现，衣着和饰物的不同体现出等级差别。各地代表的两侧由王室卫队保护，前方有宫廷向导引领，他们依次登上台阶，再进一步上行至国王驾前。在招待大厅内，高大的柱子上雕刻着公牛、老鹰和狮子，而墙面装饰着石板浮雕和五彩釉面瓦。在大流士和薛西斯建在波斯波利斯的宫殿里，楼梯上添加的浮雕刻画了带着被认为是供宴会用的食物、酒水、兽皮和牲口的仆人队伍。因为包含王室卫队、官员和职员，宫廷的人数甚至在帝国早期就已经达到了数千。到了大流士三世时期，国王的随行扈从包括军队在内约有5万人。这些波斯精英、外国和殖民地代表以及军队根据其重要性，依次驻扎在宫殿建筑群的套间中或波斯波利斯周围的平原上。一旦集合起来，他们就会举行宣示崇敬和忠诚的仪式，并连日大摆筵席。宴会的食物来自帝国各地，象征着国王对帝国的统治。根据普鲁塔克的说法，薛西斯拒绝吃产自阿提卡的顶级无花果，直到他征服了这个国家：在享用该国食物时，国王也是在享用这个国家本身。

亚历山大大帝在击败波斯人之后，在波斯波利斯发现并摧毁了一份关于阿契美尼德人饮宴活动的重要文件。根据马其顿作家波利艾努斯（Polyaenus）的记载（Strategems 4.3.32）：

> 在波斯君主的宫殿里，亚历山大读到了一份国王晚宴的菜单，它镌刻在一根黄铜柱子上：其上还有居鲁士给出的其他规定。其内容如下："400阿塔巴（artabae，1米堤亚的阿塔巴合1阿提卡的蒲式耳）上等小麦面粉、300阿塔巴二等面粉、等量的三等面粉，晚餐共需要1000阿塔巴小麦面粉。200

阿塔巴最上等的大麦面粉、400阿塔巴二等面粉、400阿塔巴三等面粉，总计1000阿塔巴大麦面粉。200阿塔巴燕麦粉。10阿塔巴为各种糕点准备的面糊。10阿塔巴切碎并筛过的水芹。1/3阿塔巴芥末籽。400头公绵羊。100头牛。30匹马。400只肥鹅。300只龟。600只各种小型禽类。300只羊羔。100只小鹅。30头鹿。10马里斯（marises，1马里斯合10阿提卡的绍阿［choas］）鲜奶。10马里斯甜乳清。价值1塔兰特（talent）的大蒜。半塔兰特的重味洋葱。1阿塔巴两耳草。安息香汁，2迈纳（minae）安息香的汁。1阿塔巴莳萝。价值1塔兰特的安息香。1/4阿塔巴浓苹果酒。价值3塔兰特的黍米。3迈纳茴芹花。1/3阿塔巴胡荽子。2卡皮斯（capises，1卡皮斯合1阿提卡的查尼［chaenix］）西瓜子。10阿塔巴欧防风。5马里斯甜酒。5马里斯盐浸冈基里芜菁（gongylis）。5马里斯腌酸豆。10阿塔巴盐。6卡皮斯埃塞俄比亚莳萝。30迈纳干茴芹。4卡皮斯欧芹饲料。10马里斯芝麻油。5马里斯奶油。5马里斯肉桂油。5马里斯老鼠簕油。3马里斯甜杏仁油。3阿塔巴甜杏仁干。500马里斯酒。［如果他在巴比伦或苏萨用晚餐，其中一半是棕榈酒，另一半是葡萄酒。］200担干木料和100担绿色蔬菜。100平方帕拉塔（palathae）液态蜂蜜，重约10迈纳。当他在米堤亚时，还有所增加——3阿塔巴粗番红花饲料和2迈纳番红花。这是正餐和晚餐的定额。他还增加了作为赠予的500阿塔巴精制小麦面粉、1000阿塔巴精制大麦面粉，还有其他各种面粉1000阿塔巴。500阿塔巴稻米。500马里斯玉米。20000阿塔巴喂马的玉米。10000担稻草。5000担野豌豆。200马里斯芝麻油。100马里斯醋。30阿塔巴切碎的水芹。这里所列举的一切都分配给了他的部下。以上是国王每日在正餐、晚餐和赠予上的花费。"当阅读这份波斯君主餐桌的规定时，马其顿人羡慕这位表现得如此富有的君王的幸福，亚历山大却奚落他是个不幸的人，只能把自己卷入这么多烦恼之中。亚历山大下令将镌刻这些文字的柱子摧毁，他对友人表示，一个君王生活如此奢靡，毫无裨益，因为胆怯和懦弱是奢侈靡费的必然后果。由此，他又说道，你们已亲眼见证，那些惯于这般奢靡生活的人，从来就不知道在战场上如何面对危险。

此处再一次明确显示了对"垂废"风格的忌惮，但是亚历山大误解了这根石柱的含义，这个错误在后来的几个世纪中一直存在。它并非亚历山大和其他人所认为的那样，是一份个人菜单或惯常暴食的记录。正如第二章中亚述帝国的亚述纳齐尔帕对其宫廷饮宴的记录（在亚历山大时代已经遗失）一样，它是一份通过食物进行表达的政治和象征性声明。其记载的数量足以供给大量的人和牲畜，比如供波斯波利斯浮雕所展示的那种特殊大型集会的场合，以及更常见的宫廷外出驻留。它是由阿契美尼德人吸纳的美索不达米亚人的配给系统的一部分，也就是第二章所描述的那种。各种充满异域风情的材料都出现在各个总督辖区的税收和贡品清单中。数量和货品都彰显了国王的权力，为玛兹达教服务。我们也必须用相同的目光来看待从帝国各地搜罗来并端上国王餐桌的菜肴，像亚述诸王的花园一样收集了来自皇家领土各地的奇花异草和珍禽异兽的王室御苑也是如此。

阿契美尼德王朝的宫廷和国王的餐桌

国王们造访波斯波利斯是间歇性的，但是行政记录《波斯波利斯要塞文献》(*Persepolis Fortification Texts*)，让我们有机会深入了解宫廷驻留时的王室消费和饮宴，其内容涵盖公元前509年至前493年这段时期，亚历山大毁掉的纪念碑上的清单也包含在内。文献清楚地记载道："每个身处波斯经济国界内的人都有一个固定的配给额度……或者是一份体现为商品的固定薪水"(Lewis 1997: 226)。食物和供给品从王室仓廪中分发给所有人，从王室家族到最底层的市井小民，数量和质量取决于社会阶级。与美索不达米亚一样，食品分配揭示了宫廷的基础结构，展示了廷臣、军队、行政和文职人员的诸多等级，辅之以小群仆人和专业人士，包括音乐家、花冠织工、葡萄酒过滤工、香水配制工和"仆役长、厨师、糖果制造者以及斟酒人，加上搓澡工和在桌边伺候或挪盘子的穿制服的仆役"——色诺芬这样写道 (Cyropedia Epilogue 20)。军队始终在清单中占据重要地位，士兵应受到优待，并在其级别内得到平等的待遇，以促进团结、避免纷争。在罗马崛起之前的古代世界，阿契美尼德人最清楚兵马未动、粮草先行的道理，波斯军队在作战时会带着一个完整建制的后勤师，还有由厨师和其他烹饪专家组成的旅。希腊人对此议论纷纷，他们认为战场只属于战士，忍饥挨饿则体现了英雄气概。

"在国王面前进食"和"在国王面前豪饮"这样的短语反复出现在《波斯波利斯要塞文献》及其他与大量食物和供给品相关的文献中，如前述石柱上的清单，这并不一定指在国王面前吃吃喝喝，而"国王的餐桌"这个短语也不一定真的指国王用餐的那件家具。所有这些都是对支撑着社会各阶层的制度化再分配或配给制度的隐喻。这是中央王庭之内的情况，各总督辖区廷则要负责向伟大的国王送上贡品和当地最好的特产，同时在当地重新分配剩余产品和其他供给品。由行政长官以国王的名义发放的配给或明或暗地代表着统治者的馈赠。"国王的巨大筵席桌既是一种重新分配的手段，也是王室慷慨的展现，同时也是整个帝国的缩影"（Lincoln 2007: 14）。至少希腊作家库迈的赫拉克利德斯（Heracleides of Cumae），理解了该制度的一些原理：

> ……国王的晚宴，一如其名，对于只闻其名的人来说，似乎是挥霍奢靡，但仔细审视它，便会发现它只是不落后于经济状况，甚至有点吝啬，其他波斯要人的晚宴也是如此。因为每天要为国王宰杀1000只动物……并且其中只有少量分给国王的宾客，他们每一位都可以将这顿饭中没有动过的食物带回家。但大部分肉食和其他食物被送到庭院中，分给了国王供养的侍卫和轻骑兵，他们在院中将所有吃了一半的剩肉和面包平分了。就像希腊的雇佣兵以金钱作为薪酬一样，这些人从国王那里收到食物作为服务的报偿。与此类似，在其他波斯要人之中……当他们的宾客吃完饭后，桌上剩下的一切，主要是肉和面包，会由负责餐桌的官员分给每一个奴隶，他们以此来获取日常给养。
>
> （Athenaeus IV: 145-6）

到赫拉克利德斯写作时的公元前4世纪，国王晚宴或称"国王的餐桌"制度从居鲁士时代开始就发生了相当大的变化，并反映出阿契美尼德王朝社会组织的变化。阿契美尼德人原本是一个由六大部族组成的部落联盟，在居鲁士之前的数个世代中，帕萨尔加德（Pasargadae）一直是其中的佼佼者，其后裔居鲁士成为联邦领袖，开始了建立帝国的丰功伟业。在这个尚武的社会中，居鲁士是同侪之首（primus inter pares），通过供养他人而使自己的地位合法化，并因慷慨大度而获得了众人的支持。在他征战的早期，"在他能够以财富施惠"之前，就像色诺芬写的那样（VIII.2），居鲁士习惯与许多宾客共进晚餐，分享相同的食物：

> ……在与宾客一起享用晚餐之后，他会将食物送给缺席的朋友们，以示情谊和纪念。他会将那些因守卫工作或殷勤服侍或其他任何服务赢得他认可的人包括在内，让他们知道他不会错过任何取悦他们的意愿。他会对任何他想称赞的仆人表现出同样的尊敬；他将为他们准备的所有食物置于他自己的案台之上，相信这会赢得他们的忠心，就像赢得一条狗的忠心一样。或者，如果他希望某位朋友受到人民的敬重，他会让其独自享受这样的馈赠。甚至时至今日，世人仍会追逐那些得到来自伟大国王的餐桌上的佳肴的人，认为他们必然在宫中大受推崇，并且能为他人办事。但收到如此恩惠无疑还有另一个乐趣，那就是王室的肉食绝对可口。

在这个阶段，居鲁士通过较为简单的共餐方式，即面对面或较为间接地将他人包括在内，创造和巩固了社会凝聚力，但随着帝国逐渐露出雏形，新的社会差异出现了，而与国王共餐也变得更复杂。色诺芬是最偏向功能主义的希腊作家之一，总是能看到藏在天鹅绒手套里的铁腕。他对饮食的微妙细节漠不关心，将米堤亚国王阿斯特亚戈斯（Astyages）的王室晚宴概括为"讲究的配菜和各种调味汁以及肉类"的集合——他的重点反倒在于帝国早期阿契美尼德人饮宴的社会动力和座次的意义：

> 居鲁士为他的胜利献出祭品，并举办盛大的庆典，同时召唤他最喜爱和最愿意歌功颂德的朋友们赴宴……加达塔斯（Gadatas）是执杖者的首领，整个王宫的布置都按照他的建议

来安排。当有宾客出席晚宴时，加达塔斯不会落座，而是照管一切……客人进来时，加达塔斯会为每个人指明座位，而位置都经过精心选择：居鲁士最为尊敬的友人被安排在他的左手边（因为这是最容易遭到袭击的位置），排名第二者在他的右边，第三名紧挨着国王左手边的宾客，而第四名紧挨着国王右边的宾客，以此类推，无论宾客人数是多少。居鲁士认为每个人都应当知道自己受尊敬的程度，因为他觉得当世人认为功绩不再能赢得花冠也不再被颂扬时，竞争精神便会消亡，但如果所有人都看到最优秀者赢得最多，便会积极竞争。于是，居鲁士用主座和顺序标识出他宠信的人。他并不是总将荣耀的位置安排给某一个朋友，他的准则是，一个人的座次可以因好的行为而提升，也会因消极怠惰而降低。并且，如果大家不知道餐桌旁最受尊敬的宾客得到了最多恩惠，他会感到愧疚。我们可以作证，这些在居鲁士统治时期出现的习惯一直延续到我们的时代。

　　居鲁士并非这些做法的发明者，它们普遍通行且不受时间影响，但当波斯军事精英从部族文化中涌现时，他将这些做法作为优势加以利用。确实，居鲁士宴会方式的变化反映并构成了社会政治的变迁，这让人想起很久以前乌尔的模式（参见第二章）。波斯帝国和饮宴发展的下一个阶段采用了配给制度，出现了崇高的阿契美尼德王权，并且形成了王室宫廷，宫廷中精英廷臣阶层取代世袭军事精英，平衡了国王自己的庞大家族与各部族之间的权力。在居鲁士大力打造的王权新魅力中，距离是其基本组成部分。居鲁士不再是同侪之首，而是所有人的君王，他从日常公共事务中抽身，创建了由其近亲组成的内廷，以及由国王的庞大家族、总督或省长、"老卫队"（old guard）成员或从其原部落抽调来的世袭波斯贵族分等排序所组成的外廷。对于国王来说，宫廷的职能是"充当通过浮华盛况和宫廷庆典来突出他独一无二地位的权力剧场"（Brosius 2007: 59）。越来越多平民出身的精英加入宫廷，通过有利于或取悦国王的行为赢得了自己的地位（Brosius 2007）。新来者之间也有等级之分，那些被统治者赐予"国王之友"（King's Friend）正式称号的人地位最高。色诺芬在《居鲁士传》中这样描写道："世界上确实没有谁的朋友像波斯君主的朋友一样富有；没人能像他那样把追随者装扮得如此华丽，也没有馈赠能像他的恩典一般享有盛名，如手链、项链以及配有金色缰绳的战马。因为在那个国家，除非国王赐予，无人能拥有如此财富。"朝中的职位——即使是国王的亲戚——也并非固定，而是取决于国王的持续认可，而这必定常常变化更新，从而创造出一种高度竞争的社会环境，身处其中的人们普遍担心自己失去地位。

在《居鲁士传》中，色诺芬描述了他如何用仪式和展示的方式建立和提升君主的形象及权力，运用了第一章中柯尔策描述的那些技巧。他采用了今日常用的自我展示技巧——被色诺芬蔑称为"欺骗和诡诈"——他用奢华的米堤亚长袍打扮廷臣，"这能掩盖任何身体缺陷，改善穿着者的美感和身形"，并且让他们穿上米堤亚式鞋子，其可加上鞋底的设计使穿着者看上去比实际要高。廷臣被鼓励使用油膏让双眼看起来更明亮，使用颜料让皮肤看上去更白皙。他训练廷臣从不"左右张望。他们要保持泰山崩于前而面不改色的庄严气质。所有这些做法都殊途同归，旨在令臣民不能轻视其统治者"。公开展示国王和宫廷的富丽堂皇是阿契美尼德王权的一个特点。在居鲁士为献祭第一次进行公开游行时，他让廷臣和将领穿上光彩夺目的紫色、猩红色、深红色和亮红色的米堤亚式长袍，卫队、骑兵和车夫的领队们也穿着奢华。4000名帝国枪骑兵在宫门两侧排开，右边是波斯人，左边是盟国人。当宫门打开，用于献祭的公牛被牵出，属于阿胡拉·玛兹达的神圣战车紧随其后，车身为白色，并配有金色车轭，后面跟着属于太阳的白色战车，以及象征神圣火焰的配有红色帷幕的战车：

> 然后，人们看见居鲁士本人乘坐自己的战车从大门中现身，他头戴王冠，身着只有国王能穿的紫色镶白边束腰长袍，猩红色的裤子，披着紫色的斗篷。王冠周围有一圈饰带，是他及其亲属都佩戴的，这种风俗甚至延续至今。他们一看见国王，就都俯伏在地。或许有些人曾被命令这样做，于是这就成了一种风尚，也可能是因为群众真的被盛会的精彩绝伦和居鲁士本人的高贵、高大和白皙的形象所折服。到目前为止，还没有波斯人敢对居鲁士不恭顺。（Xenophon, *Cyropedia*）

这种敬礼方式后来被称作"朝拜"（proskynesis），它似乎更像是屈膝礼，而非完全的跪拜，这种礼节成了宫廷正统礼仪的一部分，而所有接近国王的人都被要求行礼。

国王的赠礼随着王室财富的增加水涨船高，义务的罗网也随之扩大，包容与排斥的动力得到强化，为后来的统治设定了模版。在波斯波利斯浮雕中，对服饰细节的一丝不苟的刻画可以被看作对社会等级制度的明确表达。它们要么是国王的馈赠，要么经国王许可后才能穿戴，收礼者会感到有义务穿戴它们，以向国王表示尊重，并且能在宫廷充满竞争的社交活动中显示自己得到的恩宠和地位。礼物也外流至各总督辖区、外国的盟友和统治者那里，并且惠及来访的代表团，每个人都收到了匹配其阶层的东西。赠礼的负面影响并未被忽视，因为接受它们就意味着承认国王的优越性，确立依附关系。因此，希腊人对任何接受了波斯厚赠的特使都非常严厉，如自亚达薛西处归来的提马戈拉斯（Timagoras）。而根据希罗多德（III: 20）的记载，埃塞俄比亚国王拒绝了来自冈比西斯的一件紫色长袍、一副金项圈和臂环、一雪花石膏盒子的没药以及一桶棕榈酒，并对王室特使说："波斯国王送来这些礼品，并非因为他很想与我成为莫逆之交……而是要你来搜刮我的王国。"然而大多数情况下，各阶层的人都发现自己无法拒绝馈赠。忠诚和效劳则是君王期待的回礼。

随着帝国的财富增加、疆域扩大，宫廷饮宴活动也安排得更加精致，廷臣间的竞争愈演愈烈。除了借由饮食仪式化地彰显国王的仁慈之外，宴会成为上演包容与排斥以及区分的动态的场所。王室盛宴多种多样：从一年一度盛大的国王生日庆典和官方盛筵到行军途中的小型聚餐，还有祭祀后的饮宴、祝捷庆典，以及国王日常的晚宴。无论规模和布置如何，因为食物和饮料都是国王的馈赠，故而所有这些共食活动都可以被看作宴会，都由礼仪及仪式调控，并富策略地使用规矩以及距离的层级。廷臣即使不是每次也要时常出席库迈的赫拉克利德斯所描述的

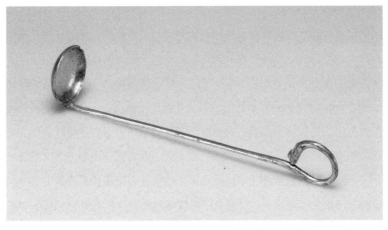

图 3.2　阿契美尼德王朝的银制长柄勺，柄的末端铸成牛头状。公元前 5 世纪至前 4 世纪。

那些宴会（Athenaeus IV: 135）：

> 所有应召现身侍奉波斯国王的人，首先要沐浴，然后穿上白衣前来侍奉，而且要花半天时间来为晚宴做准备。在那些受邀与国王一同进餐的人之中，有些人在室外进餐，能被所有人看到；其他人陪伴国王在室内进餐。但即便是这些人也不当着他的面用餐，国王和受邀宾客分别待在彼此相对的两个房间。国王可以透过门帘看到他们，反之却不行。然而，有时在公共假日，所有人会在大厅中与国王一同用餐。而且无论国王何时想要举办会饮（他经常这么做），都有大约12个人陪饮。当他们用完晚餐之后——这是指国王独自一人、宾客另处一室的情况——陪饮者会在宦官的召唤下进入国王的房间，与国王共饮，尽管他喝的酒也不同，而且他们坐在地板上，国王则倚卧于有金支脚的卧榻上，他们喝醉了就会离开……

在赫拉克利德斯的记述中，酒会是宴会中的宴会，又加上了另一层的包容与排斥。出席者会按照宫廷的要求穿着整齐、佩戴珠宝并梳妆打扮，他们仪容的光鲜程度反映出他们受国王宠信的程度，他们的位置和落座的家具也是如此。不同等级的人在不同的桌几上享用不同的食物（Athenaeus XI: 464a），被认为值得嘉奖者使用金银器用餐，未能赢得国王感激的人则被给予陶器。食物被一道道送来，当习惯了简朴食物的希腊人与波斯精英共进晚餐时，他们很不光彩地对第一道端上来的菜肴埋头苦吃，直到肠肥肚满，却没有意识到后面还有更多佳肴等着上桌。相反地，波斯人吃得很少，以便享用所有端上来的美食（Briant 2002: 291; Sancisi-Weerdenberg 1997）。食物的多样性就像外观和口味一样重要，因为国王餐桌上的奢侈豪华和品种多样"象征着伟大国王的政治和物质力量"（Briant 2002: 200）。尽管不是每一道都会被所有宾客享用，这些希腊作家还是提到了——只是未详加描述——几百道菜肴。国王会下令将精选的美食奉送给特定的嘉宾以示恩宠，众人的目光给这个过程进一步增加了社会轰动效应。阿契美尼德宴会中的竞争性因素以及饮食展现出来的社会等级制度，绝对不是出于无心或是友善的自我放纵，它们能使所有赴宴者的享受蒙上阴影——除了国王宠信的人，其实甚至连这些人也意识到自己的地位岌岌可危。此外，国王有时会选择坐在帷幕之后，从而引入了距离感；他能够看到他人，却不被看到，这是对于等级和权力的终极宣示。

目前尚未发现任何阿契美尼德人的食谱，但涉及分配的文献中出现了烹饪专家，表明这里的宫廷御膳与博泰罗笔下美索不达米亚人的饮食颇为相似（参见第二章），并补充以扩张中的帝国能带来的新奇物产和新技术。这些记录显示：蜂蜜和禽类——鸭子、野味和野禽——都被保留下来，以充宫廷之用，宫廷还会收到最大份额的牛、绵羊和山羊。特定品类的食物，比如来自巴比伦附近的巴戈阿斯（Bagoas）的"御用"椰枣，被保留起来供国王独享。我们认为精英阶层会食用大量肉类，包括烤肉、填有甜味或咸味馅料的禽类，以及亚述人偏爱的丰富的慢炖菜，阿契美尼德人把相关炊具带到了自己的总督府（Dusinberre 1999）。记载中偶有提及某些诱人的美味，比如石榴牛奶甜酒、糖渍桃子和李子、葡萄果冻，以及很是可口的核桃馅的杏子（Henkelman 2010）；希罗多德指出他们喜爱许多种类的甜品，波吕阿尔库斯（Polyarchus）则赞美波斯人发明的"品种繁多的蛋糕"（Athenaeus XII: 545e）。面包常常被提及，并且范围可能也像亚述人喜欢的那般广泛。人们会使用刀具、长柄勺、勺子和指套，叉子则在后来的萨珊时期（Sassanian period）才开始得到使用（Simpson 2005: 110）。人们在开宴前用加了香料的水清洗双手，进餐过程中还要频繁地用餐巾擦拭，与此同时站在一旁的斟酒人会将国王和宾客的酒杯和碗重新添满。

> 这些国王的斟酒人做事十分灵巧，他们倒酒绝不溢洒，
> 用三只手指握住杯子，并以最便捷的姿势将酒杯递入饮酒者的
> 手中……这些国王的斟酒人献上酒杯时，会用一只较小的杯子
> 舀一点酒，倒在自己的左手上并吞下，这样一来，如果他们在
> 杯中混入了毒药，便只能自作自受了。
>
> （Xenophon, *Cyropedia* 1.3.8-9）

至于容器中盛放的东西，可能是新酿或陈年的葡萄酒、果酒、当地

图3.3　阿契美尼德金器，来自"奥克斯珍藏"（Oxus Treasure）。公元前5世纪至前4世纪。图片来源：https://commons.wikimedia.org/wiki/File:Oxus_treasure_-_gold_vessels.jpg

啤酒、果汁、糖浆和酸奶饮料，以及给国王准备的御用水。根据希罗多德（I. 188）的说法，国王只喝科阿斯佩斯（Choaspes）河的水，据说它特别清澈甘甜。这是一种经过煮沸、随时可以饮用的补给，随国王巡游天下，它被装在银制罐子里，由一长列骡子拉动的四轮车载着。但酒是最受推崇的精英饮料，希罗多德（I. 133）曾提到：

> 他们非常喜欢葡萄酒，并且大量饮用。他们被禁止当着他人面呕吐或者解手……而一边喝得酩酊大醉，一边思考重大事务的做法也很普遍，第二天酒醒时，他们面对昨晚做出的决定……如果感到满意，便将其付诸实施，否则就弃置一旁。有时虽然他们起初思考时就是清醒的，但总会在酒精的影响下将此事再考虑一遍。

音乐是王室宴会和娱乐必不可少的组成部分：吹笛手、竖琴师和歌唱家在国王用餐期间进行表演，在国王饮酒时停止，并在给宾客们倒酒时重新开始（Briant 2002: 294）。关于国王私下进餐，赫拉克利德斯记载道："有时他的妻子和几个儿子会与他一同进餐。而在整个晚宴过程中，他的姬妾们都在唱歌和弹奏七弦琴，其中一位独奏，其他人合唱……"（in Athenaeus 4.145）。普鲁塔克则表示，当国王想要寻欢作乐、一醉方休时，他们会将妻子送走，而留下乐伎和姬妾。就像在亚述一样，主要的王室女性都自立门庭，拥有自己的主厨、糕点师、乐师和宴会，姬妾则有自己的宿舍，这可以从食品分配记录中窥见端倪。

客人可以将未吃完的食物带走，而那些国王欲施恩惠者有时可以连餐具都一起带走。有两种器具与阿契美尼德王朝宫廷尤为相关："来通"（rhyta）或者说装饰性牛角杯，以及"菲阿莱"（phialai），一种深浅不一的似乎用于饮酒的无柄杯或碗（Dusinberre 1999）。拥有尽可能多的

"菲阿莱"无柄杯是一种特殊的身份标志。希腊人对波斯人对于杯子的嗜好惊讶不已，其实这并非像他们以为的，是波斯人贪杯嗜饮之故，而是因为这些杯子来自国王直接或间接的馈赠，象征了崇高的地位。等级可以通过一个人拥有的杯盘数量来确定，尤其是刻有铭文显示来自王室馈赠的那些。据说，有一位阿契美尼德国王曾赠予一个受宠之人100个大型银制或含银的搅拌钵，以及一套20只镶嵌珠宝的金制"菲阿莱"（Athenaeus II: 48fn）。

希罗多德和其他希腊人为阿契美尼德人精美绝伦的餐具所倾倒——金银制成的高脚杯、酒杯、餐盘以及用于饮酒和调酒的碗，装饰华丽，有的还饰有珠宝或珐琅。精英阶层的容器也有用大理石、花岗岩、彩色闪长岩、玛瑙和缟玛瑙、蓝色和灰色天青石、水晶、玻璃及乳白色雪花石膏制成的。盘子是平底或有脚的，后者适合展示堆成金字塔状的水果或小蛋糕，就像我们在亚述看到的那样。这些用珍贵金属制成、最光彩夺目的杰作中，没有几件幸存下来。在公元前330年，当亚历山大大帝洗劫和焚烧波斯波利斯时，普鲁塔克声称他需要用1万头骡子和5000匹骆驼来运送王室珍宝，其中大多后来都被熔化了，但是王室餐桌的金碧辉煌被来自帝国边缘地区的发现所印证，比如大英博物馆的"奥克斯珍藏"，这是一系列阿契美尼德人的金银餐具、珠宝和其他物件，令人想起用这些流光溢彩的餐具举办的丰盛飨宴，以及倒入这闪闪发光的杯中的美酒。

总而言之，在这个赠礼的帝国中，食物是国王和智慧之主的终极馈赠，用于构建与维持恩宠、资助和军事力量的网络，这一网络是阿契美尼德王权的根基所在。他们的饮食神话被希腊人记录了下来，即那种一顿就吃掉许多动物的国王主持的饕餮无度的王室宴会——这是对某种机制的误解，根据林肯的记载（Lincoln 2007），该机制同时是一种再分配途径，是对王室慷慨的展示和广阔帝国的缩影，也是强有力的社会控制手段。与此类似，奢华和展示并非"垂废"，而是对君权的宣示，君权正是阿契美尼德王权和玛兹达教规则的核心。在阿契美尼德王朝的宫廷中，宴会是展示社会等级的舞台，上演着竞争和冲突，缔造着联盟和忠诚，而通过包容与排斥机制创建和巩固认同也是显而易见的。波斯波利斯浮雕对于衣着、装饰和礼品的注重程度及细节刻画，并非只是美学上

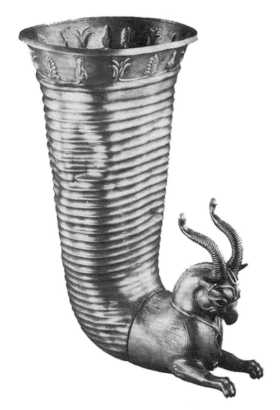

图3.4　阿契美尼德王朝银制镀金来通酒杯，由带沟纹的银制角和有翼狮鹫基座组成。狮鹫原本还佩戴着镶有宝石的项链。公元前5世纪。图片来源：https://commons.wikimedia.org/wiki/File:Silver_ryhton_Iran.jpg

的成就，而是对于阿契美尼德人社会差异的记录，这一点如此重要，以至每一位廷臣都变成了安托南·阿尔托（Antonin Artaud）所谓的"活生生的象形文字"。对社会差异的表达在各不相同的食物、饮料、位次和餐具上达到了巅峰，在帝国发展的不同阶段，重点有所不同。早先，在居鲁士二世和他的武士精英统治之下的帝国初创时期，重点在于建立团结，这体现在平等主义的用餐风格和分享同样的食物上。在帝国鼎盛时期，重点是等级、地位和权力的差异，这通过宫廷中竞争激烈、错综复杂的饮宴活动展现出来。阿契美尼德人曾经有铸币，但在波斯境内却不流通。王室通过以实物形式支付的税赋和贡品来控制食物，再加上恩赐赠礼的意识形态，在各个层面上都创造出了一种相当有效的依附关系。

阿契美尼德饮宴的回归

至于宴会形态的变化在多大程度上取决于时间和地点，从历史对美食飨宴的注解中可见一斑。1971年，即阿契美尼德王朝衰亡将近2000年之后，波斯波利斯再度举行了伟大君王的皇家盛宴——作为庆祝所谓波斯帝国2500周年纪念的一部分。主办者是穆罕默德·礼萨·巴列维（Mohammed Reza Pahlavi），王中之王，被世人称为"伊朗国王"或"波斯沙阿"（Shah of Persia）。他只是家族中第二个登上王座的人，这位沙阿试图将拥有丰富石油资源的伊朗建立成一个现代国家并使之成为国际社会的正式成员。他还期望引起人们对波斯古老权势和遗产的关注，并且试图通过与古代伟大君王的联系使他年轻的王朝合法化。带着这些目的，他借用饮宴的力量将过去与当下相连，举办了近代历史上最盛大的宴会，世界各国王室、国家首脑及其代表都在受邀之列。其中包括埃塞俄比亚皇帝，英国的菲利普亲王、爱丁堡公爵和安妮公主，丹麦、比利时、希腊和尼泊尔的国王们和王后们，瑞典王储，约旦国王，摩纳哥的雷尼尔亲王和格蕾丝王妃，巴林国王，日本的三笠宫亲王和王妃，美国副总统，以及菲律宾第一夫人伊梅尔达·马科斯（Imelda Marcos）。

这位沙阿在波斯波利斯举行的盛宴重现了大流士一世的盛大庆典，活动背景是当年宫殿的废墟。将宾客载到此地的不是双轮马车，而是250辆红色梅赛德斯汽车组成的车队。开幕仪式在位于帕萨尔加德的大流士一世陵寝举行，接下来在波斯波利斯举行的盛大游行再现了石雕上的王室仪仗，4000名伊朗士兵身着古代波斯服装，骑着马或骆驼，按照鼓点和号声前进，后面跟着由牛拉动的全尺寸攻城塔模型，以及三艘载满弓箭手的战船。为给宾客提供下榻处，和过去伟大君王的时代一样，宫殿周围还建造了被称为"黄金城"的巨大营地，尽管这些其实都是盖在金色和蓝色帐篷下的装配式豪华公寓。在它们周围，传说中的古老王室御苑得以重现，种有法国进口的树木，还有大量花卉。这座帐篷城的中心是用带有黄金刺绣的蓝色天鹅绒装饰的宏伟宴会厅，并用波西米亚水晶枝形吊灯照明。国宴使用了法国巴卡拉（Baccarat）制造的水晶玻璃，包豪特（Porthault）的亚麻织品，桌子上摆着特制的中央绘有巴列维王朝徽纹的利摩日（Limoges）瓷器。为强调精英共同体和包容性，主办者还定做了一张57米长的桌子，弯曲得像一条巨蛇，以便60名主要嘉宾能够在同一张桌子上进餐，避免了优先级和礼节的问题，其他宾客则坐在周围的圆桌旁，这种安排使得每个人都能平等地看到彼此。在这个场合中，每个人享用的饮食也相同。尽管是追忆过往的活动，食物却并非传统波斯风格，而是法式的，一如现今的高级外交餐饮，这意指伊朗完全有资格跻身世界前列。筵席由法国著名的"巴黎的马克西姆"（Maxim's in Paris）餐厅操办，菜单和酒水包括：填伊朗黄金鱼子酱的鹌鹑蛋（Chateau de Saran）、小龙虾慕斯（Chateau de Haut Brion Blanc 1969）、烤羊羔肉配松露（Chateau Lafitte Rothschild 1945）、香槟雪芭（Moüt 1911）、填鹅肝酱的烤孔雀（Musigny Comte de Vogue 1945），以及用波尔图葡萄酒腌渍的无花果和覆盆子。在这场长达5个半小时的宴会中，有160名大厨、侍者和烘焙师提供服务，而宾客多达600人。随后是一场讲述波斯波利斯历史的声光表演，以该城遭到亚历山大大帝洗劫而告终。这一次，饮宴并未产生长久的团结，奢华靡费未能制造出预想中的积极印象。据估计，此次盛事的费用高达2200万美元，放到今天这个数字至少要乘上三，这也因此遭到了伊朗国内外的广泛批评，使政权大失民心。短短几年后，这位沙阿便倒台失势——成了古希腊人所说的"垂废"的受害者。

第四章

希腊人：现在让我们赶紧赴宴

> 我想不会有比这更令人高兴的场面了，节庆气氛感染了所有人，与宴者在厅堂落座，听吟游诗人咏唱，面前的餐桌上满堆面包和肉，执事者从碗中舀酒，斟满他们的酒杯。在我看来，这就是尽善尽美。
>
> （*Odyssey* 9:5–10）

　　这段文字出自《奥德赛》中的奥德修斯之口，是希腊最早的关于同席饮宴之乐的描写。荷马史诗中的神话世界是由共食共生关系的仪式构建的（Murray 1995: 221）。希腊人的共食关系被罗马人采纳，然后"被后罗马时代的西方所继承，又在宗教改革中焕发了新生"（Sherratt 2004: 330），为西方文化中流传至今的正式和非正式饮宴提供了模型，它如此根深蒂固而又耳熟能详，以至于被人们认为理所当然。在大众的想象中，早期的"希腊宴会"是劳伦斯·阿尔玛–塔德玛爵士（Sir Lawrence Alma-Tadema）和弗雷德里克·莱顿爵士（Sir Frederick Leighton）的油画所描绘的"古典时期"的浪漫世界，深受维多利亚时代人士的喜爱。画中湛蓝的天空下，迷人的女子身着飘逸的长袍，在头戴桂冠、英俊得宛若神祇的年轻男子中间嬉戏，在宏伟的大理石厅堂中共饮美酒。这是一种美丽的幻想。

　　尽管希腊人后来在西方文化史和西方饮宴中占据了主导地位，但在当时古代大国的眼中，他们几乎不值一提。从波斯人的角度来看，在公元前8世纪至公元前3世纪，希腊人是"生活在世界边缘的偏远异族"（Kuhrt 2002: 27），远离权力中心。确实，作为统一领土和同源民族的"希腊"和"希腊人"都是是后世的发明，就像"古典时期"这一艺术风格包含了不同的族群、时期、地点和文化。希腊所涉及的地理区域广阔而多样，包括今日希腊本土、爱琴海诸岛以及小亚细亚西部沿海地区，今日土耳其和西西里岛的一部分再加上意大利最南端、马其顿，可能还包括色雷斯（Thrace）的部分地区。这无可避免地导致了地方主义，并因人口的多样性而加剧，这些人都是在所谓的"黑暗时代"（Dark Ages）途经或定居此地的，这种多样性可以被神话和早期文学中关于创世的不同叙述以及不同的群体身份证明，如"亚加亚人"（Achaeans）、"伊奥尼亚人"、"多里安人"（Dorians），还有源头至今众说纷纭的其他民族。后来的"波雷斯"（poleis）或者说城邦，其政策和惯例也各不相同，许多我们认为是"典型希腊式"的东西，严格来说只代表雅典人，而且即使雅典的记载也远远不够完整。对古希腊的研究产生了大量专门的学术领域。正如博柯特（Burkert）在谈到希腊宗教时所说的那样："证据不受任何个人掌控，方法论备受争议，而研究对象本身则远未得到界定"（1985: 7），这也同样适用于与之紧密相联的希腊宴会。但在希腊之前，还有一个迈锡尼（Mycenae）时期。

迈锡尼序曲

"迈锡尼"是一个颇富争议的词，不过在这里，它是指约公元前1600—前1400年出现于希腊本土、后来蔓延到克里特岛（Crete）和亚加亚诸岛的"王宫经济"和"王宫文明"。今日最广为人知的遗址位于梯林斯（Tiryns）、皮洛斯（Pylos）、底比斯（Thebes）、后米诺斯时代（post-Minoan）的克诺索斯（Knossos），以及其名称的来源——迈锡尼，讽刺的是，它却是其中系统发掘程度最低的。鼎盛时期的迈锡尼希腊由大小各异的独立王国组成，由王宫统治，那里是实行分配经济的行政中心，控制着大片领土并参与长途贸易。迈锡尼和美索不达米亚的社会组织方式颇有相似之处（参见第二章）。莱特将迈锡尼的王宫描述为"精英阶层包裹在自己身上的文化外衣，而且象征性地把他们的侍从、门客和平民囊括其中"（Wright 2006: 37），王宫是"政治、经济、社会、意识形态、历史和神话—历史实践及信念的中心"，是提升统治者合法性和创建迈锡尼身份认同的引擎。迈锡尼王宫的外部建筑旨在给广大观众留下深刻印象，而奢华的内部装饰则专供精英阶层观赏，是对统治者权力的赞颂（Kilian 1988）。壁画上长发男女的穿着令人想起克里特岛的米诺斯文明，男人穿着短裙或缠腰布，女人身着紧身上衣和带有五彩图案的长裙。宫中有圆柱和柱廊，有装饰华丽的接待室和用于接待的广阔庭院，王宫财产清单上还列出了一些家具，例如镶着带有宝石光泽的玻璃和黄金的水晶王座，以及镶着象牙的黑檀木桌（Palaima 2004: 235）。

这是一个阶级分明的社会，统治者（wanax）同时是最高精神领袖，贵族武士阶层通过征伐使国家变得富强，它与行政管理者、祭司、工匠、农奴和奴隶一同支撑着统治者。宫殿调用的劳动力相当丰富，工人高度专业化，他们在王宫的作坊里既生产基本用品，也生产包括精美织物和香膏在内的奢侈品（Killen 2006）。职责和工作得到细化，发放配给、支付款项、分发种子、分配土地，所有这些都被记录在由B型线形文字*写成的手稿中，其官僚化的风格令人想起美索不达米亚和埃及。迈锡尼民族的起源尚不清楚，但似乎是不同要素随时间推移共同作用而形成了一个超地区的"迈锡尼"精英文化和身份认同，宴会在其中起到了核心和巩固的作用。

---

* Linear B，线形文字是克里特–迈锡尼文明使用的文字，分为早期和晚期，B型为出现较晚的。

对于青铜时代爱琴海的宴会而言，许多证据都是视觉的和手工的，更多依靠考古而非文本。宫墙上的壁画描绘了搬运食物和饮料列队前进的男人和女人、带着野味的猎人、在大锅里煮着可能是肉类的男人、搬运被认为装着酒的大型容器的男人。大量杯子、酒杯和其他容器表明了人们对饮酒的重视，对风格各异的器皿的偏好正在兴起，这些器皿由陶土、青铜、白银和黄金制成，根据社会等级来使用。遗迹的分布体现了座位的等级化，与宴者根据地位坐在不同的区域（Bendall 2004, 2008）。在皮洛斯的一处宴会遗址分为三个互相毗连的座位区，区域间有门相隔，对应等级的高、中、低，依据是坐在第一个区域的人使用金属杯，另两个区域使用的杯子随着地位下降而愈发普通。各区域之间的门可以关闭，位处中间的人可以去往两边，但是高层人群不必看到低层，低层也看不到高层，等级由此得到了强调。

早期精英墓葬大多由三足器[*]、大锅、碗、盆、平底锅和数套饮器组成，表明饮宴活动十分重要，以至贵族想要将所有必需品带去死后世界。考古显示，在较大的中心遗址，"迈锡尼宴会会分配大量的牛肉，在明火上炙烤，而打猎得来的肉则被煮熟，并分配给更加高级的受众"（Wright 2004a: 160）。在规模较小的遗址，山羊和绵羊是宴会中主要的肉类。与美索不达米亚类似，王宫清单详述了各种货品——小麦、斯佩耳特小麦、奶酪、无花果、绵羊、野猪——但还没有发现从那个时代流传下来的菜谱或对菜肴的描述。当时实行燔祭，初生的小猪是一种常见的祭品（Hamilakis and Konsolaki 2004），人们还崇拜公牛。我们对于迈锡尼的宗教所知甚少。尽管B型线形文字的铭文提到了几位后来出现在希腊万神殿中的神祇，包括波塞冬、宙斯和赫拉，但我们很难说他们

---

　　*　tripod，上为盛器，下为三足，可作为盛煮器、礼器等使用。

在多大程度上符合后来的形象。这些铭文还列举了用于供奉这些神明的容器、献祭的牲口和奴隶，"给波塞冬，金碗一只，女人一个……给赫耳墨斯·阿雷亚斯（Hermes Areias）金酒杯一只，男人一个"（Palaima 2004: 240-1），但没有对这些仪式和宴会进行描述。献祭人是指让这些人为神明服务，还是将活人当作祭品，人们对此已争论了很久，但仍未有定论。

一般来说，随着迈锡尼社会的发展，遗迹暗示了一条我们所熟悉的宴会发展的轨迹。在早期，有证据表明，精英阶层经常举行宴会，以确立统治地位，并在亲属、家臣和朋侪之间建立社交网络。随着迈锡尼社会变得越来越复杂，社会分化变得更加明显，饮宴扩展到了非精英人士之中，调动和凝聚了更加广泛的社群，这些群体此时支撑着宫廷的政治和经济需求（Wright 2004a: 170-1）。这一时期，国家举办大型宴会，其间大量动物被献祭和食用，还有规模在一千人以上的筵席，这些人会定期参与精英的活动。迈锡尼文明富有而强盛，繁荣一时，直到约公元前1200年突然土崩瓦解。这是文化史上的神秘事件之一，其衰落的原因和具体细节，我们不得而知。迈锡尼的崩溃是一场更大范围的崩溃的一部分，后者影响了整个地中海东部地区——在东方，赫梯帝国（Hittite Empire）和埃及帝国在叙利亚同时衰落了。人们一度认为迈锡尼文化已被彻底摧毁，与过去完全断裂，但正在进行的考古发掘却在希腊发现了一些遗址，等级森严的社会组织在那里依然残存。现在人们认为，王宫系统覆灭后的几个世纪（曾被称为"黑暗时代"）实际上是迈锡尼文化为应对环境变化和新的民族向内迁移而创造性地改变自身的时期。

在后王宫时期（post-palatial period），手绘花瓶上的竞赛图案和"英雄男子"图样（Deger Jalkotzy 2006: 174）反映出社会环境的不稳定和冲突，因为当时的领袖们竞相确立自己的地位。在不再由王宫统治的环境中，基于财富积累和个人在狩猎、战争以及竞争中的成就，社会流动出现了新的机遇。一般来说，在后王宫时期，新兴的上层阶级结合了"使统治合法化的两个互相冲突的原则，一是个人成就，二是作为之前精英后裔的血统证明"（Maran 2006: 143）。考古学家发现，后衰落时代的精英陵墓中埋有来自迈锡尼时代的祖传宝物，这些宝物显然因与过去的联系而受到珍视，这使得后一种原则得到了证实。考古发掘出的精致大号开口调酒钵以及其他许多饮器都表明旧有的饮酒活动仍在延续。然而，王宫文化未能东山再起，在接下来的若干个世纪里，在曾经由王宫系统掌控的领土上出现了地方政权首领，每个地区都有自己的首领，即巴赛勒斯（basileus），他们的权威常常受到挑战。统治阶层住所附近的大量动物骨骼表明大规模宴会依然在举办，宴会如今甚至变得更为重要，它为巴赛勒斯提供了展示和增强影响力的竞争性媒介，这与战争才能、拥有可耕地（Ainian 2006: 206）及其他财富共同构成了他们权力的基础。尽管我们仍不清楚大部分在"黑暗时代"发生的事情，但在其末期出现的"希腊"民族显然是"一个截然不同的社会，与过去存在联系，但过着简单得多的生活"（Dickenson 2006: 111），拥有更少的技能和更有限的视野，然而依旧保留着对《伊利亚特》和《奥德赛》所反映的辉煌过去的遥远记忆（Maran 2006: 144）。与阿尔玛—塔德玛和莱顿想象的不同，他们并不是在富丽堂皇的宫殿中用金银餐具进餐，也不参加盛大的神庙盛宴，而是像荷马笔下的奥德修斯一样，坐在简陋的环境中，与同伴一起吃简单的食物。

如今，后迈锡尼时代的希腊历史通常被划分为几个互有重叠而又存在争议的时期：曾被称为黑暗时代的荷马（Homeric）或英雄（Heroic）时期（约公元前1200—前800）；几何风格时期*（Geometric，约公元前

---

*　因这个时期的陶器不再像迈锡尼时代那般线条流畅，而是多采用简约质朴的几何图案纹样，故称为"几何风格时期"。

900—前700）和古风时期（Archaic，约公元前800—前480），二者有时也统称为古风时期（公元前900—前480）；古典时期（Classic，约公元前508—前322）；希腊化时期（Hellenistic Period，约公元前323—前31），每个时期都有自己独特的饮宴形式。后续记叙将聚焦只有男性参加的公共献祭宴会、私人筵席、会饮（symposion）以及制度性厌女的社会动力，这些是希腊版无尽的盛宴的关键特征。

"英雄时期"或"荷马时期"的宴会

迈锡尼与荷马时期宴会的不同之处在于：前者实际存在，而后者并非如此。讲述特洛伊战争（《伊利亚特》）和奥德修斯从特洛伊返回故乡的旅途（《奥德赛》）的荷马史诗，还有那些如今散佚或残缺的作品，曾被认为虽距迈锡尼时代较久远，但其叙述是准确的。例如，《伊利亚特》中带领希腊联军征讨特洛伊的阿伽门农（Agamemnon），被荷马写成了迈锡尼的国王。但如今人们普遍认为，这两部最初写于公元前8世纪或公元前7世纪早期，也就是迈锡尼衰亡4个世纪后的作品，都没有在描写迈锡尼王宫的世界（Raaflaub 2006: 451）。相反，它们描述的似乎是大约公元前8世纪希腊的社会组织，这是希腊社会和政治演化过程中的关键时期，见证了城邦亦即"波利斯"（polis）的出现。关于荷马是否为一个历史人物，存在许多争论（参见Morris 1986），而且这些作品也不再被认为出自同一人之手。但它们在社会、文学和艺术领域影响深远，而且自古代留存下来的希腊著作原稿大多都是荷马作品的抄本。《荷马史诗》所推崇的价值和实践在饮宴中得以体现，在后世得以延续并流传至今。但对这些实践的最初描绘有多准确呢？它们在多大程度上从一开始就是一种杜撰出来的传统呢？

在荷马史诗中，"宴会无所不在并且屡见不鲜——是荷马时期的英雄一有机会便共襄的盛举"（Sherratt 2004: 303）。宴会是除战斗外最频繁的活动，史诗中的主角们在宴会与战斗之间来回往返，即使考虑到存在文学加工的成分，也像谢拉特所说，"有时失去了真实感"（Sherratt 2004: 302）。的确，每一餐似乎都是一场盛宴。在过去，宴会的确切细节常常被掩盖，因为人们假定了这些细节近似于透过"古典时期"的玫瑰色镜片所看到的浪漫的饮食，或认为它们是无助于理解过去的社会生活及过程的情节设计。细读之下，我们就会发现一种不同的景象，下文会加以探讨，但要记住的是：后来的希腊人相信荷马是真实存在的，并且通过荷马史诗和与之相关的神话来认识自己。在荷马的记述中，神话和历史的时间是等同的。在神话中，这是一个众神在大地上行走，并参与人类事务的时代。神话对于人类学家来说，正如博柯特（Burkert 1985: 8）所言，"其重要意义在于与神圣宗教仪式的联系，它们常为这些仪式提供理由"，神话是社会实践的隐喻和载体。为了从文化上理解一个社会，有必要将历史和神话结合起来。在希腊，"宗教的暗示性力量与历史和政治结合起来"（Kotaridi 2011: 9），其程度超乎寻常。那么希腊人为什么采信了《荷马史诗》对于宴会的描述，并且试图在几个世纪后将其重现于世呢？

《伊利亚特》和《奥德赛》描述的不是迈锡尼时代的希腊社会。荷马描绘了一种乡村景观，其中散布着许多规模和繁荣程度不一的自给自足的产业，这大致符合如今我们对后王宫时期社会组织的了解。其中有一些"门庭"（oikoi）脱颖而出，它们由一名年长的男性领导，由他的亲属、支持者、仆人和奴隶组成，通过与其他门庭结盟或使其服从来提高地位，同时保持自治。财富按猪、牛和绵羊的数量计算，而掠夺牲畜风行各地，被认为是一种和平时期的光荣之举，是战争的替代品。用人类学的术语来说，"一户门庭的财富、土地、武士和工人形成了相互关联的生产系统。财富和土地供养并吸引着人们。人们创造了更多的财货，而武士不仅保卫了人们所拥有的东西，而且允许他们攫取更多"（Beidelman 1989: 230）。"门庭"通过亲属关系、正式的政治联盟、个人忠诚和构造出来的亲属关系即"兄弟情谊"联系在一起，亲密的友谊与血统的纽带一样坚固，而xenia，即"待客之道"，是一种贵族式好客传统，指邀请陌生人一同进餐，有效地给他们创造了加入社会团体或与之结盟的机会。大型"门庭"从来都是不稳定、易变动的。领导者的地位是不稳定的，经常受到挑战，"门庭"成员不断增加或减少，这些都反映了亲属关系的对抗和重组，以及支持者忠诚的变化（Donlan 1985: 304）。在这样的社会中，交换礼物作为一种建立彼此义务的途径，就变得频繁起来。礼物的选择包括：盔甲、马匹、衣袍、女人、战利品和出名的物品，比如酒碗——不过，最好的礼物还是宴会。

在这种社会中，只有贵族领袖和武士，即贵族阶层（aristoi）有财力举办大型正式宴会，献祭、论战、游戏和竞赛等常与之相伴的活动，也只有贵族阶层可以参加。领袖们借宴会展示财富和权力，以获得声望、提高权威、建立忠诚和缔造联盟，这对他们的"门庭"有利，还能赢得神明的赞许和帮助；而在个人层面上，举办宴会能提高武士的声望。从主位角度来看，饮宴最重要的是创造和延续了社会群体和身份认同。有较小规模的宴会，也有每人自带饮食的拼菜宴会，但，饮食在所有情况下都扮演了神圣的角色，激发了同伴情谊和参与精神，标志着与宴者都是群体成员，理论上，所有人或者至少在整个宴会过程中都是平等的，尽管后文将提及有些人比其他人更平等。宴会不仅被给予，还被返还——这成了互惠交换制度的一部分，进一步巩固了社群。不过，在荷马史诗中，贵族阶层作为宴会举办者的等级角色和权力都被掩盖了。

正如史诗中描绘的那样，荷马时代宴会的关键组成部分是"吃肉、饮酒并通过献祭和奠酒仪式召唤众神"（Sherratt 2004: 303）。在和平或战争时期，荷马时代的领袖与他精挑细选的男扈从，在厅堂、帐篷里或室外坐得笔直——因为尚未引入斜倚的用餐姿势——从一个共用的搅拌钵中倒酒喝。即使考虑到主角们常常处于迁移或战斗中，迈锡尼的考古发现所暗示的精致菜肴在荷马时代也完全不见踪影，烤肉、面包和酒是仅有的被提到的饮食，很少有例外。还有一点也与迈锡尼不同，那就是盛装食物的器皿和篮子几乎没有区别，也没有按照社会等级排列座次或是提到不同品种的食物，尽管在迈锡尼看到的那种用来煮东西的大锅偶有出现，这些能暗示地位不同的人食用不同种类食物的情况都不存在——这是一个被忽略的差异。尽管本章开头所引的《奥德赛》的段落那样说，但"节庆气氛"并非荷马时代宴会叙述的首要主题。相反，人们关注的是肉类的划分和分配，这是人类学家所熟知的原始社会的特点（Borecky 1965）。与迈锡尼时代的等级化宴会形成了鲜明对比，荷马时代强调平等，这得益于当时参与饮宴的群体规模偏小。食物被放在共用的餐桌上，供人们平等分享，或是由一位仆人平均分配，这既反映也创造了社群，但同时，巴赛勒斯或在场最受尊敬的人有权切割、划分肉类，并拿走上等的部位，他既可自己享用，也可将其作为特殊恩惠的标志赠给他人。书中提到，牛肉和猪排尤其受欢迎。首领可以主张这些权利以强调等级，或是表现出无视它们的样子以促进团结，就像半神英雄阿喀琉斯（Achilles）那样，他为刚从议和任务中归来的奥德修斯举办宴会的做法是——提供食物并平等地坐在敬畏他的人之中（Iliad 9: 195-220）。

> 阿喀琉斯说道……"欢迎，来到这里的你们是我的朋友，我非常需要你们……端一只大点的搅拌钵来，给我们调配烈一点的酒，给每人一只杯子"……帕特罗克洛斯（Partoclus）……把一只大砧板放在火光上面，上面放着绵羊和肥山羊的肩肉，

还有包着厚厚猪油的猪里脊。……明智的阿喀琉斯割肉，他把肉切成小块并挑在烤叉上，而与此同时［帕特罗克洛斯］……把火烧旺。当柴薪烧完，火焰熄灭，帕特罗克洛斯将余下的木炭摊开，把烤叉架在上面，并撒上神圣的盐粒。待肉烤好，他把肉取下来放在大浅盘上，又拿出面包，摆在餐桌上漂亮的篮子里，阿喀琉斯则端上了肉……并嘱咐同伴向众神献祭，而他将第一批祭肉抛入火中。然后他们把手伸向摆在面前的美食。

这些人是众神和国王的儿子、伟大的英雄和武士，但史诗中塑造并留存下来的荷马时代的官方图景，却是一群普通的兄弟平等地参与宴会和其他各种事务。宴会和战场是荷马史诗中一对权力的竞技场，是能够标志和推动社会行动的事件的发生地。就像《伊利亚特》中说的那样："现在让我们赶紧赴宴，以便谋划战争中的行动。"希腊人把谈话和演讲看得和战斗技能同样重要。用现在的话来说，这里是办成事情的地方。

献祭和烹调

献祭是希腊饮宴的一部分，其神话渊源可见于早期诗人赫西俄德（Hesiod，约公元前750—前650）的《劳作与时日》（*Works and Days*，II: 109-20），其中有一则对起源的叙述：好几个时代和种族都源于一个生活得如众神一般的"凡人的黄金民族"，他们没有辛劳和悲苦，并且"尽情地享受一切邪恶都无法触及的欢宴……因为丰饶的大地毫不费力地结出累累硕果"。因此，在希腊人的世界观中，宴会从一开始就被确立为基本且具有决定性意义的社会活动，并受到众神的认同。泰坦巨神普罗米修斯曾用计使宙斯从两份祭肉中做出选择。宙斯选中了较大的那一份，结果那只是用肥油包裹的骨头，而由所有好的肉组成的较小的一份则留给了人类。他还将众神的永恒之火偷走送给了人类。作为惩罚，众神终结了黄金时代（Golden Age）。宙斯将食物藏于地下，只有通过耕种才能获得。黄金时代的食物无需烹饪，而现在，人类必须用凡间的火来烹饪，与众神的火不同，它必须通过不断的努力来维持燃烧。作为对盗火的最后惩罚，宙斯赐给了人类第一个女人。法国人类学家让—皮埃尔·凡尔农（Jean-Pierre Vernant）（1989：65-6）写道："在凡俗的观念中，女人是与火对立的礼物，宙斯把女人带到男人面前，是让他们为普罗米修斯盗火付出代价……女人能够抵消火的影响并且达到平衡，因为她自身就是一种火，会日复一日地消耗男人的力量，将他们活活烧死。"

神话提供了一套"我们为何如此行事"的文化原理，使我们了解到希腊社会主要是男性社会的本质，以及希腊文化中的厌女症。只有男人才是希腊政治共同体的正式成员。女人被排除在执行血祭、出席盛大的公众宴会和参与正式的公民生活之外，尽管她们也有自己的仪式和庆典（参见Burton 1998）。女人被要求待在家里，不能独自出门，饮酒也被劝阻；而"可敬"的女人，即公民的妻女也不可出席自己家中举办的私人饮宴或会饮（后文会谈到）。在限制女性方面，雅典人可谓无出其右。神话也为不同寻常的希腊献祭仪式提供了先例。尽管其他文化背景下的人们会为神明献上最好的食物，但在对奥林匹亚诸神的正式献祭活动中献上的却是肥油包裹的骨头，就像《伊利亚特》（Iliad I: 455-70）这一节所述，为安抚阿波罗而进行献祭后，接着就是一场用剩下的肉举办的宴会，这是几个世纪以来在正式祭祀活动中被重复的程序：

　　在［向阿波罗］祈祷并撒过大麦粉后，他们将祭品的头向后一拉，将其宰杀并剥皮。他们剔下大腿骨，用两层肥油裹住，在顶端上放几块生肉，然后克律塞斯（Chryses）将它们放在柴火上并奠上酒，年轻人则手持五股烤叉站在近旁。当大腿骨被烧化，而他品尝过内脏后，他们将剩下的部分割成小块，串在烤叉上烤熟，再将肉卸下来；然后，他们完成了工作并准备好开宴，他们将肉吃掉，每个人都享有完整的一份，于是人人心满意足。酒足饭饱之时，侍从会在搅拌钵中倒满酒和水，先给每个人送上奠酒，再分发给众人。

凡尔农提出，希腊人通过重复当初的过错来纪念他们的失宠，承认自己是会犯错的并确认对众神的从属地位，以此讨好他们。骨头献祭也强调了人类终有一死，以及人与神之间的差距。众神不需要凡人的饮食；炊烟可以表示对他们的尊崇，但并不提供神圣的滋养，因为他们只食用一种名叫"安布罗西亚"（ambrosia）的仙馔。他们也不需要酒水，因为他们喝的是花蜜。相反，人类吃喝是因为必须如此。这是人类的弱点：一如希腊诗人阿莱克西斯（Alexis）后来说的那样，"人生历经艰苦都只为果腹"（Athenaeus X: 421-2）。

神话所推崇的希腊人的献祭规则如下。首先，频繁的献祭是必须的，既出于虔诚也是为自身的利益考虑。就像赫西俄德在《劳作与时日》中所言："纯粹而洁净地向不朽的众神献祭，还要炙烧丰富的肉类，在其他时候则以奠酒和焚香安抚他们，他们便会在心和灵上对你施恩，不仅在你入睡时，也在神圣的光归来时，这样你就能够买他人的东西而不是他人来买你的。"其次，血祭只能由男性执行。第三，用于正式血祭的动物必须是家养的，须由人类付出辛劳，不能是野生动物或打猎得来的鸟类，它们被看作由众神养大的。最高等的祭牲是牛，特别是公牛，之后依次是绵羊、山羊、猪和小猪（Burkert 1985: 55），最后这种常常用于与女性相关的仪式，比如谷物女神节（Thesmophoria）的丰饶祭典。第四，所有人类食用的家养牲畜必须先献祭给众神，或用一种被许可的仪式性方法宰杀。第五，谷物（须为人类耕种所获）也是献祭、仪式和宴会的一部分，酒类亦然。希腊人将食物分为三种：sitos（主食，通常是面包）、opson（伴随主食一同食用的任何东西）以及poton（饮料）（Davidson 1999: 205）。肉类、面包和酒既是符号，也是生计所系，体现了人类起源和与众神的关系——不过，荷马时代的盛宴菜单就到此为止了。此外荷马唯一详细描述的，是由酒、大麦和磨碎的山羊奶酪混合而成的滋补品，这种组合曾被许多古文物研究者质疑，直到考古学家在早期饮器中发现了微型奶酪研磨器（Ridgway 1997）。但这就是全部吗？

　　提出这个问题的是语法学家兼十五卷《宴饮丛谈》的作者——瑙克拉提斯的阿忒纳乌斯。他的写作时间大约是在公元2世纪末到3世纪初，当时希腊的烹饪法已经非常精细，他带着一种沮丧的美食家的愤怒抱怨说，在荷马的作品中，唯一的食物就是面包和成盘的肉：

　　　　现在这肉，也被炙烤，而且大多是牛肉。除此之外，他从未将任何东西摆在人们面前，无论是在节庆、婚礼或是其他任何集会上。然而，他却常常让阿伽门农宴请他的将领们；没有主菜盛放在无花果叶中，没有珍馐异馔、牛奶蛋糕或者蜂蜜蛋糕被荷马选作国王的美食，但身体和灵魂只有通过食物才能享受力量……甚至尽管［《奥德赛》中的］求婚者们粗野无礼，并且不顾一切地享乐，也不会被描写为吃着鱼肉、鸟肉或是蜂蜜蛋糕的人，因为荷马极力排斥烹饪技艺，略去了那些被米南德（Menander）称为催情药的美食……尽管荷马将达达尼尔海峡（Hellespont）描述为鱼类产区，并将费阿刻斯人（Phaeacians）描述为挚爱大海的人，尽管他知道伊萨卡岛

（Ithaca）有数个港口，而且在许多近岸岛屿上有鱼类和鸟类富集，还将海洋丰富的鱼类资源作为繁荣的因素之一，但他却从未写过任何人食用这些东西。更重要的是，他也不让水果上桌，哪怕这很丰富。

（Athenaeus I: 39）

阿忒纳乌斯从人类学的角度得出结论（I: 38）：荷马笔下稀疏的菜单并非对古代饮食习俗的准确描述，而是通过简朴的食物和节制的饮食，传达一种怀旧的道德叙事和社会价值观：

> 荷马认为，对于年轻人而言，节制是首要以及最恰当的美德，与一切公平的东西相辅相成；而且，因为他希望从头到尾重新移植这种美德，所以他笔下的英雄们可能会将自己的空闲时间和努力用在高尚的事情上，并且彼此扶助、共享财货，他让他们生活得简朴而满足……坚决持守节俭品质的人能镇定、自控地面对生活的任何风浪。他借此向所有人宣扬了一种简朴的生活方式。

在阿忒纳乌斯的时代，食物确实已然成为一种道德对话，过去的简朴与当下破坏性的奢侈形成了对比，但不只如此。在人类学和最好的历史记载中，不可见的事物与可见的同样重要，非物质性的东西与物质性的同样重要。史诗对宴会的描述到底缺失了什么？

代表性的肉、面包和酒是荷马宴会桌上仅有的几样食物，英雄和武士也是荷马式景观中仅有的得到完整刻画的人物。这是一个战斗和饮宴的男性世界。宴会几乎是唯一被荷马史诗提到的饭食。我们只看到了"一种分裂的生活，一面是男人在创造公共价值的过程中展示自己的公共领域，另一面则是或许越少被提到越好的私人空间，一个婴儿在其中出生、其他种种事情在其中发生的'消失了的空间'，不值得政治组织注意"（Redfield 1995: 169）。尽管精英的权力基于看不见的普通人的劳动、"赠礼"和服务，但在荷马史诗中，仆从、演艺人员、俘虏、女性和其他人都作为次要角色，被粗略带过，更广阔的社会面貌简直无从得见。英雄被描写成平等地与其同伴饮宴，然而用到的大锅釜、史诗其他地方提到的社会分化、不同的葬礼仪式和各种盔甲，以及对那个时代能吃到的食物的了解都表明：荷马史诗中的饮宴场景是过度简化甚至歪曲的结果。从那个时代的社会组织来看，荷马时代的饮宴应是更加等级化的。相反，史诗表现出贵族阶层平等地互相交好，身处一幅没有等级的图景之中，这是因为其他人都在记叙中被清除了。这种描述方式可能产生了深远的影响。

总而言之，史诗所描绘的荷马时代宴会是一种结构化的社会活动，始于将神圣与世俗相连的肉类献祭，这让整个过程得到了神的认可。接下来是从同一只碗中饮酒，在同一张桌子上吃份量相等的食物，吃完继续饮酒。宴会上还有演讲和朗诵——在文字出现之前，这是文化传播的主要形式——以及讨论各项事务，比如敌对行为和外交活动、联盟的缔结和破裂、战利品的分配、争端的解决办法以及对未来的计划。饮宴、交谈、战斗和政治密不可分，而被禁止上桌就等于被排除在权力之外。然后，荷马时代的世界开始改变。

几何风格时期和古风时期的宴会

荷马史诗可能是一种杜撰的传统（Hobsbawm and Ranger 1992），但后人在其中看到了变革时期的社会关系的模板，在这一时期，人口及其多样性激增，财富增加，而且出现了一种全新形式的社会政治组织——"波利斯"（城邦），它对旧有的精英阶层构成了挑战。或应该说是"波利斯们"，因为它们那时并不统一，也不像如今这样对其存在共识（参见Hall 2007; Fisher and van Wees 1998）。人们曾经认为，就像雅典娜从宙斯的额头中生出来就已经成熟一样，所有的"波利斯"都以自足、自治的公民（polites，是平民［demos］的集合体）社区的形态出现，有着新的民主思维方式，占据着城市中心和周边领土，并被一种新的军事组织戍卫——由重装步兵或公民兵组成的常备军，他们受训在方阵中进行更有纪律的群体战争，而非神话时期的个人英雄壮举。现在可以清楚地看出，城邦之间存在相当大的差异，而且从几何风格时期的早期基本政治组织到古典时期高度发达的城邦，它们一直都在变化。由于城邦内部的斗争就像城邦之间的战事一样频繁，这种转型远非井然有序。

无论彼此之间有何区别，所有城邦都有一个共同之处，"从荷马时代开始，希腊的政治共同体就被设想为一群自治的武士……是由男人组成的"（Redfield 1995: 165），特别是由那些自由民组成的，他们在得到同伴承认后有权参加公共社会活动，比如狩猎、集会、体育活动、献祭和宴会。贵族阶层原本统治着城邦及其公共社会活动，并努力保住统治权，他们与不断发展壮大的平民阶层之间的紧张关系延续了几个世纪，城邦之间的战争也是如此。另外，在几何风格时期，奥林匹亚众神——宙斯、赫拉、波塞冬、得墨忒尔（Demeter）、雅典娜、阿波罗、阿尔忒弥斯（Artemis）、阿瑞斯（Ares）、阿芙洛狄忒（Aphrodite）、赫淮斯托斯（Hephaestus）、赫耳墨斯和狄俄倪索斯——以及其他曾被贵族阶层通过献祭掌握沟通渠道的神祇，其中一些被贵族奉为祖先，并被确立为城邦的守护神。于是每个城邦都有了自己的守护神、女神或半神创建者，人们为他们建起神庙和圣殿。由此，"可能某些哲学家除外（这一点无法确定），对于希腊人而言，作为某城邦的成员与崇拜该城邦的神明是密不可分的"（Crawford and Whitehead 1983: 1）。"城邦将所有宗教活动固定下来，将其合法化，并进行调节"（Sourvinou-Inwood 1990）；城邦表达了宗教，反之亦然，献祭宴会则成了双方都登场的舞台。肉食也与政治和宗教实践紧密相联，以致后来毕达哥拉斯及其追随者践行的素食主义被视为激进的异议和抗拒。

总的来说，变化是深刻的，这一时期也注定是高强度地生产符号的时期，文学和物质文化都是其表现形式，后者包括使几何风格时期得名的陶器。有人认为，这些社会变迁与史诗的流行密不可分，史诗回应着城邦的出现所带来的挑战，贵族阶层支持和促进了体现其精英价值观的英雄故事的流传。"诗歌被用作宣扬意识形态的工具，旨在将精英统治合法化，将它呈现为自然且不会改变的东西。诗人表示，这就是英雄时代的行事方式；他也是在暗示，现在也应该这样。"（Morris 1986: 123）这可能解释了为什么这些史诗"似乎有意使人产生它在描述一个古代社会的幻觉"（Raaflaub 2006: 455）。然而在希腊的情况中，引人注目的是，荷马传统是如何吸引到观点和目标都截然不同的两个群体的——贵族阶层和正在崛起的平民。英雄故事如今依然大行其道，成为共同文化，提供了一种神话式"泛希腊"的过去（Sherratt 2004），它把不同的人聚集在一起，甚至在贵族和平民的关系正处于转型时亦是如此。

人类学家玛丽·道格拉斯（Mary Douglas 1970）甄别出了一种模式，即普遍的社会变革常与文化上的"欢腾"同时出现，这些时期往往会见证新的价值观、群体和社会关系的出现。同样地，旧的符号和仪式可能以新的面貌延续，或是在表面上与之前的模式类似，但承载不同的意图。这体现在荷马时代的饮食仪式上。施密特–潘特尔（Schmitt-Pantel）就恰如其分地指出（1989: 199）："我们要理解诸如宴会这样的集体活动，就不能将其抽离历史背景……也不能忽视产生和发展了它们的特定政治制度（这里指城邦制）。"

在几何风格时期和古风时期，荷马史诗中的宴会和饮酒作为社会实践出现，被彼此竞争的各派系利用，以确立其在新兴的城邦中的地位。荷马笔下的奥德修斯所称颂的简单的进食、饮酒、倾听和谈话，发展成了共餐的三种形式，尽管它们之间的区别在古代并不完全清晰，而且至今仍有争议。它们分别是献祭宴会、私人筵席和会饮，希腊正是以会饮这种只有男性参加的酒会而著称。在荷马时代的模式中，献祭聚餐由祭祀并献出属于众神的份额开始，随后是烹饪和分割肉类，然后由在场者分享。筵席则是共享的私人聚餐，并不一定与公共献祭活动相联系，但席间家养动物的肉必须以宗教许可的方式分发，就像今天的清真（halal）和犹太认证（kosher）的屠宰方式一样。对于野生猎物或鱼类则没有此类限制，它们比家养牲畜和禽类更常出现在私人筵席上。会饮，如前文所述，是英雄叙事中的饮酒和讨论的正式版本。饮食在所有情况下都创造了共同体，后者生产出重要的谈话和将社会团结起来的社会动力，也是饮食通过贯穿活动始终的向神祈福，将神圣和世俗连接起来。在饮宴中，社会的和神圣的技术是结合在一起的。

起初，犹如陶器上的图案所揭示的：进餐与随后的饮酒之间并无多少区别，一如荷马史诗的描述，它们彼此接续（Schmitt-Pantel 1994）。但餐后的饮酒——会饮——发展出了自己的仪式和特点。我们并不完全清楚古风时期早期的会饮的具体情形。部分原因是缺乏早期的文献资料，部分是因为会饮的与时俱进，而较完备的记载出自后来的时期，并且主要以雅典为背景。这一章聚焦于雅典，既是资料来源所限，也因为雅典人的共餐实践至今仍影响着我们。然而，主要问题在于后来"在古典和后古典世界中发展出了一种关于共餐的哲学写作"，它生产出一种关于旧时共餐活动的"理想化观点"，而这种观点并不准确（Murray 1995: 220-1）。

今天我们所了解的会饮，主要源自后来由此而生的会饮文学和艺术。前者在广义上包括在会饮中朗诵的颂歌、诗歌和谜语等，还有亚里士多德、阿里斯托芬、伊壁鸠鲁、色诺芬等人以会饮和筵席为背景或隐喻所创作的戏剧、喜剧、抒情、诗歌、历史和哲学作品（参见Wilkins 2000; Bowie 1997; Klotz and Oikonomopoulou 2011; Putz 2007）。由宾主双方唱和的短歌（scolia），或者说祝酒歌，是会饮文学中的一个特殊体裁，其中会有下面这样的叠句：

与我同饮，与我嬉笑，与我相爱，与我共戴花环，当我

图4.1　描绘柏拉图《会饮篇》中会饮场景的版画，彼得罗·特斯塔（Pietro Testa）作于1648年。前景是讨论中的人们，背景是音乐家和小丑。图片来源：https://www.lookandlearn.com/history-images/YW049113V/The-symposium-described-in-the-Symposion-of-Plato?t=1&q=SYMPOSION&n=2

动怒时，与我同怒，当我清醒时，与我同醒。

（Athenaeus XV: 695）

　　而会饮艺术则在英雄和神话的主题外增加了对会饮、献祭和筵席的描绘，体现在许多曾在这些场合中使用的陶制杯盏、容器、碗钵和水罐上，并在世界各地的博物馆中被保存下来。大英博物馆有一组尤为精美的藏品，无尽的盛宴在其上欢乐地展演着。从数量和质量上看，文学和艺术都证明了会饮是"希腊社会生活的一个节点"（Neer 2002: 4）。学术界曾过分强调理想化举止和会饮文化的艺术、文学面向，以致潜藏于会饮和筵席之下的社会动力常常遭到忽视。

　　从人类学的角度看来，早期的希腊武士——无论是现役战士还是那些在各种意义上自视为武士的人——恰恰是一种普遍而基本的权力组织，即男性团体的范例。所有社会的男性团体都会建立起一个隐秘的空间，使他们这个特定群体的文化和惯例得以存续。男性团体通常有"男人的屋子"，指俱乐部的房舍或是其他地方，用于吸纳和训练年轻男性，较年长的男性则在此传递他们的知识，所有人都共享该团体的私密文化和传统，且这些文化和传统会在竞技活动或公开战争中与其他团体互相竞争。团体会以对抗性的展示来威吓或挑衅其他团体。包容与排斥的动力机制在发挥着效力，妇女、未被吸纳的儿童和陌生人都被严格排斥在外，整个过程也是保密的。男性的优越性和团体及其成员的功绩受到赞颂，旨在教导和启发新加入者。各个团体可能囊括了整个社会，所有男性都分布在各个俱乐部里，或是像荷马史诗中那样，成员身份更有选择性，当选者方能加入。团体成员间的紧密联系是重点，这种联系可能涉及痛苦，来自力量、耐力方面的考验和仪式性暴力，或涉及各种欢愉，有时与性相关，而通过醉酒来改变意识较为常见，这会加强成员彼此联系的体验，并创造一种高度的团体意识。男性会邀请众神和祖先参与

图 4.2 基里克斯陶杯，或者说葡萄酒杯，来自古希腊阿提卡。

这个过程，或是祈求他们的认可。人们会举行宴会，食物通常是象征性的，还有音乐、合唱、舞蹈、竞赛和讲演。这些活动常常涉及私人语言或词汇，其含义只有团体成员方才知晓。其目标在于通过将情感和价值传递给后代，培养新成员的"归属感"和"友爱"来树立团结精神和促进身份认同。在这些团体中，"'社会本身的力量'微缩地体现了出来"（Read 1952 in Langness 1977）。这个模式适用于献祭宴会、私人筵席以及会饮。

古风时期的会饮

会饮通常被当作希腊人的发明，但它只是古代长期风行于近东地区的酒会的希腊版本，参见第二章和第三章。希腊人对它的改进，在于加上了一种独特的、制度化的娈童行为（指年长男性和年轻男性之间的关系，最初被认为是一种指导关系，参见Percy 1996）、同性情谊、"自由性爱"（Murray 1994），以及一种高度发达的仪式化饮酒形式。古风时期贵族阶层的会饮被描述为，荷马时代的武士社团"在其军事职能已然被城邦重步兵所取代的世界中，受贵族阶层地位变化的影响，转变成一种休闲团体"（Murray 1983 in Bremmer 1994）。这些团体经常在彼此家中的男宾室（andron），即专门为男性的饮宴活动所设立的房间会面。一旦食物的残余被清除，房间打扫干净之后，男宾室就在实体、形而上和饮酒这三重意义上成了"会饮之所"。我们将较为详尽地阐释会饮，因其在学术上得到了重视，也因为它代表了被玛丽·道格拉斯（Mary Douglas, 1987a: 8）称为"有益的饮酒"的一种精致的形式，意指通过这种方式，酒精使社会生活结构变得明晰，并以饮酒仪式构造理想世界。下面我将回顾后世作者对古风时期会饮的记载。如前文所述，阿忒纳乌斯是非常晚近（公元3世纪）的资料来源，但是他的《宴饮丛谈》包含了许多今已散佚的早期作品。

正式会饮的实际安排和动力与在其之前的聚餐活动一样，极大地受到在固定或可移动的卧榻上斜倚着进食和饮酒的做法影响，这是在大约公元前7世纪时从东方传入的。与宴者不是坐着，而是身体向左侧卧在榻上，空出右手。卧榻都一模一样，摆在每个人都能看到彼此的位置上，这样每个人都与同伴地位等同，并且很容易看到和听到彼此，以便对话流畅地进行。每张卧榻能够容纳一两个男子，每次会饮会安排7、11或15张，最多可以有30位主要参与者，而乐师、艺人和斟酒人都未计算在内。这被看作是最大的理想数字，有利于催生对会饮活动至关重要的"对众神的尊敬"（eusebia）、"对在座之人平等地位的尊敬"（euergesia）、"团体的安宁与和谐"（heyschia）和"信任"（pistis）。在古风时期，7张卧榻是常见的数目，显示出会饮在早期更加亲密和私隐。物理上的隔绝反映在形而上的分离中。"会饮在许多方面成为游离于一般社会规则之外的地方，有它自己的严格荣誉准则，这蕴藏在其创造的'信任'中，并且会饮试图建立的传统与作为整体的城邦的传统截然相反。它发展出了……一套自己的场合意识"（Murray 1994: 7）。

　　至于为会饮准备的男宾室，科洛封的色诺芬尼（Xenophanes of Colophon，约公元前570—前470）的描述充满了期待：

> 　　现在地板终于扫净，所有宾客洗净双手，他们的杯盏同样洗得干净。一个奴隶将编好的花环戴在他们头上，另一个用浅碟奉上芬芳馥郁的香水；搅拌钵立在那里，盛满欢乐；而其他酒类已经足量备好，绝不会短缺——醇香的美酒装在罐中，酒香四溢，并且其中的乳香精油散发出神圣的香气；还有水，清凉又新鲜。烤好的大条黄色面包摆在手边，贵族气派的桌子堆满沉甸甸的奶酪和甘甜的蜂蜜；中间是一座圣坛，周围铺满鲜花，歌声、舞蹈和慷慨的赠予充斥屋宇。
>
> 　　　　　　　　　　　　　　　　　　　　　　（Athenaeus XI: 462-3）

　　在中间，用于奠酒的圣坛近旁，立着双耳喷口罐，这是一种用于调酒的装饰性大碗。喷口罐是特权、权力和欲望的标志，象征着拥有者富有到可以装满它，并且有足够的影响力召集一群精英同僚从中饮酒（Luke 1994）。"失去喷口罐"（akratos）就是失去权力。古风时期雅典的凯拉米克斯公墓（Kerameikos cemetery）有用作早期墓碑的几英尺高的双耳喷口罐。希腊人可能没有发明酿酒或酒会，但他们在会饮中发展出了古代世界已知的最精密的饮酒仪式，通过控制酒精诱导出的不同意识水平来协调团体中的社会动力。

这个过程受到会饮主持人（Symposiarch）的引导，他由参与者选出，负责选择音乐、表演谈话的主题，并管理社交互动。任何不服从主持人的人都会被强制离场，并被驱逐出团体。希腊人将酒区分为三种颜色——红（melas）、白（leukos）和琥珀（kirrhos）——而且对这三种都十分喜爱，酒香则分为"泥土型"和"果香型"，他们也欣赏来自特定地区的酒的相对优势，且格外留意甜度。酒的精神属性远比味道重要，因为希腊人非常明白：酒神狄俄倪索斯的礼物可能是恩赐也可能是祸患，一如下列箴言和训诫所言：

> 不要狂欢滥饮，以免被人看到你本来的样子，而非伪装的样子。
>
> （Pittacus in Athenaeus X: 427）

> 青铜是照见外表的镜子，酒是照见内心的镜子。
>
> （Aeschylus in Athenaeus X: 427）

> 酒确实滋养灵魂，它的痛苦像曼陀罗草一样催人入睡，另一方面，它又激发友谊，犹如油激发火焰一般。
>
> （Socrates in Athenaeus XI: 504）

> 酒液入肚，恶言出口。
>
> （Herodotus in Athenaeus IV: 303）

　　还有一则神话提到狄俄倪索斯教一位农夫酿酒，农夫与他人分享佳酿，后者却认为自己被下了毒，于是杀害了他。面对如此强烈的物质，希腊人试图控制它。这里又有一则神话。据说，当酒最初被狄俄倪索斯从红海带到希腊时，人们不加掺兑就直接饮用，于是变得神志不清或陷入昏厥。一场偶然的暴雨给酒碗中加满了水，人们才发现酒和水混合起来，既怡人又无痛苦（Athenaeus XV: 675）。因此，会饮开场的奠酒仪式总是献给救世主宙斯（Zeus Sotor），正是他送来甘霖，将人们从纯酒的危险中拯救出来。

　　在混合时，习惯是先在双耳喷口罐里加水，然后再加入酒。酒与

图4.3　双耳喷口罐，用于混合酒和水，图案可能描绘了纪念赫菲斯托斯（Hephaistos）的雅典节日。来自阿提卡，约公元前410—前400年。

水的混合比例差异很大——5份水加2份酒，10份水加5份酒，或是水与酒之比为"3：1到5：3或3：2，这取决于混合溶液想要达到的烈度……酒水比例达到协调平衡，就像音乐一样"（Lissarrague 1990: 8）。人们通常认为只有傻瓜才会饮用1：1的调和酒，而只有野蛮人或疯子才会饮用纯酒。在《斐莱布篇》（*Philebus*）中，柏拉图谈到了一种勾兑的艺术，"我们身旁有两座喷泉，其中一座是欢愉之泉，有人可能会把它比作蜂蜜；另一座是发人深省、不含酒的智慧之泉，犹如一眼普通而健康的井水；我们必须用尽可能最佳的方法调和它们"（in Athenaeus X: 423）。会饮主持人定下当晚用于饮酒的喷口罐的数目，以及酒和水的比例。其目标是在规矩和放肆、有序和无序、自省和逸乐之间达到一种精妙平衡，并揭示真理和掌握事物的本质，以便产生最高质量的讨论和辩论。酒和水的混合物还被认为可以保持人们对饮酒歌、诗歌、戏剧、音乐、游戏和演说的接受能力，这些活动构成了正式的娱乐，可谓寓教于乐。正如《伊索寓言》中诗人阿莱克西斯对梭伦说的那样："你所见的，是希腊人的饮酒方式；通过有节制地推杯换盏，他们可以愉快地高谈阔论和捉弄彼此"（Athenaeus X: 431-2）。酒一旦兑好，就被从共用的碗里舀到水罐中，再由仆人倒在每位宾客的杯子里，他们围绕着中央的席位，依次从左到右移动。双耳喷口罐的大小则取决于场合和宾客的人数。

目前为止，对会饮的共时性记述既呼应了荷马叙事的神话模式，也符合男性团体的普遍动力。在几何风格时期早期，贵族阶层的地位依然是通过公开献祭、宴会和饮酒得以展示和巩固的，而其模式是重演英雄史诗和仪式性宴会（由肉、面包及酒组成），并由年长者向年轻人传授武士的传统。早期使用的卧榻数量较少——通常为7张——证实了群体成员经过精挑细选以及活动很可能十分隐秘，那些谜语、双关语和谜题也用团体的私人语言表达了这项活动的起源。起初，贵族阶层的宴会是一边饮酒一边进餐的，吃完继续喝酒，但社会变迁改变了这个顺序。随着时间的推移，在方兴未艾的城邦中，贵族阶层发现其特权遭到侵蚀，城邦开始挪用精英阶层展示等级、地位和权力的做法。由城邦赞助的体育运动和有组织的体育竞赛取代了只有贵族武士参与的对抗，成为最重要的赛事；曾被贵族阶层搬上舞台的英雄传说和表演，开始成为面向公众的市民表演；曾经由贵族领衔的与神的交流，此时通过城市神庙日益大众化，神庙会代表城市及其人民向众神献祭。

这些变化反映在贵族的会饮中。随着对贵族霸权挑战的升级，文化生产最多出现在宴会的饮酒部分，饮酒作为确认和传递贵族阶层价值观和武士行为方式的主舞台，变得越来越重要。使用会饮器皿饮宴的情景揭示了一种以过度取代适度的发展轨迹，而器皿自身就是一种物质文化，旨在体现和延续它们所描绘和促进的价值观和实践。年长者曾是智慧的象征，如今鲜有描写，而年轻人主导着整个过程。宴会不再得到展示，只有饮酒和"科莫斯"（komos）（一直作为会饮一部分的仪式化暴力行为）愈演愈烈。公元前4世纪和前5世纪，会饮成为一种聚会游戏的场所，这股风潮席卷了古代世界。它被称为"考特博斯"（kottabos），将饮酒和技巧结合起来：尽可能优雅地把杯底残酒泼向靶子。在风潮最盛时，人们建起了圆形房间，以便在中间竖起靶子时，所有人都可以从相等的距离和位置上竞争。根据阿忒纳乌斯的说法（XI: 479-80）：

> 他们强调：不仅要击中目标，还要求每一个动作都采取正确的姿势。对于玩家而言，他们应当侧倚左肘（于卧榻上），柔和地抡起右臂，这样就能泼出latax——这是他们对杯中酒落液体的称呼。因此，一些擅长玩"考特博斯"的人比擅长掷标枪的人更引以为豪。

　　此外还有色情因素。泼酒常常是献给所爱之人的，以吻作为奖品，于是这场游戏常常变得放荡不堪（参见Putz 2007: 175-92）。

　　所有这些都是贵族阶层对于社会、政治发展，以及他们在城邦中被施加的社会控制、限制越来越多、愈发不适而作出的反应。这符合人类学的模式，在这种模式中，冲突和回应在社会和性的放纵的场景中展露无遗，尽管起初令人震惊，但它随后就变得仪式化和体制化了

图4.4　年轻人拿着基里克斯陶杯的一只柄，正准备在"考特博斯"比赛中将酒泼出去。红色人像杯上的图案，来自阿提卡，约公元前510年。

（Douglas 1970）。对于贵族阶层特权的轻易挪用可以追溯至荷马史诗，以及被叙述排除在外的人和事。如今，贵族英雄的神话时代为新的社会形式提供了模板，讽刺的是，这个转化完成得轻而易举。通过将普通人剔除出史诗之外并使之被忽视，贵族阶层的英雄神话描述了一个人人平等的社会，而城邦中的新兴人群则觉得他们也有权加入。老式的英雄间的平等使新兴人群有了模板，他们可以从中实现这个革命思想，即人民可以自我管理，利用共食共生关系来巩固民主社群，并推进他们的集体目标。贵族阶层自身未来的挣扎，早已被其神话中的先例写入了荷马时期的盛宴之中。

古典时期的盛宴

在古典时期（约公元前508—前322），也被称为黄金时代，城邦继续在整个希腊发展，以雅典作为激进的参与式民主的核心。城邦有不同的形式——民主制、由精英阶层掌权的寡头制、君主制，还有的由夺权上台的暴君们统治——但在所有这些城邦之中，共食共生关系是社会政治进程的中心。尽管如前所述，贵族阶层的私人会饮已经改变了性质，而且其直接影响力已然降低，它们依然在举行，成了一个可以由此探索和"协商新的政治类别"（Neer 2002: 6）的空间，也是表达受威胁、被冤枉的情感的舞台，处在被忽视的边缘（Steiner 2002: 354）。喜剧诗人欧布洛斯（Eubulus）曾这样描绘一次古典时期无拘无束的贵族阶层会饮：

> 我只调配了三只喷口罐以使饮酒有所节制——一罐是为
> 了健康，他们最先将其喝空，第二罐带来爱和欢乐，第三罐则

是为了入睡安眠。当这些被饮尽，明智的宾客便起身回家。第四罐就不再是我们的，而属于傲慢自大（hybris），第五罐导致骚动不安，第六罐是狂醉滥饮，第七罐则让人（被打得）两眼乌青。第八罐属于治安员，第九罐属于暴躁，第十罐则属于疯狂和打砸家什。

（Athenaeus II: 36）

这让我们得以深刻理解：为何同一件事会一面被描述为严肃的讨论会，一面又成了放荡堕落的场合。紧密的亲缘关系和联盟团体曾经是贵族阶层的权力基础，在城邦中却不再能有效地运作，公民的角色在城邦中通过抽签或普选得以彰显，而会饮的规模则变得更大，摆上了更多张卧榻，以便在压力之下拓宽和加强贵族阶层的团结，并方便能壮大贵族队伍的新来者适应这种文化。但共食共生的政治如今登上了其他的舞台——私人筵席和公共宴会。

学术界一直非常关注英雄武士的传统以及古风时期贵族阶层的会饮——这反映出学者只被第一手资料吸引——以至于古典时代的私人筵席和其他公共聚餐看上去像是凭空出现的。它们当然一直都在那儿，在前述的"消失的空间"中。历史学家会问："证据何在？"人类学家的回答是："在于民众自身。"贵族阶层不可能只靠烤肉和大量的酒就存续了几个世纪，平民也不可能没有自己的共餐实践。在贵族圈子里，会饮可能已从荷马时代"宴会—筵席—饮酒"的序列中分离出来，并发展出了自己的特点，但更普遍的是，旧有的综合性活动仍然存在，下面对哲学家墨涅德摩斯（Menedemus，约公元前345—前261）的记载就罕见地描述了一种更加简朴而有节制的饮宴活动：

不过，卡里斯图斯的安提哥诺斯（Antigonus of Carystus）

在他的《墨涅德摩斯生平》(*Life of Menedemus*)中，提到了
这位哲学家安排筵席的方式，其中说他过去至多与一两位同伴
共进晚餐，其他客人都是吃过晚餐后才来的。因为实际上，墨
涅德摩斯的晚餐和晚宴只是一顿饭，饭后，他们唤所有愿意来
的人进屋；并且，如果他们之中有任何人提早前来——这也是
可能的——他们会在门前走来走去，并询问出来的仆人：现在
上什么菜了，以及晚餐进行到哪一步了。如果听到只有蔬菜
或熏鱼被端上了桌，他们便离开；但如果得知桌上摆了肉，他
们便走进专门准备好的房间。夏天，每张卧榻都铺蒲席，冬天
则铺羊毛。但每个人都要自己带枕头；被端到每个人面前的杯
子，其容量不到一考泰拉（cotyla，将近半品脱）。而点心通
常是羽扇豆或黄豆，但有时也会出现一些时令水果，夏天是梨
子和石榴，春天是豆类，冬天则是无花果。

（Athenaeus X: 419-20）

当贵族阶层的会饮变得更加极端时，这种综合性活动在公共和私
人生活中再次现身，就像它一直以来那样，充当社会和政治生活的讨论
会，重要的事项在其中被讨论和辩论，包括"民主"（demokratia），即
人民的权力，人们还在酒类的帮助下调适情绪。此外，其他形式的共食
共生关系也为古人所知，并广泛应用于各个时期，但从未在贵族阶层
的记述中被提及。那时有"提篮聚餐"，即"为自己准备一顿晚餐，将
它放入篮中，带到别人家里去吃"（Athenaeus VIII: 364-5），还有由赴
宴者提供食物，被称为"eranoi"的宴会，是一种各自带家常菜的聚餐
（Athenaeus VIII: 362）。这些共食共生方式，一如聚餐共享，对于进一
步推进民主进程，以及在去等级化的语境下探讨观点是十分理想的。

在古希腊，公私之分一直是个问题，原因在于前文提到的对私人

生活的文化态度。公共生活备受颂扬，而家庭生活则无关紧要、无迹可寻，"城邦似乎希望私人家庭生活消失，以便继续将自身展示为一个围绕着资质相当的同侪间的竞争而组织起来的自足的社会"（Redfield 1995: 169-70）。另一个因素是上文提到的部分荷马时代的景观。正如只有英雄和贵族阶层现身一样，只有"公共"事件才会被描述，尽管实际上其中许多是私人的，仅限于贵族之间。除会饮外，古典时期的共餐活动主要有三种：

> 家庭餐食（私人/私人）
> 只有男性参加的筵席和餐宴（私人/公共）
> 只有男性参加的献祭宴会（公共/公共）

较之许多提到当时只有男性参加的私人筵席的记录，古典时期仅有一份关于家庭餐食的详细记载流传下来——这反映出后者在文化和社会上被认为是无足轻重的。然而，剩下的两项共餐活动——"私人"筵席和"公共"宴会——是政治程序的中心，也是各种包容与排斥机制的典范。

回到荷马时期的模板，饮宴是一项典型的天然具有政治属性的社会活动。宴会毫不亚于战场，它也是一个战斗的竞技场，男人在其中可以展示财富和地位，塑造团结精神，并以雄辩、游戏和歌艺彼此较量。希腊人"普遍认为，人只有通过参加这样与同伴较量的社群，才能成为完全意义上的人"（Redfield 1995: 164）。雄辩之才与战斗技巧同样受到重视——就像《奥德赛》中忒勒马科斯（Telemachus）对其母佩涅罗珀（Penelope）所说的那样，"演讲是男人的事"，并且从这种意义上说，献祭宴会和私人筵席总在扮演贵族阶层的政治讨论会。正因如此，能被纳入其中是极为重要的，而被驱逐出宴会和筵席之外则等同于被禁止充分参与社会活动。施密特–潘特尔因此提出，贵族阶层的会饮，乃至筵席，并非严格意义上的私人行为，因为"正是这些践行这种社交形式的团体组成了政权"（1994: 25）。宴会和筵席的差异在第一手资料中从未得到澄清，原因似乎正在于此。一如荷马让他的武士们在公共场合有节制地吃属于英雄的食物，尽管他们私下也可能吃了其他东西，当时的文化价值观依然要求饮食不得是炫耀性的，而且任何耽溺放纵都应当被遮掩起来，如果确实存在的话。于是，处在社会等级顶端的是公共宴会（公共/公共），仪式性地享用神圣的食物，与之相伴的是私人筵席（公共/私人），在食物和行为方面都有更多的自由。与之相对的是新兴的平民集体较为简朴的共享膳食，其性质也是如此（公共/私人），因为参与者在城市中的影响力在增加。

　　精英阶层的私人筵席以雅典的最为著名。随着帝国和海军的建立，雅典变得富有而强大，增加了食物和奢侈品的供应范围，而买得起这些东西的人（不仅是贵族阶层）也越来越多。喜剧作家赫尔米普斯（Hermippus）抓住了这些新货物令人兴奋的特点——昔兰尼（Cyrene）的串叶松香草茎、达达尼尔海峡的盐渍鱼肉、塞萨利（Thessaly）的牛肋、锡拉库扎（Syracuse）的生猪和奶酪，还有令人好眠的罗德岛（Rhodes）葡萄干和无花果（in Miller 1997: 63-4），再加上许多反季节的佳肴。这些食物装点也构成了宴会。公元前6世纪晚期以及公元前5世纪，与波斯人的军事、外交接触让雅典人和其他希腊人了解到阿契美尼德人的富裕，如第三章所述。延长和增强愉悦感的新途径被发明了出来。他们不再将酒和纯水混合，而是使用浸过没药、香料、茴芹、番红花、艾菊、豆蔻和肉桂的水，它被认为可以"柔化烈酒"防止喝醉，使人们能够喝得更多。与宴者戴的花环都是经过精心挑选的——人们认为桃金娘的涩味可以驱散酒气，玫瑰被认为有缓解头痛的作用，而康乃馨、薰衣草、苹果花、番红花、紫罗兰和百合都受到推崇，但被认为使人昏沉的马郁兰则被规避（Athenaeus XV: 675）。至于筵席本身，下面这段描述是更加奢侈放纵的代表，它来自以喜爱海鲜著称的塞西拉岛的费罗萨努斯（Philoxenus of Cythera，公元前435—前380）：

在高吊灯的光线照耀下，桌上的食物熠熠生辉，用木盘盛运，还有美味的调味品……为生活平添欢乐，烈酒也散发着诱人的气味。一些奴隶将一篮篮顶部雪白的大麦蛋糕摆在我们旁边，而另一些人送来一条条小麦面包。接着首先端来的不是普通的汤盘……而是一只打了铆钉的巨大容器……一盘闪闪发光的鳗鱼令我们打破斋戒，嘴里塞满了能让神明也开心的鳗鱼……这之后……是一条浑圆的腌鳐鱼。还有些小罐，一个装着鲨鱼肉，另一个装着黄貂鱼。还有一道丰盛的菜肴是用鱿鱼和有柔软触角的乌贼做成的。这之后是灰鲻鱼，因受火焰炙烤而发烫，和整张桌子一样大，散发着螺旋状的热气。随后，是裹着面包屑的鱿鱼……以及烧成棕色的明虾。这些之后，我们吃了花叶蛋糕和加了香料的新鲜蜜饯、带浇物的小麦泡芙蛋糕……最后上来的是一条巨大的金枪鱼，烤得滚热……用刀从肉最多的腹部切开……我差点错失了一个热腾腾的内脏，随后是一只家养猪的肠子、一条脊骨，和一块配有热的小馅饼的臀肉。奴隶将一只用奶养大的小山羊的头端到我们面前，它是整个煮熟的，切成两半，热气腾腾；然后是煮好的零碎的肉，还有白色的肋骨、拱嘴、头、脚和一块以串叶松香草调味的嫩腰肉。还有其他的肉，小山羊和羊羔，或煮或烤……随后有罐煨野兔，还有小公鸡以及许多滚热的鹧鸪和斑鸠，豪奢地堆放在我们身边。一条条面包，被轻巧地叠起，搭配它们的是黄色的蜂蜜和凝乳，至于奶酪——人人都承认它的软嫩，我也不例

外。此时，我们这些伙伴都已酒足饭饱，奴隶们将食物移开，
侍童们将水淋在我们手上。

（Athenaeus IV: 147-8）

在哲学论述中，对奢侈的批评成为一项核心主题，一方面是因为
日益明显的贫富差距被视为对平等主义的威胁，另一方面是因为如果奢
侈的生活人人有份，大众就不会再受精英阶层的控制。再加上奢侈的生
活——可怕的"垂废"——对身体和社会体制的良好运作都构成了威胁。
在希腊人被第三章提到的奢侈的波斯人击败后，这种恐惧更加显露无
遗。在《理想国》中，柏拉图愤怒地反对"奢侈的国家"，在那里人们
不再满足于简朴的生活方式，反而坚持对晚餐加以装点，"要添置卧榻
和桌子，以及其他家具，还要美食、香水、香料、歌伎和糕饼，所有这
些不一而足，诸种齐备"。在雅典上演的喜剧中，食物、饮料和奢侈品
成了探索社会问题的隐喻和媒介，在满足公众日益增长的消费欲望的同
时，讽刺消费。人们屡次试图用公民监管来限制私人消费和炫富行为，
而在公共场合，荷马时代及其克制的共餐行为通过社会仪式被理想化、
稳定化并存续下来，仪式内容包括享用过去的简单食物，而非当时的奢
华飨宴。在过度消费的浪潮中，神话时代简朴的、承载着社会价值观的
象征性消费总是存在，仿佛宴席间的幽灵。这是个麻烦的幽灵，因为从
一开始，希腊饮宴就是包容/排斥、平等主义/等级制度、公共/私人以
及简朴/豪奢等对立倾向的体现和缩影。

尽管希腊出现了市民机构，如公民集会、法庭和地方行政长官
（Schmitt-Pantel 1990），可以处理曾经由贵族阶层在饮宴时处理的问题，
还发展出额外的辩论场所，如体育场和市集等，但在雅典和许多其他城
邦，公开的共餐活动依然持续。由于后来学界对贵族阶层会饮的过分关
注，以及将献祭贬低为"单纯的"宗教仪式的倾向，加上认为非献祭饮

食活动属于私人家庭的范畴，以及对豪奢筵席的着迷，这一切都导致古典时期公开共餐活动及其社会动力容易被低估和忽视。因为，尽管各种"生意"无疑是在私人筵席中做成的，社会价值却是在公开共餐活动中得以清楚地展现和争夺的。

如前所述，英雄神话和嵌入其中的共餐活动对于平民而言同样是一种赋权，就像对于贵族阶层一样。古典时期雅典的共餐活动不应被视为对贵族阶层的平等主义的盗用，而是神话实践的民主化重演，与残存的贵族版本并存。雅典公共生活的一项宝贵特权被奖励给一些特定的人，他们有权作为城邦的客人参加宴会。雅典市集（Agora）上的一座用餐大厅，即市政厅（Prytaneion），为"那些拥有世袭的由城邦支付其餐饮费用的权利的人、使节和高官，以及整个……雅典社会的精英"提供餐饮服务（Steiner 2002: 348）。贵族阶层的传统在这里延续：与同伴共餐、向尊贵的陌生人表达对客人的友谊，即xenia。这顿饭由烤肉和简单的食物组成，如"奶酪和大麦泡芙、成熟的橄榄和韭葱，以此追忆他们古老的纪律"，基奥尼德斯（Chionides）认为（Athenaeus IV: 137-8）它与奢华的私人筵席形成了鲜明的对比。圆顶大厅（Tholos）是市集上的另一个餐厅，在有限的时间里向抽中签的市民提供伙食，这些人是从参与城邦事务的广大市民中抽选出来的，普通人与精英都算在内，但不包含外来者。食物也与市政厅供应的不同。与宴者会得到一笔津贴，他们自带食物，并放在贴上"公共财产"（demosion）标记的容器中一同食用。圆顶大厅中的座位也是民主的体现：与宴者不像在私人筵席中那样倚卧，而是在一个不能方便地容纳卧榻的圆形建筑中坐得笔直（Luke 1994: 28）。借由食物那夸张的简朴及对就餐的严肃安排，市政厅和圆形大厅都对私人筵席的奢华和"垂废"提出了公开挑战，二者都利用就餐建立社群，并以不同且相互冲突的方式利用了"平等"这个观念来主张自身的合理性，但都遵从了荷马时代的传统。在这些彼此竞争的公开共餐形式中，我们可以看到希腊"民主"和"平等"的核心矛盾。

公共宴会也发生在许多献祭仪式前后，后者通常与某个城邦相关，涉及神庙、圣殿和各种节庆。雅典城邦大约有120个官方节日，以泛雅典娜节（Panathenaia）为首，旨在纪念该城的创始女神。这个节日有四个主要特征，其中雅典男性公民的集会、将祭品带至神坛的游行、献祭动物这三个特征都在藏于大英博物馆的帕特农神庙雕带上得到了描绘。没有出现的是第四个特征，即献祭之后仅限男性参加的公共宴会，它在雅典卫城临时建起的平台上的帐篷中举行，重现了荷马时代的宴会。泛雅典娜节颇有些古雅风范，但在公元前6世纪早期，暴君庇西特拉图（Peisistratus）扩大了节庆规划，对其进行了重组，他试图用新/旧仪式来神圣化对城邦的忠诚，以此取代当地团体的联盟，这是人类学中著名的权谋策略。到了公元前4世纪，泛雅典娜节的游行开始于黎明时分，接下来的饮宴活动一直持续到夜间。人们认为，城邦未来一年的运势取决于献祭活动和仪式的正确举行，包括肉的分配（在给神的份额之后），将旧有的"荣誉份额"分给高官显贵，剩下部分差不多平均分配。

今天，嵌入荷马史诗中并在荷马时代的盛宴中体现出来的民主是在西方占主导地位的政治形式，源自古希腊的两种彼此竞争的宴会形式也是如此：一种是排他的贵族私人餐饮俱乐部和兄弟会；另一种是民主化餐饮的理想，无等级的座位安排、均等、相同的食物和彼此友好的关系。然而，希腊的前沿考古工作开始质疑民主的主导地位及其本质。在雅典之外，民主绝非普遍存在或始终如一，而即便在确立了民主制的地方，我们在雅典也能看到，等级与平等、贵族与平民之间的持久斗争，通过宴会、饮酒和会饮无休止地一再上演。民主和平等是吸引人的理想，但它们在实践中可行吗？我们这个时代的政治事件依然在提出这个问题。荷马史诗对社会图景和饮宴活动的描绘并不准确——它到底是理想化的神话，还是城邦兴起时的借古喻今？这尚不清楚，而且可能永远无法弄清，但民主可能是所有希腊神话中最伟大的东西。公元前338年，马其顿的腓力（Philip of Macedon）击败了雅典和底比斯的军队，迎来了希腊化时期。人们说，体现希腊文化的建筑是体育场、市集和神庙，但其中最重要的机制是希腊版无尽的盛宴。

第五章

欧亚大陆：蒙古——建立在酒饮上的帝国

蒙古帝国旧都哈尔和林（Karakorum）的蒙哥汗（Mangu Khan）宫殿
入口处……有……一棵巨大的银树，树下是四只带喷口的银狮子，从中流
淌出白色的马奶。四个鎏金喷口置于树顶，形状是尾巴缠绕着树干的蛇，
树顶蛇口处喷出乳汁。从其中一个喷口流淌出的是葡萄酒，另一个是"黑
马奶酒"（karakumis）或者说纯化过的马奶，第三个是蜜水，第四个则是
蜂蜜米酒，每种饮料分别盛在树下特定的瓶中……然后斟酒的仆人取走这
饮料，并端给宫中的男男女女……

（in Komroff 1929, pp. 170-1）

位于大西洋和太平洋之间的欧亚大陆是世界上最大的一块陆地。尽
管是单一的地理实体，但欧亚大陆长期处于分裂状态——文化、历史和
思想观念上都是如此——它被划分成欧洲和亚洲两个部分，彼此之间
的边界不断变化而且存在争议。这种分裂反映在了地图上。直到最近，
[欧美的]标准世界地图还是以大西洋为中心，一边是欧洲和非洲，另
一边是南美和北美。欧亚大陆在地图上被拦腰截断，"东欧"被挤到了
地图最右侧，而"亚洲"则位于最左侧。这样的规划反映出一种思维
模式，即东方和西方、欧洲和亚洲是地球上的两端，完全隔绝，彼此
几乎没有什么联系。它还强调了与新大陆相连的大西洋海上贸易，以
及近代早期建立的、欧洲和远东之间漫长的远洋航线，这是一种被批
判为"现代中心"（modernocentric）（Bentley 2006）以及"欧洲中心"
（Eurocentric）的观点。

相反，另有一些世界地图，比如荷兰的地图（图5.1），就将欧亚大

图5.1　欧亚大陆，约公元前1500年，引自雅克·约斯滕（Jacques Joosten）的《伟大奇妙的世界》（*De Kleyne Wonderlijcke Werelt*），阿姆斯特丹，1649年出版。©大英博物馆信托理事会。图片编号：01101136001

陆放在了中间。在这个版本中，欧洲和亚洲彼此相连，陆地而非海洋提供了贸易、旅行和交流的主要方式。欧亚大草原横亘在这片最宏伟辽阔的大陆上，这里有亚热带草原、灌木地带和沙漠，北部是森林，大部分地区都令人生畏，对陌生人而言绝非宜居之地，也不适合农业生产。大草原的主要特征是一望无际的草地，从今日的中国东北地区一直延伸至匈牙利，曾被比作草的海洋。大草原虽然曾被视为阻碍和屏障，如今却越来越凸显出其扮演过的文化交流的天然走廊以及早期全球化舞台的角色。某种独特的饮食习惯、生活方式和饮宴活动也曾出现在这片草原上，改变了当时已知世界的大部分地区，留下了一份保存至今的烹饪遗产。

　　人们必须用一种特殊的方式开发这片草原——游牧，即驱赶牧群穿过草原，根据季节和其他因素，逐水草而居。马在约公元前3500年被驯化，成为游牧民族掌控环境的核心，而专业的马术推动了骑射技巧的发展，一面策马狂奔一面拈弓搭箭，这在狩猎和战争方面给游牧民族带来了巨大的战术优势。他们没有犯错的余地。失败意味着饥饿和死亡，而成功也会带来问题，因为"游牧民族常常面临相对于环境的人口过剩问题……这导致了一种离心运动"（Bylkova 2005: 141）。

　　为了获得牧场和水源，人们总是争斗不休，如果一个族群及其牧群发展壮大，就需要通过迁移、联盟和征服来扩大领土。游牧民族还需要或渴望从定居民族那里获得自己无法生产的包括食物在内的财货，这又进一步刺激了迁徙和征服。因此，大草原上的游牧生活本质上是不稳定的，伴随着族群的频繁迁移、扩张和收缩，人们被变幻莫测的忠诚与冲突的罗网所羁绊，他们攫取财货并且对前景抱着机会主义的立场。

　　如今人们认为，在环境以及社会因素的共同作用下（Noonan 1994），被驱赶出亚洲内陆、来自欧亚大草原的游牧民族，对于之前章节提到的许多民族的边境构成了威胁（Levi 1994）。早期的草原民族没有读写能力——尽管现代发现了岩石雕刻画以及可能是文字的意义不明的符文——因此关于游牧民族的现存书面记载，全都出自其他民族之手，而且清一色的都是他们的敌人。在东方，中国的文献表明他们在商朝甚至可能更早就出现了，并且几千年来，中国与草原民族的关系都不大和谐，一直在"中国试图安抚游牧民族——获取草原良驹——全面冲突"之间循环交替。《史记》将游牧民族描述为"中国长期以来的忧患之源"*。通过将地位高贵的中国女性嫁给游牧民族头领以结成联盟，这

---

　　* 此语似乎不是出自司马迁本人手笔。根据原作者列出的引文出处，对比查看《史记》原文和各个英译本后发现它出自美国学者伯顿·沃森（Burton Watson）的《史记》译本加在《匈奴列传》一节前面的引言，参见 Sima Qian,Trans. by Burton Watson, *Records of the Grand Historian: Han Dynasty, II*, Columbia University Press, 1993, p. 129。

是《悲秋歌》这首中国经典诗歌的主题。大约在公元前110年的汉代，一位中国公主被远嫁给游牧民族的国王昆莫，这首诗就是在哀叹这段不幸的联姻（Waley 1918: 75）：

> 吾家嫁我兮天一方，
> 远托异国兮乌孙王。
> 穹庐为室兮旃为墙，
> 以肉为食兮酪为浆。
> 居常土思兮心内伤，
> 愿为黄鹄兮归故乡。

在南方，草原游牧民族出现在亚述人的记载中，并且令阿契美尼德人苦不堪言，甚至击败了他们伟大的君王大流士。希腊人和罗马人也知道他们，是在蓬土斯（Pontic）/黑海地区第一次遇到的。希腊人称他们为"斯基泰人"（Scythians），尽管这个词如今涵盖了几个不同的游牧民族，而且这些民族从草原深处出现之前的历史至今模糊不清。对于希腊人而言，非希腊人就意味着或多或少属于蛮族，也就是一个滑稽可笑又令人生畏的形象。游牧的斯基泰人被希腊人视作他者的典型，甚至比起波斯人以及后来扮演了这个角色的高卢人而言更为他者（Bonfante 2011）。对于希腊人来说，"斯基泰"这个词本身就意味着"偏僻并且荒无人烟的地方"、"无立锥之地而常常迁徙的人"以及"被遗弃的人"（in Hartog 1988: 13）。

希腊人相信这些游牧民族有一个在神话中半是女人半是蛇的祖先（Ustinova 2005），斯基泰人最可怕的武器是涂抹在箭头上的毒药，这让希腊人想出了这样的渊源。这种毒药名叫sythicon，是脓血与腐烂蛇类尸体的有毒混合物，斯基泰人把它放在密封的罐子里，埋进粪堆，缓慢释出的热量会加速腐烂。sythicon会导致奥维德所谓的"双重死亡",因为如果箭矢自身不足以致命,毒药也可以致人于死地(Rolle 1989: 65)。对于希腊人而言,使用剧毒箭头违反了他们关于光荣的作战方式的信念,进一步证明了斯基泰人的野蛮性。游牧民族娴熟的骑术则可能催生了半人马怪物的传说,罗马历史学家阿米阿努斯(Ammianus)曾写道(XXXI):"他们简直像黏在马上一样……那个民族的每个人都在马上度过日日夜夜,无论买卖还是饮食,他们俯身于这动物狭窄的颈脖上,放松地进入睡眠,睡得那样沉,做了许多梦。"

对于希腊人而言,城市是文明生活的标志,而游牧生活是另一项挑战,因为斯基泰人没有像样的房屋或永久居所。相反,他们住在拉货车或大篷车里,大车有四个、六个或更多的轮子,由牛拉动,车上是用毛毡或兽皮做成的帐篷,搭在类似今日蒙古包的框架上。在行进中,妇女和儿童乘坐马车,男人骑马,成群的牛羊在周围跟着走。他们停下时会把大车拉在一起形成营地。阿米阿努斯说:"他们都没有固定的住所,没有壁炉,没有法律,没有定居的生活方式,只是带着大车四处游荡,仿佛逃亡者一般。"虽然大多数早期作家对这种居住和生活方式嗤之以鼻,希罗多德却看出了其中的战略优势,因为它将斯基泰人从土地和农业生产的束缚中解放了出来。他写道:

> 由于他们没有城镇或要塞,而是把家随身带在大车上,
> 由于他们全都精通骑射,而且食物来源是牧群而非耕种土地,
> 这样一来,他们怎能不神出鬼没而又战无不胜呢?
>
> (Herodotus Book IV: 46)

希罗多德被认为是第一位人类学家,而且他的著作在其他希腊文献中独树一帜,在其他人过度简化的地方引入了复杂性,在其他人不置一

词的地方给出了前因后果，并且总是试图同时从希腊和外族的视角来看待事物，他对希腊人也不乏批评。这被其他希腊人看作一种背叛，普鲁塔克则将希罗多德斥为"蛮族爱好者"——这一标签从此被烙印在人类学家的身上。但即使对于希罗多德而言，游牧生活的内部动力也依然是一个谜。

希腊人和罗马人将农业看作文明生活的另一个标志，推崇被培植出来的谷物，将其当作文化凌驾于自然的优越性的象征，但这些东西不怎么出现在斯基泰人的饮食中。正如波斯人及其"垂废"一样，食物被用于强调斯基泰人的差异性。根据伪希波克拉底（Pseudo-Hippocrates）的说法，斯基泰人的食物主要是牲畜的肉，通常是煮过的，还有"希帕卡"（hippace），即马奶酪。阿米阿努斯（XXXI: 2）声称"他们国中无人曾经犁过一片地或是碰过犁头"，他接着断言："他们的生活方式是如此顽强，无需火种或美味的食物，而是吃野草根和半生的任何动物的肉，他们将其夹在大腿和马背之间，将其稍微焐热。"这是后来被称为"鞑靼牛肉"（steak tartare）的菜肴首次被提及，据说这种生牛肉是从后来的鞑靼（Tartar）游牧民在骑乘时放在马鞍下嫩化的牛排发展而来的，但这份叙述表明它的起源要早得多。还有说法称，牛排被放在鞍下是为了缓解骑马带来的疮痛（Jack 2010）。希罗多德总是对文化特殊性十分敏锐，他注意到了一种被称为"自烹牛"的独创性烹饪方法，这是由于大草原上树木稀少而产生的创新。首先，人们将动物宰杀、剥皮和去骨，然后将鲜肉加水放入锅中，或是缝入动物的腹中或胃里，也加上水。然后，这头动物的骨头被用来代替柴火，在大锅或肚腹下燃烧，直到肉烧熟为止。如希罗多德所言（IV: 61），正是用这种方法，牛或其他动物实现了"自烹"。

希腊人没有留下任何对斯基泰人宴会的描述，但他们对斯基泰人饮酒的方式很感兴趣，在他们看来这是野蛮的本质。在希腊戏剧和散文中，斯基泰人被描绘成一群喧嚣吵闹、高声大气的人，总是醉醺醺的。对于希腊人来说，"用斯基泰人的方式饮酒"是指过量饮酒，因为与他们不同，斯基泰人饮酒不掺水。在《法律篇》（*Laws*）中，柏拉图厌恶地提到，这些人狂喝滥饮，酒都洒到了衣服上，而阿那克里翁[*]写道：

> 我们不要堕入
>
> 暴乱与无序
>
> 像斯基泰人那样，喝下我们的酒
>
> 让我们有节制地啜饮
>
> 聆听美妙的颂歌。

（Anacreon 76, in Athenaeus 11.427a, in Lissarrague 1990: 91）

赫拉克莱亚的卡梅利翁（Chamaeleon of Heracleia）在他今已散佚的著作《论醉酒》（*On Drunkenness*）中声称，斯巴达国王克里欧美尼斯（King Cleomanes of Sparta）从斯基泰人那里学会喝不掺水的纯酒之后就变成了疯子，并且当人们想把淡的酒换得浓一点时，他们会说——"弄成斯基泰式的"（Athenaeus: X）。

酒不是斯基泰人本民族的饮料，因为葡萄不能生长在大草原上，而游牧民族的生活方式也导致他们无法种植葡萄，因此斯基泰人只能通过与其他民族接触或贸易获得酒类。他们自己的酒饮是经过发酵的马奶，他们也大量饮用。然而在他人眼中蛮族的不知节制之下，希罗多德发现了斯基泰人共餐活动的社会动力是基于饮酒而非食物的。根据他的说

---

[*]   Anacreon，约公元前570—前480，古希腊宫廷抒情诗人。

法，每年举行公共庆典时，斯基泰人都会准备好一大碗酒，所有曾在那一年中上阵杀敌的人都可以从中分得一杯。杀敌多的人可以获得两杯，不曾杀敌的则被排除在外，必须枯坐一旁含羞忍辱——"对他们而言，没有比这更羞耻的了"（Herodotus IV: 66）。我们在这里可以看到共食活动中包容与排斥机制的运作。完全的排斥并不意味着缺席，而是虽然在场却被显而易见地边缘化，让所有人一望而知。

但斯基泰人的饮品并非仅限于葡萄酒和马奶。早期作家大多专注于斯基泰人的血腥杀戮。据说在战斗中，斯基泰武士会喝他们杀死的第一个人的血，而阿米阿努斯说："没有什么比杀人更能令他们自豪了，就像从被杀者身上取下的辉煌战利品一样，他们割下死者的头颅，剥皮并挂在战马上做装饰。"相反地，希罗多德注意到斯基泰人在祭祀和仪式中赋予鲜血以象征意义。他记载道：斯基泰人每获得10个俘虏就献祭1个，首先将奠酒倒在他们头上，然后将他们宰杀，用容器收集鲜血再献给神明。他还描述了斯基泰人的宣誓（Herodotus IV: 70）。参加者先用一只大陶碗装满酒，然后用小刀或锥子稍微刺伤自己，将血滴入酒中。接着，他们将一把弯刀、几支箭矢、一把战斧和一支标枪插入其中，同时所有人反复祈祷。随后，两个主要的缔约方饮下碗中酒和血的混合物，双方追随者的首领也要喝。这就是斯基泰人象征亲密友谊的血盟仪式，他们以此闻名，盟誓者之间的关系常常比兄弟姐妹之间还要紧密。从一只汇合了他们鲜血的杯子中饮酒代表他们成了同一个人。用武器蘸血和酒的混合物标志着他们在战斗中彼此忠诚至死，这种纽带还通过让证人们与宣誓双方同饮此碗中之物而得到进一步确认。在希罗多德笔下，斯基泰人的另一种通行做法（IV: 75）出现在葬礼之后，属于净化仪式的一部分。他们支起一个小帐篷，里面只有放在地上的一碟滚热的石头，"斯基泰人拿着大麻籽、披着毛毡毯伏身进入，并将大麻籽扔向烧得通红的石头。种子随即散发出浓烈的烟和气味，远超希腊的任何蒸汽浴。斯基泰人对着烟气高兴地尖叫。"或是像另一种译本描述的,他们"嚎叫如狼"。

尽管斯基泰人的饮食简朴,细节却十分一致——这是一种由严酷的环境和社会因素决定的有限的饮食,食物常被描述为"未经加工的",烹饪的基本技术主要是水煮,还有酗酒的嗜好,这些对于希腊人和其他观察者而言都是一种"未开化"的状态。来自草原的野蛮蛮族的刻板印象根植于希腊人的世界观中,在文学和艺术中被铭记,成为西方文化的一部分。正如埃斯库罗斯在《被缚的普罗米修斯》中所警告的那样(707-12 in Hartog 1988: 193):

> 首先转向日出的方向前进
> 穿过未曾被犁开垦的土地:然后
> 你会来到游牧的斯基泰人面前
> 他们住在柳条编成的屋里
> 屋子架在装好轮子的大车上;他们是全副武装的民族,
> 配备射程很远的强弓:
> 不可接近他们。

这种观点现在遭到了新领域草原考古学的挑战。草原考古学长期被笼罩在古典考古学和近东古代考古工作的阴影下,受到当时政治发展的驱动,并由国家边界、政治上和学科上的壁垒塑造成型(Mair 2006)。20世纪初,对大草原西部的考古学研究进入前苏联境内,而对东方大草原的考古工作进入了中国,二者都反对外来势力的介入。当伊朗和阿富汗的颇受青睐的田野调查点变成了冲突地带,草原南部便开始吸引考古学家的兴趣,并且随着前苏联的解体,学术交流的通道被打开,该学科作为一个整体得到了新的推动力。

农耕代表定居生活和伟大的文明，草原则与游牧生活相联并且"其文化简直不值一提"（Genito 1994: xvii）——这种"草原"和"耕地"的传统对立如今正受到质疑。考古发掘工作揭示了过去未获重视的环境、文化、经济和民族方面的复杂性，其结果之一就是出现了次级领域的专家，他们致力于研究早期草原上的不同民族，比如巴泽雷克人（Pazyryk）和萨尔马提亚人（Sarmatian）。与曾经被认为的独立生活和与世隔绝的状态不同，草原民族的殉葬品揭示了他们曾拥有大量财富，并且经历了广泛的贸易及跨文化接触，同时，冶金术、带辐条车轮的使用、饲育牲畜、驯养马匹，还有包括马镫和裤子在内的与马相关的技术，在整个欧亚大陆扩散开来（Sherratt 2006）。希罗多德提到的大锅无所不在，它们出现在大草原各个时期的各个地方，数量众多，尺寸各异。有些锅大得足以装下一整头绵羊，再加上众所周知的烧柴短缺使人们无法炙烤食物，这显示出炖煮的大块肉类和肉汤在日常饮食中的显著地位。频繁现身在草原深处、远离希腊之地的希腊式两耳细颈酒罐（amphorae）和金制角杯则向我们揭示了斯基泰人对葡萄酒的喜爱。最重要的是，游牧生活自身也得到了重新审视。现在人们已经不再认为那只是一种"完全未经开发的状态"，听凭大草原的物质状况摆布，或是处于狩猎、采集和定居农业之间的进化阶段，而是将游牧民族的生活看作一种经过选择的生活方式，以及"人类的专业化和经济适应过程中最复杂、最特殊的过程之一"（Genito 1994: vii）。

但问题依然存在——这种特定的生活方式到底是如何运作的，仅靠如此有限的饮食怎能生存下去，以及大草原上的饮宴活动到底起着什么样的作用？在斯基泰人这里，这些问题尚不明了。游牧生活的节奏充满着兴衰轮替。古典时期的草原各民族之所以退入腹地并逐渐消失，其原因也未有定论。然后在将近1000年之后，他们似乎卷土重来了。

蒙古人

"恍若层云密布"，公元1240年基辅罗斯的一份大事记上写道：

> 鞑靼人（蒙古人）挥师直指基辅（Kiev），将这座城市团团围住。他们无数马车的吱嘎声、骆驼和牛的低吼声、马的嘶鸣声、狂野的战斗呐喊声，是如此具有压倒性，以致城内的人无法听清彼此的谈话。
>
> （Karamsin 1826, v. IV in Komroff 1929: 11）

根据俄罗斯的文献记载，当时基辅被夷为平地，围困和战斗的幸存者大多被胜利者处死了。据称，在早前一次发生在第聂伯河（Dnieper River）边的交战中，被俘的俄罗斯王公们被"绑在木板上，蒙古人坐在上面吃吃喝喝，庆祝胜利"（Komroff 1929: 10），把他们活生生地压死了。中世纪的编年史家马修·帕里斯（Matthew Paris）在《英国编年史》（*Chronica Majora*）中写道：

> 他们毫无人性并且残忍如野兽，与其说是人，不如说是怪物，他们渴饮鲜血……身着牛皮……高兴地饮下他们牲口的血，不掺其他东西……他们没有人类的律法，不懂舒适安逸，比狮子或熊更凶猛……他们是绝佳的弓箭手，无论年龄、性别和环境……他们带着畜群和妻子们游荡，这些女人也学会了像男人一样战斗。

这种记载也可能出自阿米阿努斯之手，但这些人并非古代的草原民族。与起源尚有争议的斯基泰人不同，鞑靼人或称蒙古人，是一个亚

图5.2　版画《斯基泰人的生活方式》，荷兰版画家科恩雷特·戴克(Coenraet Decker)，1660—1685年，描绘了当时欧洲人心目中的斯基泰人，内容涵盖接受致敬的国王、祭祀和互相残杀等。

洲民族，不过他们是靠马匹和骑射生活的游牧民族，这一点与他们的前辈十分相似，以至于可能要讨论草原文化的**漫长历史**（longue durée）（Antonini 1994: 287）。二者还存在一种更深层的相似之处，正如早期游牧民族如今被看作复杂而非简单，并且是早期接触和交流的媒介，蒙古研究专家如保罗·布埃尔（Paul Buell）认为，蒙古时代是世界史上的一个关键时期，而蒙古征服者是第一次全球化的创造者，还是现代世界的缔造者以及第一种世界性烹饪体系的创制者（Buell 2001; Allsen 2001）。

　　当蒙古人出现在欧洲边缘时，欧亚大草原刚刚经历了巨变。正如希罗多德很久以前所指出的斯基泰人的特点，蒙古人同样不需要守卫耕地或永久定居点，他们能够自由地发展出一套武士文化，在这种文化中，盗取彼此的牧群和马匹、争夺优良的水草、狩猎，以及"战争和突袭——还有使其合理化的'复仇'——是部落的荣光"（Fletcher 1986.
14）。随后，有时被描述为从部落向封建制度转化的社会变迁在相对
较短的两代人的时间内发生了，这个变化可见于一份名为《蒙古秘史》
（*The Secret History of the Mongols*）的文件。尽管蒙古人不通文墨，他
们却能接触到有读写文化的民族，并且在1228年至1294年之间的某个
时间——公元1240年是被普遍采纳的说法（de Rachewiltz 2004），他们
用维吾尔文（Uighur）写下了人类学家所称的"起源神话"或神话化历
史，记述了一个改变了蒙古民族命运的王朝的开端，并按时间顺序记
录了他们的崛起，同时也描述了在此过程中基本的草原食谱以及烹饪
方法。

　　就像许多传说故事一样，这段历史开始于半神的血统，这次是一只
苍狼和一头白鹿交配，其后代便是蒙古核心部落的祖先，但历史迅速过
渡到铁木真的童年，他后来成了"成吉思汗"（Chinggiz Qan 或 Genghis
Khan）。铁木真最初属于统治着蒙古部落及其同盟的博尔济吉特氏的分
支（Fletcher 1986），而《蒙古秘史》描述了季节性迁徙和突袭的轮回，
这个群体过着游牧和狩猎的生活，追逐鹿、羚羊、山羊、野鸭和大雁，
有时还有鹰和隼的帮助。

　　首先，食物并不常被提及，更常被提到的是饮品。葡萄酒并未出
现，只有马奶酒（kumiss）盛装在大水罐里，摆在帐篷入口旁的长凳上
（de Rachewiltz 2004: 800）。在《蒙古秘史》中，两类主要饮食是"饮
品"（umdan）和"汤品"（shülen）。分类比较灵活，其中"饮品"包括
从清汤到马奶的任何东西，而"汤品"则可能指浓稠的肉汤，或是在后
来的时期，指精心烹制的宴会汤羹（Buell 2007: 24），但无论如何，蒙
古人都是偏好流食的。炖煮之所以是主要烹饪手段，有数个原因。首
先，流行于欧亚大陆的观念是煮熟的食物很重要，因为炖煮浓缩了动物
的精华。其次是现实考量，比如在干燥环境中对液体的需求，"以及最

大程度分享肉食的需求"（Buell 2007: 27）。第三，炖煮比烧烤更省燃料，并且对于迁移中的民族而言更为简便。第四，易消化的流食很可能比固体食物更适合马背上的生活。《蒙古秘史》表明，他们采取合作烹饪的方式，原材料来自由领袖直接或间接提供、人皆有份的公共供给。这种饮食十分简朴，但供给品是活的，与他们相伴而行。优先次序、包容与排斥的重要性在饮食中清晰可见——这常常发生在违规现象出现之时。即使食物非常简单，也有诸多规则：饮食的分配顺序、谁应在饮酒时第一个祝酒、谁应或不应参加献祭活动和分享特别的餐食，以及谁有权坐在帐篷里侧面向大门的尊贵座位上，谁又应坐得离他们最近。人们密切关注着这些规则，并用礼节表达强烈的社交声明。在《蒙古秘史》中，许多关键事件都是围绕在同食共饮时所感受到的羞辱而展开的，如某些人比其他人先得到服务，或有人被完全排除在外。

铁木真的父亲早逝之后，联盟中的敌对派系努力扩大自己的影响力，并在此过程中将年轻的铁木真和他的兄弟姐妹、母亲以及其余支持者都排挤了出去，通过将他的母亲排斥在一次献祭活动和随后的宴会之外来表明他们的意图。此时，食物，毋宁说是食物的匮乏在故事中承担了核心角色，突出了在大草原的游牧社会中被排斥出群体的危险。主流族群离开了，将这些被放逐者抛在身后，这些人没有适当的武器装备、栖身之所或赖以维生的牧群，只有几匹马。在这里，我们深刻体会到了阿米阿努斯笔下以野草根和随便什么动物的肉维生的状态。铁木真兄弟依靠母亲的知识，被迫四处觅食：采集当季的野苹果和稠李；用尖头棍子掘出可食用的植物根络；寻找野生大蒜、洋葱、百合球茎和韭葱；在河中捉鲑鱼、河鳟和鲶鱼；用钝头箭矢射猎小鸟，捕捉土拨鼠和田鼠（de Rachewiltz 2004: 19）。这段描述揭示了根据性别特长进行的分工，女人采摘而男人狩猎。有一次，一个男人打猎成功归来，他的马驮满了土拨鼠的尸体，走得摇摇晃晃（de Rachewiltz 2004: 26），但这都是些很差的食物。正如《蒙古秘史》记载，他们在荒野中忍饥挨饿，很渴望油脂。蒙古人的生活方式和价值观体现在以畜肉和奶为主的饮食及同食共饮活动中，被放逐者的窘况则展现了与族群脱离后所面临的人身危机和文化冲击，正如上述叙事所表达的那样。这段描述也提出了可被称为"真正的蒙古食物"的官方或民间版本。蒙古人从一开始（而且延续至今）就在荒野中觅食和狩猎，并依靠牧群生活。但无论他们的日常食谱中还包括其他什么东西，"奶和肉"——奶和畜肉——才是理想的食物，是成功的标志，也是他们喜欢吃的。这个被放逐在荒野中孤立无援的群体引起了敌人不快的关注，年轻的铁木真不得不逃亡保命，开始做出一连串的英雄之举，他在这些经历中虽然是逃亡者，但神圣的征兆预示着他未来的伟业，正如《蒙古秘史》所说："他的眼中燃烧着烈火，他的脸上笼罩着光芒"（de Rachewiltz 2004: 327）。

　　一如所有事后写成的文献，《蒙古秘史》在回顾过去时会将等级制度和种种事件合理化，表明结果的必然性，使那些后来掌权的个人和部落合法化，但抛开这些特点和某些方面无可避免的准确性问题不谈，我们还是能够看到一场社会变革的发生。《蒙古秘史》阐明，铁木真所出身的部落制度从根本上就不稳定。这部分归咎于亲属体系，即一种因一夫多妻制而复杂化的父系关系，一个男人可以拥有多名妻妾，导致了子女和亲属群体之间的竞争关系。如前所述，不稳定性还源自部落之间为争夺最好的领地而不断发生竞争。部落首领必须领袖群伦、分派牧场、决定迁徙路线、维持队伍秩序，最重要的是确保食物供应。这个位置在他死后应依次传给他的兄弟，只有当兄弟们都死去的情况下，才传回原来这位领导人的儿子手中。实际上，领袖地位往往归于领袖血脉中最强大、最有能力的人。派系斗争和对抗是司空见惯的，潜在候选人都忙于争位和讨好萨满，后者负责揭示哪一位候选者能得到神的认可。部落越小而领导者越强势，分裂的可能性就越小，但这也带来了问题，因为小部落更容易成为猎物，大部落会觊觎其牧群、迁移路线和"水草"。而牧群越大，群体越要保持迁移状态，寻找新的牧场，也就让自己更可能遭到攻击。各群体间为寻求彼此的支持而缔结的临时联盟十分脆弱，并且其内部动力以及部落首领对独立和自治的高度重视让无论大小的各个族群常常在压力之下土崩瓦解，然后重整为新的组合。基本的政治程序是一种磋商。它可能包括让部落联盟的首领和武士考虑结盟的会议，或是蒙古各部落在帝国时代举行的盛大的"忽里勒台"（kuriltais），即议事大会，人们在会上辩论战略、选出领袖，"在游牧经济或社会中，将人口和牧群广泛分散是出于生态上的需要，而存在一种将相距甚远的人聚集起来的协商机制是不足为奇的"（Endicott-West 1986: 526），这是一种对上文提到的分裂倾向的反向制衡。

年轻的铁木真及其母亲被族群驱逐，是最终撕裂他们部落联盟的内部竞争的结果。在这样的条件下，部落的大部分力量都被导向了内部，每个季节日常生活的焦点在于最大限度地利用大草原上的定居点，维持他们宝贵的流动性以及部落独立性，而不是向外扩张到草原之外，或是建立一个更大的超部落政体（Fletcher 1986）。但无论开始时是否有意为之，铁木真为确立自己的领导地位，并恢复他的联盟而开展的军事行动，最终改变了草原人民的社会组织方式，驱使他们向外扩张，去统治当时已知的世界。

在流放期间，铁木真开始集结一群由血盟弟兄组成的紧密团结的队伍，并逐步将其打造成战略联盟，然后不断地成功实施对敌对部族的军事行动，他也就此获得了"成吉思汗"或者说"天下之主"的头衔。《蒙古秘史》的记载显示，他对臣下施加了强大的人身控制，并培育其忠诚之心——这对于任何草原领袖而言都是成功的核心所在，通过食物巩固族群，建立和展示等级，他亲自参与此事，对新近任命的司厨们做出了如下指示：

当你们两位司厨，汪古儿和孛罗忽勒，

给左右分配食物，

对于右边

那些或站或坐的人

别让它有所短少

对于左边

那些被排成排的人

或是没有排成排的人

别让它有所短少

如果你们这般分配食物，我便可放下心来。

（de Rachewiltz 2004: 145）

成吉思汗还命令司厨应出席宴会并整场保持专注："你们在落座时必须注意照看（酒桌上）两个大型马奶酒罐左右两边的食物（……）与脱栾（Tulun）和其他人一起面朝北坐在帐篷的中间。"此外，他还建立了一种特殊的守夜部队，并表示（de Rachewiltz 2004: 146）：

……宿卫应当负责监管宫中的女侍官、奴仆、牧骆驼者和牧牛者，还应当照看宫中的帐舆。宿卫应当保管好所负责的旗帜、鼓和长矛。宿卫应当监管我们的饮食。宿卫还应当监管和烹饪未切割的肉和食物；如果饮食发生短少，我们应当找被委以监督重任的宿卫去要。并且他还说："箭筒士分配饮食时，他们不能未经监督者宿卫的许可就分配。当他们分配食物时，应当从宿卫开始。"

这些细节被收录在宏大的民族叙事中，清楚地显示出游牧民族的组织结构在多大程度上依赖有效的中央化食物供给和控制。有人宣称（Manz in de Rachewiltz 2004；亦见Mote 1999），成吉思汗的成功不仅在于军事上的雄才大略，也在于他的组织和管理能力，以及对大草原传统的精明利用。他的精英部队首先得到供给，并且人们总是格外重视马奶酒的备制和饮用，以及将罐子摆放在帐篷中尊贵的位置上。食物总是被日以继夜地小心看管，并且平等地分配给左右两边，无论这种划分的含义是什么。因为《蒙古秘史》所针对的读者早已熟知那些进一步的烹饪和仪式细节，故而书中没有交代。

成吉思汗的目标最终不止于重建他的部落联盟，然后使其在大草原上享有至高无上的地位。他成功地将长期敌对的各部族联合起来，形成了一支规模空前的骑兵部队，而亲属关系、政治和游牧间的动力，以及对草原之外的财富日益增长的认知，这些因素决定了后续的扩张活动。蒙古军队侵入了伊朗、阿富汗，甚至袭击了印度。他们攻陷了布哈拉（Bukhara）和撒马尔罕（Samarkand），挑起了针对中国的军事行动，并开始了对东欧的侦查刺探。最终，蒙古人"得以在更大程度上将地球表面统一于一个连续的政权之下，超越了此前或此后其他任何帝国"（Buell, Anderson and Perry 2000: 20）。1227年铁木真去世之后，继任为"大汗"（Great Qan）的是其第三子窝阔台（1186—1241），他继续了父亲的征服事业，起初着重于中国，然后转向欧洲。随着文化昌明的地域被纳入蒙古的版图，以及旅行者进入了他们的领土，对蒙古人的书面记载开始出现。希罗多德曾在1000年之前到过黑海地区，但是没有一位早期希腊学者曾深入欧亚大草原去观察游牧民族在和平以及战争时期的生活，或是描述其生活方式。这些新的记载揭示了许多之前未知或一知半解的东西，并填补了《蒙古秘史》的主位记叙留下的细节空缺。引人注目的是，蒙古人与斯基泰人在物质文化上的广泛相似性，体现出他们对草原环境的适应是一致的，尽管现在无法判断出斯基泰人的社会政治生活在多大程度上与蒙古人一致。

1241年基辅陷落之后，蒙古人入侵东欧，两名方济各会修士分别造访了新蒙古帝国大汗的王庭。第一次旅程（1245—1247）的主角是教皇英诺森四世（Pope Innocent IV）的使者柏朗嘉宾（John of Pian de Carpini）；第二次（1253—1255）则是威廉·鲁布鲁克（William of Rubruck），代表法国国王路易九世（King Louis IX of France）。他们的任务是：抗议蒙古大军的劫掠破坏行为，并请求他们罢手；了解蒙古人是否可能被归化成为基督教徒；观察游牧民族的生活方式，以便评估未来的威胁。在这个过程中，他们还记录了正开始席卷整个大草原的社会和烹饪变革的早期阶段。

在深入草原之前，柏朗嘉宾在伏尔加河（Volga River）附近受到蒙古西部前哨部队的接待，住在拔都亲王（Prince Batu）的营地中，他是成吉思汗之孙和金帐汗国（Golden Horde）或称钦察汗国（Kipchack Khanate）的领袖。拔都是除大汗之外最有权势的蒙古王公，生活相当优越，身边环绕着在对欧洲的军事行动中掳获的战利品。拔都接待来访者的帐篷洁白、宽敞，用亚麻织成，它曾经属于匈牙利国王。在一群全副武装的门卫和官员的陪同下，拔都在帐篷中接见了这位修士，他在帐篷中与众妻子中的一位一同坐在架高的座位或王座之上。柏朗嘉宾记载道，"他的兄弟、儿子和其他地位稍逊者都坐在中间较低的一条长凳上；其余的人坐在后面的地上，男人在右，女人在左"（Carpini in Dawson 1955: 57）。在这样的情境下——因为他从未拜访过大汗——修士被安排坐在帐篷左侧或者说从属的一侧。后来，当被引见给大汗后，他就坐在右边的观众席或集会者席位上了。除了君王和贵族的王座和长凳之外，帐篷中唯一一件家具放在中央靠近门的位置——上面放有盛酒的金银器皿的桌子。帐篷分为右边和左边，男女各占一边，地位体现于座位高低和位置，而一张饮酒用的桌子占据了中央和媒介的位置，这在整个草原的各个层级中都是如此。

柏朗嘉宾几乎立刻被拔都准许去谒见远在东方的大汗，而他的困苦经历由此真正开始了。尽管两位修士旅行的时间相差8年之久，拜访了不同的汗王，并且采取了不同的路线，柏朗嘉宾从俄罗斯出发，而鲁布鲁克从阿卡（Acre）出发，但其记叙却是相吻合的。在他们拜访大汗的漫漫路途中，两位修士都和向导一起生活了数月，过着游牧民族的生活。蒙古人在欧洲人的眼中十分奇怪。就像鲁布鲁克所说（Jackson and Morgan 1990: 71）："当我来到他们之中，我感觉仿佛进入了另一个世界。"柏朗嘉宾则将他们描述为"与其他任何民族都不一样"，有着"扁平而小的鼻子，小眼睛和直直立起的眼皮"——指的是亚洲民族典型的内眦赘皮。他们将头发"留得长长的，跟女人的头发一样"，编成两个辫子，分别绑在双耳之后，露在束腰外衣外面，长及大腿（in Komroff 1929: 28-9）。他们报告说，蒙古人骑的马比欧洲马更小、更快、更吃苦耐劳，每个人都有若干匹马，至少5匹，以确保总有新的坐骑。除了用在作战、劫掠和运输中，修士们还提到将马作为食物来源，提供马奶、肉和血（Levine 1998）。马最初是作为食物被驯养的，这是蒙古人饮食的核心所在，此外，马还提供皮和毛，可以穿着和使用。马是草原上的基石，对社会、经济和烹饪生活而言不可或缺。正如民族史诗《蒙古秘史》所言："没有马，哪有蒙古人？"

与斯基泰人类似，大草原上没有长久存在的城市。蒙古人是流动的，在冬季较温暖的地区和夏季较寒凉的地区迁徙放牧（Rubruck in Jackson and Morgan, 1990），他们住在圆形毡帐中。根据鲁布鲁克的说法，小型帐篷可以迅速拆卸并由牲畜驮运，而较大的固定帐篷——有些直径达30英尺——则由车轴大如船桅的牛车运输。骑在马背上的两位修士会喜欢相对舒适的蒙古牛车。此外还有载着成箱财物的较小的货车，以及堆满辎重的大车。修士们注意到，在征战或迁徙时，骑马的男人会走在队伍的最前面，后面是女人、儿童和牛车载负的财货，随行的还有牛、绵羊、山羊和马，有时还有蒙古骆驼。在对大车的管理上，修士们也提到了社会角色的性别分化——在《蒙古秘史》中，这一点十分明显地贯穿了蒙古社会的方方面面。大车由女人驾驶。一个女人足以驾驭二三十辆绑在一起的大车。她坐在领头的大车上赶牛，绑好的大车和牛群跟在后面，行驶速度对于沿途驱赶畜群十分便利。除了驾驶大车，女人还负责支起和收纳可移动的帐篷、挤牛奶、搅拌黄油、搜集食物和制作日常生活所需的一切物品。这种分工解放了男人，让他们能够放手狩猎、劫掠和战斗，形成了一种高效的环境开发和社会组织模式。女人也能骑马和射箭，儿童也从小就开始学习这两项技能。

修士途经的这个国家不宜农耕但适于放牧，柏朗嘉宾这样写道，尽管有"酷烈的空气"和"惊人地变化无常"的天气在肆虐。夏天，这里极度炎热，并且会突然电闪雷鸣，冰雹倾泻而下。其他时候，"寒风如此猛烈，以至于有时男人无法骑马……（并且）我们常常不得不匍匐在地上，因漫天沙尘而目不能视"（Carpini in Komroff 1929: 28）。在这样的气候条件下，人口处于迁移之中，食物供给不稳定，用餐要看机会而非定时进行，这些都被修士们的亲身经历所证实。

柏朗嘉宾描述道："我们早早起身，一直行进到夜晚都没有吃任何东西，而且我们常常很迟才到达宿处，导致晚上根本没有时间进食，原本应该在当晚吃的东西到早晨才给我们。我们常常更换坐骑，因为马匹绝对不缺，我们骑得飞快，决不停歇，马匹能跑多快就跑多快。"鲁布鲁克也遭遇了类似的情况。"我们只有到了晚上才拿到食物，"他写道（in Jackson and Morgan 1990: 141），"他们早上会给我们一些喝的东西或（做成汤的）黍米，晚上则会有肉——羊肩和肋排——以及能喝多少就有多少的肉汤。"然而，这貌似贫乏的食谱对于西方人而言实为不祥之兆，他们担忧即将遭到来自大草原的侵略。柏朗嘉宾（in Komroff 1929: 30）报告说，蒙古人"非常吃苦耐劳，而且当他们断食一两日之后，他们就唱起歌来，并且欢乐得仿佛已经填饱了肚皮。在骑马时，他们能忍受严寒和酷热"。并且鲁布鲁克发现，"当我们喝了足够的肉汤时，我们就完全恢复活力了，我认为它是最有益健康的饮品，特别有营养"（in Jackson and Morgan 1990: 141）。

柏朗嘉宾和鲁布鲁克所看到和经历的许多事情都违背了欧洲的烹饪和饮食规则。因为中央大草原几乎没有树木，从精英阶层到底层的每个人都靠牛粪和马粪生火取暖并烹饪肉食，因为他们有"很多牲畜，例如骆驼、牛、绵羊和山羊……他们所拥有的公马和母马的数量超过世界其他地方的总和"（Carpini in Komroff 1929: 29）。修士们很快就喜欢上了这种燃料。当穿越开阔的野地时，鲁布鲁克注意到他们有时必须吃下半生不熟的肉，因为无法积存足够的牲畜粪便用于生火。起初，柏朗嘉宾轻蔑地称蒙古人什么都吃——狗、狼、狐狸和马，甚至老鼠，而鲁布鲁克则提到了土拨鼠和榛睡鼠。但当他们经历饥饿和极端条件时，修士们转而赞赏这些补给资源的重要性，它们曾养活了年轻的成吉思汗一家人，并且当情况艰难时可以仰赖。浪费食物被严格禁止，据说源自成吉思汗，但可能早很多。动物的每个部分都被吃掉或派上些用场，骨头在剔出骨髓后才喂给狗，洗餐具只是在肉汤中涮一涮，然后洗碗水又放入锅中，既是因为丝毫不可浪费，也是因为水在大草原上是一种珍贵资源。没有立刻烹饪的肉被剁成细条，并在太阳下风干，以备未来之用。肉干重量较轻，易于运输，并且放在大锅中一煮便是一道肉汤。黄油也被储存起来，女人把牛奶煮熟，从中提取黄油结成凝乳，随后将其在太阳下晒干，直到变硬为止。当冬季来临，他们将干黄油块放入皮囊，倒入热水，反复搅动，直到凝乳溶解，复水成酸奶。

普通人不使用桌布或餐巾，把油乎乎的手在裤子上或草上擦一擦了事。他们"没有面包、香草、蔬菜或任何其他东西，除了肉之外一无所有，然而，他们吃得很少，其他民族几乎无法靠这么点吃食生存"（Carpini in Dawson 1955: 16）。上菜的方式极尽简朴，不过仍会努力显示出偏好和地位："他们中的一个人将食物切成小块，而另一个人用刀尖插住它们，分给每个人，一些人较多，一些人较少，取决于他们是否想对其表达以及表达多少敬意"（Carpini in Dawson 1955: 17）。鲁布鲁克也给出了几乎完全一致的记载。"他们用一头绵羊的肉就能养活50到100人，"他宣称，"他们将肉切成很小块，放在一只盘子上，旁边放着盐和水，因为他们没有别的调味料……并且给旁边每个人一两口食物，这取决于就餐的人数……主人自己首先取用他想要的。"（Rubruck in Jackson and Morgan 1990: 75）

蒙古人与斯基泰人类似，他们对于流食的偏好胜过固体食物，不仅肉汤无所不在，还有若干种奶。用柏朗嘉宾的话来说：

> 只要有马奶，他们就大量饮用；他们还喝羊奶、牛奶、山羊奶，甚至骆驼奶。他们没有葡萄酒、麦芽酒或蜂蜜酒，除非其他民族提供。此外，在冬季，他们没有马奶，除非是富人。他们用水煮黍米，并且煮得很稀，不能吃，只能喝。他们每个人早晨都喝一两杯，白天不再吃东西；但到了晚上，他们都能分得一点肉，并且喝下肉汤。但在夏季，鉴于有大量马奶，他们很少吃肉，除非恰巧获赠，或是在打猎时捉到一些鸟兽。
>
> （Carpini in Dawson 1955: 17）

马奶酒是这样酿造的。在应季时的早晨挤出马奶，然后将新鲜马奶搅动到起泡发酵，并形成黄油。将黄油取出，刚刚发酵的浑浊并略有酸味的马奶就能够饮用了。"人喝完它之后，舌头上会留下杏仁奶的味道，并且体内涌起一种愉悦感"，鲁布鲁克写道（in Jackson and Morgan 1990: 81）。另外一种经过净化过的马奶酒，或者说黑马奶酒，是专为精英阶层酿造的。马奶被搅拌到所有固体物质都沉积在搅拌器底部，只留下干净、甜美的液体，这是非常珍贵的，它被鲁布鲁克描述为"一种着实怡人的饮品"（in Jackson and Morgan 1990: 82）。蒙古人每天消耗的马奶酒数量巨大。拔都亲王有 30 个离他自己的营地一天路程的小营地，每个营地都提供了 3000 匹母马的马奶以制作普通马奶酒，另外还有用来制作黑马奶酒的。在冬季无法获得鲜奶时，蒙古人用大米、黍米、小麦和蜂蜜制作饮品，而葡萄酒则是从远方运来的，但是"在夏天，只要他们有马奶酒，就不在意其他任何食品了"（Rubruck in Dawson 1955: 97），并且他们特别注意避免喝纯水（in Jackson and Morgan 1990: 83）。13 世纪 20 年代的中文文献也显示出蒙古人对奶制品的依赖，"其为生涯，止是饮马乳以塞饥渴"（Chao Hung, *meng-ta pei-lu** in Buell, Anderson and Perry 2000: 45）。

与斯基泰人一样，蒙古人也不认为醉酒是一种冒犯，"他们认为醉酒是光荣的，而且即便有人饮酒过量、当场呕吐起来，也不能阻止他再次饮酒"（Carpini in Dawson 1955: 16）。修士们观察发现，饮酒而非食物才是蒙古人共食共生关系的主要焦点；他们的宴会是用来喝的，而不是用来吃的。就像柏朗嘉宾记述的那样，"他们彼此极为尊重，并大肆举办宴会，尽管好的食物珍贵又稀少"（Komroff 1929: 30）。若外国宾客醉酒，他们也毫不介意，因为这表示客人和他们在一起十分自在（Chao Hung in Jackson and Morgan 1990: 77n. 3）。

即便最简陋的帐篷的入口处也总是立着一张长凳，上面放满牛奶或

---

* （宋）赵珙《蒙鞑备录》。

其他饮料，以及一些杯子（Rubruck in Jackson and Morgan 1999: 76），
而饮酒与宗教信仰、社会差异息息相关。蒙古人的原始宗教是萨满
教，在这种宗教崇拜中，祖先化身英灵殿中的守护灵，被请求"提供食
物、财富、猎物、牲畜、长寿、幸福、孩子、和平和友谊，以及家庭欢
乐……（并且保护人们免于）悲伤、疾病、伤害……恶灵、恶魔、敌人、
苦难和不幸"（Hessig 1970: 11）。在《蒙古秘史》问世以及修士们前来
拜访的时候，蒙古人已经通过征服和贸易开始接触景教、摩尼教、罗马
天主教、道教、儒教、汉传佛教和喇嘛教，接着是伊斯兰教。最终，所
有的元素都会在更加庞大的蒙古帝国中找到融入其中的途径，但在蒙古
人崛起的过程中，萨满教占据着主导地位，尽管如今我们对其纯粹形式
所知甚少。

　　鲁布鲁克观察发现，在群体中的主人或领袖人物的帐篷中饮酒集会
之前，总是要举行仪式性献祭。首先，管事将一些酒洒在家庭雕像上，
包括"在入口处的女性那一边是一尊有奶牛乳房的神像，象征挤牛奶的
女人，因为这是女性的工作。男性一边则是有母马乳房的塑像，象征给
母马挤奶的男人"（in Dawson 1955: 96）。然后，管事拿着一只盛了酒
的高脚杯步出帐篷，并向南方泼酒三次，每次都屈膝行礼，敬拜火焰，
再向东方敬拜风，向西方敬拜水，随后转向北方，敬拜亡者（Jackson
and Morgan 1990: 76）。回到帐篷中，管事和两位侍者将酒水献给主人
和他的妻子。在饮用之前，主人会将一些酒奠在地上，"这是给它的那
份"。如果主人骑马，则在饮用之前，会奠酒在马的脖子或鬃毛上。

　　人们在献祭后才开始饮酒，由主人起头。一位乐手站在门边靠近
马奶酒罐的地方，而主人开始饮酒时，管事会喊："哈！"乐手便开始演
奏。主人饮过后，管事又喊，乐手便停下，然后"他们全部轮流饮酒，
不论男女，且有时用一种十分令人不快又贪得无厌的方式，竞相大口狂
饮"（Rubruck in Jackson and Morgan 1990: 77）。根据柏朗嘉宾的说法

（in Dawson 1955: 57），没有哪个蒙古王公喝酒时不会唱歌或弹六弦琴，尤其是在公开场合。在宴会中，当主人饮酒时，宾客一边拍手一边跟着音乐跳舞，男人在男主人面前跳，女人在女主人面前跳。饮酒游戏是这种集会的一个特点。任何不情愿接受饮酒挑战的人都会被逮住，他的耳朵会被用力拉扯，直到他张开嘴让酒能倒进去为止，其他人则又是鼓掌又是跳舞。

> 同样，当他们想要为任何人举办一场盛大的宴会和娱乐活动时，一个人拿着满满一杯酒，另两人一左一右地站着他身边，用这样的方式，这三人载歌载舞，径直走向他们想要敬上此杯的人，然后在他面前又唱又跳；当对方伸手要接过杯子时，他们突然往后一跳，然后又像刚才这般迎上前去，用这种方式逗弄他，如此这般三四次，直到他被激起了兴趣，真的想要这杯酒；然后他们将杯子给他，他饮下时，他们一边唱歌，一边鼓掌和跺脚。

> （Rubruck in Dawson 1955: 97）

在大草原的核心地带，修士们在旅途中所见到的平民生活，依然像《蒙古秘史》描述的那样，他们住在毛毡帐篷之中，过着游牧的生活，尽管食物稀少而简单，却适合那里的气候与地形，以及蒙古人传统的生活方式。在王公贵族那里，物质上的变化是很明显的。柏朗嘉宾见到，在伏尔加河畔拔都亲王的营帐中陈列着来自欧洲的财物和战利品。当他到达成吉思汗之孙、即将作为其父窝阔台的继承人当选为大汗的贵由（Guyuk）的营地时，这位修士看到了蒙古帝国的庞大财富。柏朗嘉宾描述了一个用白色天鹅绒搭建的大帐篷，足以容纳2000人，周围环绕着木制栅栏。"忽里勒台"上正在进行汗位选举，由部落精英做出决定，与会贵族及其扈从在周围的平原上骑马游行了四天，身上穿着来自中国的精美丝绸，当时那里也在蒙古的控制之下。第一天，他们着白色，第二天是猩红色，第三天是蓝色，第四天则穿着华丽的锦缎。贵族们的马鞍、缰绳和马衣都装点着黄金。讨论在大帐之内进行，当他们做出了决定，便从中午开始喝酒，一直持续到晚上，"其量之大，世所罕见"（in Komroff 1929: 63）。在门外等着献上贡品并致以敬意的是各族使节，来自俄罗斯、格鲁吉亚王国（Kingdom of Georgia）和巴格达的哈里发、撒拉逊的苏丹们，还有许多来自中国的王公贵族，总共大约4000名使节。当贵由被拥立为大汗时，庆祝活动在宏伟的帐篷中举行，支撑帐篷的柱子都镀了金。新汗登上王位并接受臣民敬贺之后，"他们便开始饮酒，按照惯例，他们一直喝到晚上"。饮酒之后，食物才露面。经过烹饪没有撒盐的肉被用大车载来，帐外的人们大约四五个人共享一大块肉。对于帐篷中地位较高的人来说，"他们会用加了盐的肉汤做调味汁，但凡举行宴会的日子，他们都如此行事"（Carpini in Dawson 1955: 63）。

当鲁布鲁克在几年后造访时，贵由汗已经去世。继任者蒙哥汗（Mongke Qan）的初步谒见仪式在平原上的一个帐篷里举行，其内部覆盖着金布，虽然帐篷中央取暖用的火烧的是苦艾、荆棘和动物粪便。入口处依然摆着一张长凳，上面是马奶酒，并且尽管首次会面时间很短，修士却被提供了几种饮品供其选用——黑马奶酒、葡萄酒、米酒和蜜酒（in Jackson and Morgan 1990: 178），这说明他们知道他是来自西方的使节。然而，食物方面却并未提供任何彰显待客之道的丰盛菜肴。鲁布鲁克记录道："他们还给我们带来一些燃料，以及一头小羊羔的肉，作为我们三个人六天的食物。他们每天给我们一碗黍米和一夸脱黍米酒，还借给我们大锅和三脚器煮肉；我们将黍米也放在肉汤中同煮。"这些修士可能无法充分欣赏黍米的妙处，虽然在他们眼中显得简陋，但在那时，这些都是大草原上的奢侈品，通过贸易或进贡得来，并非平民日常的食物。修士们会得到它和其他食物，是因为他们是来拜见大汗的使节。

到这个时候，蒙古人开始建立半永久的宫殿，其中之一位于哈尔和林，蒙哥每年在那里举办两次被鲁布鲁克称为"盛大的酒会"的活动，一次是在这位汗王前往夏季牧场路过此地时，另一次是返程时。后者是贵族们在历经两个月旅程后汇聚一堂表示敬意并接受恩赐的场合，恩赐的形式是汗王分配的财富和食物供给。在这里，鲁布鲁克看到了本章开头的一段所描述的令人震惊的艺术创造，它由一位被称为"巴黎的威廉师傅"（Master William of Paris）的欧洲金匠为大汗打造的。因为此时将装奶的皮囊和装其他饮品的简易罐子放在大汗营帐入口处已被认为不相衬，于是威廉师傅受命制作一棵银制大树，用以盛放马奶酒和其他饮品。树的顶端有一个吹小号的天使的形象，而小号声是补充饮料的信号。在银树的另一端，在大厅北边面向入口处，汗王威风凛凛地坐在高台之上，所有人都能看到他，台下站着殷勤侍候的斟酒人。与过去一样，男人坐在他的右边，或者说西边，女人坐在左侧，尽管陈设渐趋华丽，并且从征服和进贡中获得了越来越多的财富，但蒙古人的食物依然很简单，进食仍是次要的，而饮酒还是主要的共食共生活动。

两位修士的观察可追溯至蒙古帝国依然统一的时期。到了第二代，成吉思汗的子孙们无法再对继承问题达成共识，不同地区的控制权被传给了成吉思汗的不同支系。其长子的后代建立了金帐汗国，在俄罗斯一直存续到1502年；次子的后代建立了察合台汗国（Khanate of Chagadai），在中亚河中地区（Transoxiana）存续到1687年；而第四子的后代在波斯建立了伊儿汗国（Il-khanate）（Mote 1999: 414-5）。这些汗国都一直动荡不安，并更进一步地分裂。1260年，忽必烈继承了兄长蒙哥的大汗之位。尽管这个头衔不再意味着控制原本由成吉思汗统治的那般辽阔的领土，但忽必烈完成了对中国的征服，建立起元朝，并成为

图5.3　汗王花园里的宴会，与宴者包括各国使节。波斯流派，帖木儿王朝
（Timurid Dynasty），约公元1440年。

中国第一位蒙古皇帝，也是第一位外来皇帝。马可·波罗在13世纪70年代拜访的正是忽必烈任大汗的元朝朝廷，前者对元上都的宫殿和园林的描述被塞缪尔·珀切斯（Samuel Purchas）重述之后，最终激发了柯勒律治的灵感，写成了诗作《忽必烈汗》，其开头便是："忽必列汗下令，在上都建造一座堂皇的安乐宫……"

根据马可·波罗的说法，忽必烈的宫殿有大理石楼梯；厅堂屋宇都覆盖着黄金、白银，并绘有鸟兽和龙的图案；天花板用黄金和饰物装点；屋顶涂有朱、绿、蓝和黄色的漆，如水晶般闪耀；而大厅如此宽敞，可以容纳6000人在此饮宴。宫殿后面的外屋是大汗储存财宝的地方——黄金、白银、宝石、珍珠和其他种种，不胜枚举（in Ricci 1939），还有一个种植着珍奇树木的巨大狩猎场，一个充满异域风情的动物园，里面有训练来追猎的豹子和猞猁。尽管如此金碧辉煌的景象令蒙哥汗的住处相形失色，但波罗笔下的皇家宴会却几乎依然如故。

虽然此时是在厅堂而非帐篷中，但大汗依然坐在北边的高台上，面向南方。为他服务的是男爵——相当于最初由成吉思汗规定的职位——负责照料大汗的饮食。波罗报告道："他们的口鼻都蒙着美丽的丝绸和金线织品，以确保呼吸或气味不会靠近大汗的饮食。"（in Ricci 1939: 132）。大汗左边坐着他的正室妻子。右边坐得较低的是他的子孙和皇室亲贵，他们的头与大汗的脚平齐，皇储则坐得比其他人高一些。在他们之下，按降序排列，贵族和男爵坐在右边，他们的妻室坐在左边。落座者面前都摆了小桌子，但也不是人人都享有此殊荣。地位较低的骑尉和男爵坐在毡上，没有桌子。座位和桌子的摆放安排让大汗能够看到每一个人，"而每个人都知道属于自己的席位，因为这是由大汗确定下来的"（in Ricci 1939: 30），并且得到了严格的执行：

> ……某些男爵的职责就是为初来乍到、不大了解这庞大宫廷的风俗的陌生人指派适当的位置。这些男爵经常在大厅中四处走动，看看坐在桌边的人是否缺少什么，如果有人想要些酒、奶、肉或其他任何东西，他们会立刻让仆人端上来。
>
> （Polo in Ricci 1939: 131）

能够进入室内已经是一种荣耀了；另外4万个聚集在外面的人也得到了分发的食物，他们是前来致敬、献礼、进贡或是寻求恩典和任命的。根据波罗的记载，大厅中央立着一个精巧的斟饮器，与为蒙哥汗制造的那个相似，从中可以取用葡萄酒、马奶、骆驼奶和其他饮品。精选的饮料从斟饮器中倒出，装入硕大的金质的杓中，根据波罗的估计，每个都足以盛装供8到10个欧洲男性饮用的葡萄酒，但分配标准却是按照每两位宾客（不论男女）用一只杓，每个人都可以将想要的饮品倒入金质杯子中。根据习俗，当大汗准备停当，乐手便奏响音乐，一位男侍者为这位统治者献盏，于是所有在场的人顺服地跪拜，每当大汗想要饮酒的时候，这个程序都会被重复。宾客食毕，小桌子就被撤走了，人们开始饮酒，看"变戏法的、玩杂耍的和这类懂得各种奇妙把戏的人"表演，一直到深夜。

大汗的寿宴更加盛大豪华，其时，这位统治者会身着金锦衣，而12000名男爵也都穿着丝绸和金丝织物，佩戴着宝石和珍珠饰品，按照官阶扎黄金腰带，这些都是来自大汗的馈赠。新年宴会被认为尤为重要，因为当天发生的一切都被看作来年的兆头。每个人都穿白色的服装，以确保他们的幸福和幸运，彼此祝福好运并互赠白色的礼物，而大汗得到10万匹白马的赠礼，它们是皇家黑马奶酒的原料来源。皇室亲属、贵族和臣民聚集起来请求大汗的祝福，之后所有人像之前描述的那样落座，饮酒和进食活动便开始了。宴会是宫廷的保留节目，除大汗寿辰和新年庆典外，还有其他皇室成员的生日和一年13个农历节日。对于节日，大汗会为他的宾客提供13套颜色各不相同的服装，饰以珍珠和宝石，只在对应的宴会当天穿，还有用银线特制的靴子。波罗注意到，因为这些服装只穿一天，人们不会每年更新，而是指望能穿上十年。穿着相应的服装——通过颜色和装饰标识——在古代常常是正式宴会的一部分，但是细节通常已不可考。在这种情况下，可以推断颜色有象征性含义，除表明大汗之富有、足以提供这般衣饰外，一大群人穿着同样颜色可能标示着他们都隶属于某个群体——是精英之中的精英——而与此同时，阶层差异依然能在其中得以展示。

至此，蒙古精英阶层的物质条件已经彻底改变了，而平民的生活条件也得到了大幅改善。波斯历史学家阿塔–马利克·尤韦尼（Ata-Malik Juvayni，1226—1283）记述道（in Boyle 1958: 22-3）：

> 在成吉思汗出现之前，他们没有领袖或统治者。每一个或两个部落分开独立生活；他们彼此不团结，时常争斗和敌对……他们的服装是用狗或老鼠皮制成的，食物也是来自那些动物或其他死物的血肉，他们的酒就是马奶……他们其中一个大首领的标志就是铁制马镫，由此人们可以想象他们其他奢侈品的模样……（直到）成吉思汗命运的旗帜升起……于是他们从囚牢走向花园，从贫瘠的沙漠走向欢乐的宫殿……现世成了天堂，从西方带来的所有财货都流向他们，远东的物产都在他们的屋中解封，他们的钱包和手袋中都装满了财宝，日常衣袍都镶着珠宝、绣着金线。

但在展示蒙古人征服所获财富的宴会上，食物又如何呢？根据波罗的记载，号称有5000头之多的大象，以及"海量"的骆驼，它们身上都披着精美的织物，于在场者面前列队走过，载着"本次宴会所需之物"——根据传统，这是指一囊囊马奶酒和一罐罐其他饮品。然而对于人们在这些盛事中吃的东西，波罗仅仅说道（in Ricci 1939: 132）："我不会提及食物，因为任何人都明白它是非常丰富的。"

这里的推断得到了其他资料的证实，蒙古宴会的食物一开始在数量上有变化，但在种类上并没有。他们的饮食方式原本就保守，抵制变化。宫廷里的帐篷已经从毛毡变成亚麻、丝绸和金丝织品；酒杯从牛角或陶土变成了金银，但庆典、食物和饮品——"肉和奶"——基本上一成不变，只是参与人数更多、供给更加充足，酒精饮料的数量和种类也增加了。一个多世纪之后，蒙古人对中国的统治已经确立，在中国的蒙古朝廷继续食用草原食物——羊肉，并常常整只煮熟后切片，与肉汤一同呈上——而对部落祖先的供奉则遵循传统方式，将马奶酒在地上，并奉上马奶酒和风干肉（Mote 1977: 205）。他们举行名为"马奶酒宴会"或"一色衣宴"*的宫廷宴会，因为宾客穿着同一种颜色的衣袍，在三天内随着流程变换，而这样的场合"似乎通常都以醉酒闹事告终"（Mote 1977: 207）。

然而，蒙古宴会和饮食渐渐开始变化，并且蒙古帝国的命运和人民的健康状况也在改变。简而言之，大约在1206年至1279年之间，"蒙古人征服了已知世界的相当大一部分……那时候，蒙古统治者试图从帝国的收益之中为他们游牧的国民提供更多食物，并且为自己提供钟爱的

---

* 根据蒙语亦可译为"质孙宴"，"质孙"在蒙语中是"颜色"之意。

菜肴以及数量惊人的酒饮"（Masson Smith 2000: 4）。通过贸易和贡品，蒙古人获得了香料——他们将其当作药品而不仅仅是调味品——还有各种面粉、谷物和豆类，以及他们之前不知道的食物，同时也从新的中国臣民和波斯领土那里习得了烹饪技巧和食谱配方。大草原上简单的"汤品"从成吉思汗年轻时的简单模样变得更加丰盛和复杂，加入谷物和豆类使之更加浓稠，还加了面条和香料点缀，人们不再取用插在刀尖上的小块肉，而是将大量的羊羔、绵羊、山羊和其他动物的肉割下，带骨或去骨地端上桌。蒙古宫廷食谱的演变可见于《饮膳正要》一书，这是一本中国蒙古帝国（元朝）的御膳手册，于1330年被献给忽必烈的玄孙元文宗图帖睦尔（Tugh Temur）。尽管它并没有给出特定场合适用何种食物的具体信息，或是食物端上桌以及食用的方式，但它阐明了"蒙古的世界秩序借以成型的更广泛的政治、文化融合过程"对食物的影响（Buell, Anderson and Perry 2000: 15），以及在此过程中来自幅员辽阔的蒙古帝国各个地区的原料、技巧和关于健康及医药的观念的流入（亦见Buell 2001）。

　　蒙古人不像希腊人那样明确地区分酒和食物。前文已提到游牧民族偏好汤、炖菜、肉汤和鲜奶等流食的实际原因。然而，酒精饮料的核心地位与后勤供应和营养关系不大，更多是与酒精在蒙古社会和政治世界中扮演的角色有关。饮酒不仅仅发生在宴会中，它也是思考和讨论的一部分，并且既可以在室内，也可以在室外，甚至马背上进行，它无所不在。一想到蒙古社会组织与生俱来的分裂倾向，还有做出决定的咨商过程，无论多么简陋，每个帐篷里都随处可见马奶酒罐，我们很容易看出饮酒在蒙古社会中扮演的角色（Douglas 1987）——尤其是喝酒精含量较低、仅为1.65%—3.25%的原味马奶酒（Masson Smith 2000: 3）——它是建设性和整合性的，积极地创建和维系着一个通过饮酒行为而融入的社群层级。在修士们的记载中，与饮酒相关的活动是"玩乐"而非"战斗"；饮酒意味着在他人面前处于"放松"状态。人们被期望参与，甚至有义务饮酒，这与他们被期待更广泛地参与社会生活如出一辙。只是到了后来，当游牧部落的政治咨商过程和部落组织被其他政权结构所取代，并且当酒饮的供给和效能发生了变化，这种做法才失去其功能——蒙古饮食的其他方面亦是如此。

修士们曾注意到蒙古精英阶层不怎么使用面粉，包括"在加入黄油或酸奶的水中烹煮的面团，以及用牛粪或马粪烧火烘烤的无酵面包"（Rubruck in Wyngaert: 271-2; in Buell, Anderson and Perry 2000: 48）。《饮膳正要》显示，面粉开始大量进口后，各种炉烤面包、蒸或煮的馎饦，还有面条就迅速流行起来，后者轻易地融入了美味的肉汤中。对羊羔肉、面包和油炸饺子的喜好，依然让中国西北部地区（蒙古统治的旧中心）的菜系与东南部以稻米、鱼肉和猪肉为主的饮食文化区分开来。蒙古帝国建立时恰逢东亚刚开始广泛使用蒸馏白兰地和威士忌（Buell, Anderson and Perry 2000: 49），这是由于蒙古的征服活动，他们获得了大量而种类繁多的酒精饮料，比他们过去惯饮的酒要浓烈得多，而且便于储藏和全年饮用。这些是修士们和波罗曾在大汗宫廷中瞥见的酒，而且随着时间的推移，这些酒变得越来越普遍。马奶酒是季节性的，在夏季供应三到五个月（Masson Smith 2000: 3），因此尽管马奶酒在征服前的大草原上饮用量甚大，但它也是有限的，并且无论如何都不如蒸馏酒那样令人陶醉，尽管与过去相比，现在它的供应更加充足。增长的马奶酒供应和全年供应的烈性酒相应地导致了过度饮酒。这可以与斯基泰人做类比，他们也惯于饮用马奶，当接触到更烈的酒时，口味便改变了，也就导致了希腊人所批判的醉态。当然，窝阔台之后的许多汗王及其臣民都深受如今所谓"酒精中毒"之苦，宫廷中的女人与男人一样频繁饮酒。此外，由于以肉食为主的饮食日益丰盛，痛风和肥胖成为常见的问题（Masson Smith 2000），此外由于元朝的蒙古精英越来越惯于久坐不动，情况变得越发严重，从夏宫到冬宫的季节性迁移成了对祖先迁徙活动的苍白无力的倒影。

在这样的背景下，《饮膳正要》对皇室宫廷内健康问题的关心也就不足为奇了，它吸收了中国、突厥、土耳其伊斯兰的医疗理论和实践，但保持在蒙古的框架之内，有着适应蒙古人品味的泛欧亚因素。《饮膳正要》中的一些条目有明确的药理性，比如止咳的肉桂饼*，但其他更多配方都是为健康和安乐着想，有许多汤品被描述为能够"补中益气"。在成吉思汗所提出的统治世界的愿景中，蒙古人试图从其他文化中汲取最佳成分——从军事技术和食物再到行政管理技巧和宗教，无所不包，并将它们融入蒙古的世界秩序，而且有意识地将其打上蒙古的印记。因此，历史学家保罗·布埃尔称《饮膳正要》为蒙古人创造首个世界性餐饮体系的尝试（Paul Buell, 2001）。其中，宫廷菜肴的品类在性质上是蒙古的，但融合了其他文化的元素。汤品（肉汤、汤和带汤炖菜）的食谱是书中最大的门类；有以煮为主要技法的菜肴；有需要用动物血和内脏制作的菜肴；有以骨头为主料的菜肴；有追忆蒙古传统的食物，尤其是汇集蔬菜的食物；还有加了牛奶、黄油、奶酪、炼乳或其他奶制品的菜肴（Buell, Anderson and perry 2000: 105）。在这些食谱中，我们可以看出旧日大草原饮食烹饪的轮廓，但是它此时被增色、切分和提炼到了一个更高的层次，通过坚果、水果、高丽参、香料和其他许多新鲜配料而变得丰盛。蒙古人对流质食物的偏好对中国而言比较新鲜，而且需

---

* 指官桂渴忒饼儿。

要新的容器来配合。艺术历史学家约翰·卡斯维尔（John Carswell）提出，蒙古宫廷膳食的引入——需要杯、碗、碟和罐来盛装宴会上的汤、马奶酒和许多流质点心——导致了蓝白相间的青花瓷器的盛行，比人们之前设想的还要早一些（Buell 2007: 25）。蒙古人为世界饮食留下的永恒遗产是许多汤和肉汤，拉面（ramen）（Kushner 2012）便是一个当今的典型，流行于整个欧亚大陆。

尽管《饮膳正要》注重健康，但随着王朝的大限将至，蒙古人曾经闻名于世的那种坚毅耐劳却开始褪色。说蒙古帝国毁于靡费过度的饮宴是不无道理的。成吉思汗后代的统治期越来越短，越来越早夭，子嗣也在明显减少，引发了继承权的争议，并最终导致政治上的分崩离析，所有这些都表明饮食方面的堕落可能是一个主要原因（Masson Smith 2000）。在中国，元朝于1368年被推翻，而且尽管蒙古势力的影响在其他地区延续，成吉思汗的伟大帝国却从此一蹶不振。然而，当来自蒙古地区的游牧部落攫取了中国的政权并在1644年建立了清朝时，他们尤其不愿意在宫廷中放弃传统的草原食物，因为他们记得元朝的教训，认为外来食物损害健康，危及身份认同。总而言之，大草原游牧部落和之前的斯基泰人的原生饮食虽有些极端，回顾起来，却完美契合了他们早期的情况，是分享稀缺资源、协商并维持部落团结的可靠方式。后来，面对文化和政治的复杂性，游牧文化被更静态的生活方式所取代，为了在和平时期维持征服阶段的成功，蒙古人举行了太多饮宴，最终使帝国走向衰落。讽刺的是，蒙古人的失败似乎恰在帝国成功崛起之初便埋下了伏笔，帝国随着他们对旧日生活方式的放弃而日薄西山。他们本应记得下面这些据说出自成吉思汗的文字（in Riasonovsky 1965: 88）：

在我们之后，部落的后人会穿着金线绣成的衣袍，吃着丰盛而甘美的食物，骑着骏马，怀抱美人，但是他们却不会说这一切都来自父辈和兄长，而且他们会忘记我们，以及那些伟大的时光。

第六章

中国：中式宴会的隐秘历史

原文：	英译转译：
自昔何为？	我们自古以来做什么？
我艺黍稷。	我们种下酒粟和炊粟，
我黍与与，	我们的酒粟，长得很茂盛，
我稷翼翼。	我们的炊粟，生长得很好。
我仓既盈，	我们的仓库都装满，
我庾维亿。	我们的谷堆有数百万亿，
以为酒食，	用来做酒和吃食，
以享以祀。	用来供神和祭祀，
以妥以侑，	如此我们得平和，如此我们得自在，
以介景福。	如此得大福祉。
——《诗经·小雅·北	（英译来自 Arhur Waley［1937: 209］）*
山之什·楚茨》	

从20世纪开始，中国的官方通史可回溯到4000多年之前，也就是大约公元前2852年到前2070年的远古时期，这是一个被称为"三代之初"以及"三皇五帝"的时代。这个时代被看作太平盛世，圣贤辈出，其统治者包括英明睿智的黄帝，后世认为许多东西都是由他发明和赐予

---

　　* 原诗参见周振甫：《诗经译注》，中华书局，2002年，第342—343页。本章凡引《诗经》诗句，均引自此首。

的，如中央集权政府、文字、中医和谷物种植、烹饪以及酿酒的技艺。人们认为，社会的根源在此时期已似乎毫无争议地从时间的迷雾中浮现，已然完全具有中国社会的基本特征。这些特征是指基于公正准则的集中的政治权力、由高文化水平的行政人员负责运行的官僚机构，以及一套"不与任何教会或有组织的宗教相关，却自称其统治权是上天所赋予的帝国建制"（Mote 1999: 4）。这些建制不断被改进，偶尔中断，被认为从远古时期一直持续到1912年清朝被推翻和中华民国建立，但如今，由于考古学提供了早期宴会的新证据，这种对中国起源的传统看法正在从根本上被修正。

宴会应该让人们对中国历史整体有了新的认识，这是完全恰当的，因为正如开拓性地运用人类学和考古学方法研究中国的张光直所指出的："很少有其他文化像中国文化这样以食物为导向，并且这种导向似乎与中国文化本身一样源远流长"（Chang 1977: 11）。从方法论上讲，这既是一种帮助，也是一种阻碍。中国幅员辽阔，地理环境多样，食物种类丰富，烹饪传统各异，烹饪技巧名目繁多，而且拥有至今跨越了大概24个朝代的漫长历史，形成了综合而言当今世界最精致和最博大精深的烹饪体系，在古代各个时期也是如此。鉴于这种复杂性，在继续讨论之前，给出一些简要的概括不无裨益。

"中国"食物

与第一章中提到的文化/物质转向相呼应，当今对于中国食物的研究，将其当作一种物质文化形式，体现了被这个附加维度的感官经验所增强的记忆、历史和身份。如今，若干主要菜系得到公认，它们根据城市或地区划分——包括粤菜、湘菜和川菜——虽然菜系数量存在争议，边界也不断变动（Anderson 1988: 194）。尽管如此，每个地区都被认为在食材、制作方法、感官偏好和招牌菜肴上别具特色，而一幅中国的烹饪地图会揭示许多由地域、资源和历史因素决定的小菜系。因此，中国是美食之旅的绝佳目的地，游客通过品尝食物来了解各个地方及其居民，而关于中国各地菜系的外语烹饪书的数量也在激增。最近对中国食物的学术研究，往往与身份认同有关，同时其关注的地区常常是大陆之外的侨民社区，但包括香港在内。

　　除了中国大陆的地方菜系之外，现在还有很多由中国移民创造的"中国"菜式，他们使自己的饮食适应新定居地的食材和口味。一个非常成功的例子是土生华人或称"娘惹"的菜系。它由殖民时代英属海峡殖民地的中国移民发明，融合了中国、马来半岛和印度尼西亚的元素。娘惹风格的烹饪最初是家常菜肴，另一种被广泛标注为"中餐馆菜肴"的移民食物则是被创制出来专供公众消费的（Ku, Manalansan and Mannur 2013; Coe 2009; Roberts 2002; Wu and Cheung 2004; Wu and Tan 2001），常常出现在"唐人街"的特定区域（Tchen 1999）。商业成功依赖于迎合外国新顾客的口味和偏好，所以全新的菜肴从过去到现在一直被不断发明出来，后来便形成了就自身而言的正宗。一个晚近的例子是"左宗棠鸡"，它是指裹了面糊油炸的鸡肉配上酸甜酱汁，据传是来自湖南省的传统菜肴，但湖南人并不知道这道菜。它实际上是由一位大厨发明的，他在国民政府倒台之后，逃亡台湾，然后去了纽约。他在那里开了一家餐馆，而这道口味刺激的鸡肉成了招牌菜（Dunlop 2007）。这道菜在海外很受欢迎，后来被带回了中国，在湖南省专供那些期待在此找到它的游客享用。

　　对于中国文化而言，餐馆并非外来事物，供应的食物也并非都是冒牌货。至少从唐朝开始，餐馆和食肆就已经是中国人生活中的一个特征了，它是"城市居民生活中不可或缺的部分"（Freeman 1977: 158）。与相对晚近才出现高级餐馆的欧洲不同，在中国，在高档餐馆进餐一直被看作一种享受和特权，既能享用专业烹饪，又能以无论多富有都难以在家中实现的方式来款待家人和朋友，此外，下馆子还有某种展示的快感，其就餐的欢乐气氛能被他人看到。餐馆成了庆祝重要事件的传统场所，中国人将其视为重要的文化设施，是捍卫正宗和延续性的堡垒。尽管今日西方人已经习惯于将中餐馆看作供应熟食、外卖和照单点菜的地方，那些向一部分顾客贩售左宗棠鸡和"地方性"菜肴的餐馆，也能为另一个顾客群端上不同的菜肴。

在毛泽东时代前后，中国大陆的中餐馆没有经历中国香港、台湾和海外移民社区所遭遇的干扰——特别是那些华人群体光顾的餐馆，"筵席菜"一直都是大陆中餐馆的特色。这些菜色可能出现在主菜单或另册菜单上，也可能仅限于预定。在中国的烹饪文化中，"筵席"被看作庆贺或纪念重要家庭事件及其他事件的恰当方式。我们稍后会讨论到其中的原因，不过下面一份对于20世纪50年代正式餐馆筵席的描述可以作为有用的参考。这份具体的菜单来自一次北京风格的筵席，虽然它是在新加坡的海外移民社区举办的。广东风格的筵席可能会以炒饭和炒面来代替粥。菜肴本身可随季节变化，但基本结构在各个地区乃至整个国家都是类似的。筵席菜肴的精细程度有所不同。菜肴数量有差异，但是无论多寡，都可以归纳为以下几类：前菜冷荤、热炒、大菜、烧烤、点心，以及搭配饭食的热荤，它们都有规定的比例。这是一场有32道菜的筵席，上菜顺序如下（Chang, 1955: 5）：

前菜冷荤

四鲜果：柑橘、葡萄、梨子、香蕉

四干果：西瓜子、杏仁、核桃、花生

四冷盘：熏鱼、火腿片、鸡肉片、海蛰

热炒

炸虾仁　　　　炸鱼排

炸子鸡　　　　炖海参

大菜

燕窝羹　　　　红烧鱼翅

银耳鸡汤　　　焖鲍鱼

烧烤

烤鸭　　　　　烤乳猪

点心

八宝饭　　　　春卷

包子　　　　　蜂蜜蛋糕

热荤

砂锅豆腐　　　焖猪颈肉

煨鸡　　　　　火腿卷心菜汤

饭食

米饭或粥　　　肉馅饺子

　　此外，在这场盛事中，既定的筵席礼仪与食物同样重要。如果大家一同进入房间，就会出现一个精心设计的优先权问题，人们会按照地位高低或年纪长幼互相鞠躬让道。优先权同样决定着座次。一般来说，地位较高的座位在房间的北面或内侧，男女东道坐在贵宾的对面，常常是南面或靠近上菜的门。如果席上有酒，宾客未得主人相邀不得擅饮（Chang 1955: 2）。类似的筵席在中国各地和海外华人社区曾经并且依然盛行。

将中国地方菜系和移民食物作为全球化的一个方面的兴趣是较晚近的事，这反映在后现代主义的影响，以及年鉴学派的研究兴趣上——特定地区或者说风土的精神性和物质性、"日常膳食"或者乡间食物。这类研究的一个范例是20世纪70年代香港新界的贫穷工人的聚会筵席，它"涉及了中国烹饪传统中一个迄今未被探索的领域，即'把食物作为一种实现社会公平的手段'……（这是）对中国筵席中常见的社会等级制观念的激烈否定"（Watson 1987: 389）。这些"食盆"宴会是对常见的中式筵席的反转——这里没有鉴于出席者社会阶层和年龄长幼而精心奉上的美味食物，相反，每样东西都被投进一个共用的锅里，用餐者无论贫富都得自己从一块块骨头和软骨中拣出要吃的东西。环境也很简陋，没有任何庆祝仪式或祝酒词，人们只是单纯吃饭，吃完就离开。这是使进餐者变得平等的一餐，抹去了任何社会差异，去除了一切繁文缛节。由于当时那种激进的平等主义精神，人人都觉得自己应该参加这种活动，"以显示我们都能够信任彼此"（Watson 1987: 392）。若只看这样的研究，我们便很难理解中国旧有的社会面貌在何种程度上被20世纪的政治事件，以及当时学界对于工人、下层和平民的关注所扁平化、"乡村化"（Cohen 1991: 118）和世俗化了。

相反，其他关于中国食物的历史叙述却描绘出了一幅非常不同的图景：忽视或消除了地域的重要性；描绘出了广阔的发展图式；恢复了神圣事物的重要性；体现了社会等级并聚焦于精英阶层。这些其他进路可以归纳为四个类别。第一种是对丰富了中国人的食品库的动植物驯化和迁移的研究，包括营养成分和物质或技艺的历史（Kiple 2007; Kiple and

Conèe Ornelas 2000; Simoons 2001; Crawford 2006; Bellwood 2006; Fuller and Rowlands 2011）。第二种是关于中国文化中的食物的经典社会史学（Chang et al 1977; Anderson 1988）。它们利用文献和行政记录，通常聚焦于特定的朝代，展示了各种因素，如农业创新、政治解体和统一、领土的扩张和随之而来的贸易及总体财富的增加、人口增减，还有各种外来元素的涌入，包括亚洲内陆的各民族和来自帝国各地的新食物对中国饮食体系发展的贡献。唐朝（618—906）在这方面尤其值得瞩目。当时，使者和商人从海路和陆路带来了亚洲各地充满异域风情的珍馐。其中最上等的注定会被摆上皇室的餐桌。在那里，一名被称作"尚食局奉御"（Provost of Foods）的官员在8名营养师和16名仆役长的协助下，"严格按照季节禁忌……和适当的性质"为皇室宴席、外交国宴和非正式娱乐活动提供食物（Schafer 1963: 141）。

第三种是食物的文学史，有不少来自唐朝和宋朝（960—1279）的诗歌散文作品，这两朝被认为是文学的黄金时代，最受人们喜爱，它们唤起了对过去的风味、愉悦和氛围的回忆。这些是世界文学宝库中对食物最富诗意的描写。食物备受追捧，菜肴被用充满爱意的细节描绘，酒饮被细细品味，就像这首《大招》试图用诱人的食物唤回患病或垂死之人的灵魂：

原文：   英译转译：

五谷六仞，设菰粱只。   在六英寻高的五种稻谷

鼎臑盈望，和致芳只。   旁，他们摆上了野稻米。

内鸧鸽鹄，味豺羹只。   大锅里煮好的炖菜填满了

魂乎归来！恣所尝只。   目光，调味品带出浓香。

鲜蠵甘鸡，和楚酪只。   肥美的鹤、鸽与天鹅让炖

吴酸蒿蒌，不沾薄只。

魂兮归来！恣所择只。

炙鸹烝凫，煔鹑陈只。

煎鰿臛雀，遽爽存只。

魂乎归来！丽以先只。

四酎并孰，不涩嗌只。

清馨冻饮，不歠役只。

吴醴白蘖，和楚沥只。

魂乎归来！不遽惕只。 *

獲更具风味。

哦魂魄，归来吧！你尽情品尝吧！

新鲜的赤蠵龟，甘美的鸡，配上楚国的醋。

乳猪肉酱，苦味狗肉，切细的蘘荷姜。

蒿和艾在吴国的酸味中，不太湿也不太干。

哦魂魄，归来吧！你任意拣选吧！

烤鹤，蒸鸭，煮鹌鹑都排布好。

炸鲤鱼，煨麻雀，炙翠鸟全端上。

哦魂魄，归来吧！美味在你面前铺开！

四罐陈年醇酒，既不涩也不腻。

清澈又芳香，冰镇美酒，不让下人品尝。

吴国的酒曲和白酵母，掺进楚国的清酒。

哦魂魄，归来吧！不必害

怕和惊慌!

（in Knechtges 1986: 56）

　　这些研究依然主要专注于贵族阶层、知识分子和富有的平民，对其口味的描述可见于薛爱华（Schafer）影响深远的《撒马尔罕的金桃》（*The Golden Peaches of Samarkand*, 1963）一书，面对从远方带来的异域食材，以及由用淘米水浇灌、爬上藤架的珍贵葡萄所酿成的酒，这类人物的欣喜之情溢于言表：

原文：	英译转译：
有客汾阴至，	他漫步之际偶然看到，
临堂瞪双目。	果实挂满了树梢。
自言我晋人，	我们晋人，把如此美丽的葡萄
种此如种玉。	当作最稀有的宝石来培养。
酿之成美酒，	我们酿造的这些美酒，
令人饮不足。**	人们对它的渴望永无止息。

（in Schafer 1963: 145）

　　绘画和壁画提供了更多关于食物的物质文化的信息。在许多朝代，男人和女人或聚或分地出现在筵席以及其他大大小小的集会场合中，友好地坐在桌旁，桌上摆放着与今日并无二致的陶和瓷的碗、杯、汤盆、

---

　　*　参见（宋）洪兴祖：《楚辞补注》，中华书局，2006年，第219—220页。

　　**　这几句诗可能节选自刘禹锡的《葡萄歌》，中英文内容稍有出入。参见（美）薛爱华著，吴玉贵译：《唐代的外来文明》，陕西师范大学出版社，2005年，第313页。

浅盘、筐和其他容器。随着对厨房、街边摊和小贩的描述的出现，他们的形象也清晰了起来。一道道菜肴显得与当今食用的相差无几，比如被辞赋家束皙赞颂的饼：

原文：   英译转译：

妹媮冽敫，   可爱又怡人，令人垂涎，
薄而不绽。   外皮薄但不会破开。
劻劻和和，   风味浓郁融合于内，
朧色外见。   丰满扎实显露于外，
弱似春绵，   它们如春天的羊毛般柔软，
白若秋练。*   如秋日的丝绸般洁白。

（in Knechtges 1997: 236）

　　烹饪上的连续性形象如此深入人心，以至于人们普遍推断"今天我们认为明显属于中国的许多特征在汉朝就已然如此，汉代的烹饪术确实就是中国菜的原初状态"（Huang 1990: 139）。但中国菜是起源于汉朝还是更早？它又蕴含了怎样的意味和关联呢？

　　这将我们带到了第四种进路——基于20世纪70年代以来的考古学、古文字学和文献资料（参见Sterckx 2011, 2005a, 2005b; Cook 1996, 2005; von Falkenhausen 1993, Puett 2004, Boileau［1998-9］）对古代中国的食物、政治和宗教之间关系的研究。这些研究从食物在中国文化中的中心地位出发，以"中国饮食文化展示了长达多个世纪的物质和观

---

　*　引自（晋）束皙的《饼赋》。

念上的连续性"为前提，旨在表明"……如今一场精心安排的中国宴会依然保留着一些可追溯至早期皇帝时期仪式典章所规定的礼仪规范"（Sterckx 2005a: 3）。这些研究与食物制作、食品技术或营养无关，它们感兴趣的是"烹饪技艺、食物、食物献祭和进食"如何"影响了哲学和宗教观念，以及表达这些思想的礼仪环境"（Sterckx 2005a: 3）。他们还试图打破"长久以来的偏见"，即中国的饮食文化可以被中国三大教传统所解释，即"儒教"的祖先崇拜和祭祀观念、道教思想，以及佛教（Sterckx 2005a: 3-4）。

这种进路使我们得以从研究那些看起来和食品清单差不多的文字资料中解脱出来，并且为倾向于关注早期食器的美学特征和类型学的考古研究提供了另一个维度——而非关注这些物件曾被用来做什么、怎么用和为什么。我们将会看到，它还挑战了中国早期的官方观点。然而，因为这些研究对于非专业人士而言十分费解，有必要先交代过去的通行做法，使它们形象化，并将新的研究和发现置于语境中。

周代的饮宴

直到有了新的考古发现，西周（公元前1046—前256）是中国历史上最早出现关于食物仪式和饮宴的文献记载的时期。若干关键文献包括《周礼》《礼记》和《仪礼》。尽管是后来编纂的，但它们被认为忠实地反映了周代的社会和仪式实践。周朝是一个等级森严的武士社会，其组织结构是金字塔模式，统治者处于社会结构的顶端。他下面是直系王室家族，其次是世袭贵族，通常是统治者的远亲，他们构成了宫廷上层和官僚阶层，充任大臣、将军和其他职位。他们之下是按职业划分的大量人口，包括手艺人、仆人、士兵，甚至还有养狗人。在这座社会金字塔底层的是"众人",指那些地位低下的农民,他们是农业和其他劳动的中流砥柱,然后还有奴隶。社会实行家长制和父权制,人们基于共同的男性祖先形成了亲族团体。精英阶层实行一夫多妻制,除一位或数位正妻外还有妾室。这些女性的地位高低有序,她们的后代也是如此,这为等级制度增加了另一个要素。我们可以看到,所有这些区别都通过食物得以体现。

基于亲缘的社会组织有一种现成的结构,即天生的忠诚、义务,以及代际等级、出生顺序、性别、同宗(血缘关系)和姻亲(通过婚姻或其他形式的联盟联系在一起)(Chang 1980: 166)。亲缘关系决定了你能与谁结婚、必须为谁效劳,以及谁又必须为你效劳。这是个人人都知道自己的位置并被该位置定义的体系,在世系内外都是如此,因为世系被视为彼此之间的等级。男性会留在出生的世系内,而女性则加入丈夫的世系,但也被期待能照顾娘家的利益,因为人们会期待从亲属处获得照应和帮扶。如果生物学意义上的亲缘关系网尚不足够,人们还可以通过领养、联姻或编造宗谱脉络来建立虚构的名誉上的亲缘关系,这些都会很快变成真正的亲缘关系。并且,世系不仅包括活着的人,还包括死者,包括几代之前的祖先,政治、社会、家族、神圣和世俗是不可分割的。

这有利有弊。一方面,世系结构提供了一种领导者可以调动和部署的基础架构,并且可以确立某种程度的共同利益,因为世系中的所有成员都能够从亲族的成功中受益。但当群体中的上层男性有多个配偶时,正妻和妾室就会维护各自亲属和子女的利益,这很容易加剧家庭中的张力以及竞争,导致在她们这代及其后代中都会发生激烈的争夺。而且随着后代的出生,任何家世系的规模都会变得难以控制,于是就必须进行某种形式的重组。这种稳定与不稳定、竞争与合作的结合具有内在的可变性,在某些情况下可以被用来谋利。分支世系制可以作为掠夺性扩张的既成组织（Sahlins 1961），年轻的分支从主要谱系中分离或分裂出来，形成自己的卫星式组织，掌管原本空置或由其他群体占据的领土。正如萨林斯所描述的，分支世系制不断对外扩张，用强烈攻击其他民族来释放内部压力（Sahlins 1961: 337）。在早期的中国，这些动力造成了一个动荡的武士社会，不断寻求领土扩张，成员之间则争斗不休，个个想要提高自己在世间，以及在天上的地位——我们将谈到这一点，食物和宴会在其中扮演着核心角色。

根据《周礼》的记载，周代宫廷中有152名膳夫，他们监管为周王、后妃和太子规划、制作膳食的过程由他们监管。70名庖人、128名内饔、128名外饔，负责制作献祭供品以及卫戍部队和宾客的食物；62名亨人，负责实际在炉子上烹饪；335名甸师，为王室餐食提供所有谷物、蔬菜和水果；62名兽人；342名渔人；24名鳖人，负责提供所有贝类；28名腊人；2名食医，负责监督饮食品被适当地制作；110名酒正，是监督酿酒和制作其他饮料的官员；340名酒人；170名浆人；94名凌人[*]；31名笾[**]人，负责用笾将食物端上桌；61名醢人[***]；62名醯人[****]；62名盐人（Knechtges 1986: 49）。《礼记》则给出了下面这个配方，描述了精英阶层厨房中的佳肴。在这里，我们看到了一套富含肉类的复杂菜系，其烹饪技术已经高度发达，对"汉朝是中国烹饪之源"的主张构成了质疑。

---

[*]   掌藏冰之事者。

[**]   一种竹制盛食器。

[***]   掌君王祭祀和食用的肉酱者。

[****]   掌用醋调制的食物者。

原文：	英译转译：
炮：取豚若将，刲之刳之，实枣于其腹中，编萑以苴之，涂之以谨涂，炮之，涂皆干，擘之，濯手以摩之，去其皽；为稻粉，糔溲之以为酏，以付豚，煎诸膏，膏必灭之；巨镬汤，以小鼎，芗脯于其中，使其汤毋灭鼎，三日三夜毋绝火，而后调之以醯醢。	烤制的过程是，他们先取来乳猪或（羔）羊，宰杀后切开，去掉内脏，把枣子塞进腹腔内。他们然后用稻草或芦苇把它裹起来，外面再涂上一层泥巴，放在火上烤。待泥巴完全烤干，他们将泥巴剥掉。随后，把手洗净以便操作，先把表面的脆皮去掉，接着将之连同米粉一起浸泡，使米粉形成粥状，敷在猪身上，然后，他们把整只猪放在融化的油里煎，油要多到没过猪。之后准备装着热水的大平底锅，锅内放一只小鼎，切好的肉填满香料，放在小鼎里。注意不要让水超过小鼎，但要三天三夜不停火。之后，整道菜搭配腌肉酱和醋一起端上来。

——《礼记·内则》

《仪礼》[*]展示出，正式宴会和准备得不那么精心的晚宴对于各个层级的公务、出使、访问、地区集会和军事会议的运作至关重要。统治者会宴请封建领主、他想要赐予荣宠的臣僚以及他庞大家族中的成员；官

---

[*] 本书《仪礼》部分的翻译参考了杨天宇：《仪礼译注》，上海古籍出版社，2004年。

员也会互相设宴款待，在官方场合中，宴会被认为是正确地做事的重要
组成部分，如果国君无法出席晚宴，食物和礼物就会被送给本应是宴会
主宾的人，如果原本要宴请一位使节，而上级大国的使节出现了，就不
再举行原本的宴会，但所有本应呈上的食物和礼物会被送给原本的受邀
者。正式宴会有等级之分。规模宏大的是无祝酒仪式的晚宴以及酒宴，
在神庙中举行。筵席、狩猎午宴和便餐规模较小，在私人住所中举行，
人们会在这些场合吃些时令佳肴（Steele 1917: 269）。每种类型都有不
同的变体，这要取决于主人和宾客的地位。上大夫可以获得9道肉菜的
殊荣，而次级的则只能获得7道。

以下是摘自《仪礼》中关于周代的公*举行宴会的记载，这里以叙
述的形式呈现**：

在一次谒见之后，公派小臣通知获邀赴宴的人，而膳宰负责指导厅
堂布置和食物制作。并非所有参加谒见的人都获得了邀请，宾客得到的
待遇也不尽相同。酒分为不同的等级，有新酿（未发酵）和陈酿，还有
玄酒（指水），被放置在与酒不同的地方。酒器、容器和其他物件的摆
放十分用心。酒器是圆口还是方口，勺子是否要反过来放，根据季节，
盖布是要粗糙还是精细，以及装酒具的筐***要面向西方还是东方，都被
认为具有重大意义。出席者的位置也同样重要。在宽敞的大厅中，所有
人都有指定的座位；他们必须面对特定的方向，精心设计的敬礼贯穿整
个过程。宗教象征的元素和社会等级的差异显而易见，但是意义上的细
微差别只能靠猜测。类似地，建筑和布景装饰的意义也不清楚，但有几

---

*　指诸侯。
**　参见《仪礼·燕礼第六》。本书所转述的《仪礼》内容有节略，部分细节有出入，
不一一指出。
***　竹制的盛器。

道朝着主要方向的门，其中一些被认为相对重要。这里至少还出现了一座高台和几组台阶，其上的升降变化对于仪式和便捷地展示等级、地位极为重要。

在公的筵席上，当一切准备就绪，公走上台阶，面朝西方坐在他的席上。卿大夫随后入场，并在门内面朝北站立，从东面开始按照等级排列。公选定有幸成为主宾的人。惯例要求获此殊荣的人应出于谦卑而婉拒第一次邀请，当公坚持时，方才接受，然后他会离开大厅，再仪式性地重新进入。

当主宾回来时，主人*向他献上酒、肉干（脯）、佐酒菜**（被称为"嘉荐"）、肉酱（醢），以及置于俎***上、切成大块的熟肉（折俎）。礼仪要求这位宾客通过献祭和品尝所有食物来开席（注释指出：如果尝味师不在场的话），但他还不能真正进食，直到国君命他这么做。因此，宾客切下一块肺，献祭、品尝并放回俎。他洒了奠酒，抿一小口确认了酒的品质，然后伴随主人下台，仪式性地洗手和杯（觯）。回到座位之后，主宾接着向东道主公和主人致词敬酒。考古挖掘发现了装用过的酒具的筐以及巨大数量的酒具，证实了它们在饮酒仪式中的作用。

随后，佐酒菜和折俎被端到公面前，以便他像主宾一样行祭礼。之后两名官员举杯向公敬酒，他们被选中担任这一角色。他们向公叩头****，公则躬身两次致意。叩头是指屈膝跪下并用额头触地的敬礼，表示对高位者的尊敬和屈服，是一种独特的中国式"身体技巧"（马塞尔·莫斯语），意指人们用各种姿势和述行行为体现着文化信仰和价值观。"叩

---

* 指宰夫，代行主人事。

** 佐酒菜（relish），英译本以此代指脯醢，作者转述疑误衍。

*** 祭祀、宴飨时的盛肉之器。

**** 《仪礼》原文为"稽首"。

头"有多种方式，从完全平伏身体，到深度和次数不同的点头。几千年来，叩头一直是这个高度等级化和礼仪化的社会中的基本动作，直到20世纪初才被正式废除。

这时，公开始为聚集一堂的宾客进行祝酒。酒被端给诸公以及卿，连同献祭用的肉和佐酒菜一起；然后酒被端给大夫，后者面前也摆上了献祭的佐酒菜，但没有折俎。这些事情完毕，乐工入场。他们四个人带着两具瑟，唱起《鹿鸣》《四牡》《皇皇者华》。有时会使用挂在架子上的编钟和一套16枚的磬（Steele 1917: 151）；在宴会过程中，每当人们行礼和献祭时，音乐就会停止。当演唱完毕，笙工进场并演奏《南陔》《白华》《华黍》。卿大夫随后被告知："公命令你们在他面前放轻松。"于是他们脱下鞋子，并回到原本所坐的席上，面前被摆上"庶羞"*。此前端来的俎则撤了下去。公下令："所有人都要开怀畅饮。"然后，主宾、卿大夫都起立并回答："当然。我等怎敢不从命？"酒被端给一般官员，给士和地位更低者，随后他们饮酒，并且音乐无拘无束地响起，天色渐暗便点起火把。当主宾酒酣饭饱之后便离席而去，紧接着是卿大夫。公留了下来，此时受邀的异国使者与他欢宴。**再一次，礼仪规范要求他们出于对主人的尊重而拒绝第一次邀请。这场宴会在路寝举行，并且宾客食用狗肉，尽管只有公和他的主宾们面前摆着俎。

《仪礼》中对于礼仪和菜肴的进一步细致描写出现在一位国君举行的宫廷晚宴中，这是为一位负责较小任务的大夫（特使）举办的（Steele 1917: 243-59）。在这次款待中，国君夫人也出席了，但是她入场之后就没再被提及，其他女性也如此，这并不是说她们不在场，至少

---

*   指众多美食。英译本将"庶"误译作ordinary（普通）。
** 《仪礼》原文接下来另述与异国使者饮宴的礼仪，与前文所述并非时间上连续发生的事。

不是作为表演者或夫人的随员。*

穿好朝服之后，特使出现在宫廷的大门口，行礼并受到国君的接待。装着酒和其他饮品的杯被摆了出来。官员和内官之士面对正确的主方向坐在指定的座位上。人们行了更多的礼，然后整个大厅之中开始了一系列严格按照优先次序和礼节进行的活动。为宴会准备的一道炖菜装在七只三足容器（鼎）里，被人抬入大厅，他们把扁担和遮盖物撤掉后便退下，随后厨师（雍人）端来俎，负责餐具的人（旅人）将勺子（匕）放入鼎。根据先后次序，大夫轮流洗手，然后一个接着一个走上前去舀出肉食，当鱼和干兽肉煮好时，会成块放在他们的俎上，完全按照《礼记》中说明的准确方式："鱼有七条，纵放在俎上，并摆在右侧。肠和胃数量相等，摆在同一个俎上。一个俎上有七条猪肋。肠、胃和猪肋都横摆在俎上，从两边垂下来。"**（Steele 1917: 246-7）。当大夫舀完肉之后，他们按照与刚才相反的次序，回到座位上。

国君从台阶上下来，仪式性地洗手，然后回到座位上。主要的菜肴被摆出来，开始是一道肉酱汁（醓酱），摆在国君面前。他此时面向西边站在内墙内侧，而特使站在台阶西边，他被要求表现出期待的姿态（Steele 1917: 247）。宰夫这时取出另外六个豆***放在酱汁的东面，并从西开始按照重要性排列。"有腌蔬菜，在其东边还有肉酱。然后上来的是腌灯心草根，其南边，则是带骨麋鹿肉做的酱，其西边，是腌韭花以及鹿肉酱。"****（Steele 1917: 247）士随后将俎摆到豆的南方，从西开始

----

* 参见《仪礼·公食大夫礼第九》，原文似未提及夫人出席，仅提及"内官之士"，英译本译作Princess's Steward。

** 引文出自《仪礼·公食大夫礼第九》，《礼记》中似未见。原文为："鱼七缩俎，寝右。肠胃七，同俎。伦肤七。肠胃肤皆横诸俎垂之。"

*** 盛腌菜、肉酱等的器皿。

**** 《仪礼》原文为："韭菹，以东醓醢、昌本；昌本南麋臡，以西菁菹、鹿臡。"

依次排列，先是牛肉，然后是羊肉，随后是猪肉。鱼肉被摆在牛肉的南面，接下来是风干的野味、肠及胃，猪肋被单独摆在东边。

随后，宰人端上六个圆的龟形有盖容器（簋），两个为一组，分别盛着黍和稷，它们被称为"普淖"，黍放在牛俎的对面，而稷放在它的西面。牛肉汁做的"大羹湆"被端了进来，这道特别的汤未经调味，也没有放入蔬菜，而是直接用陶制的有盖食器（镫）盛着。宰人将这道汤端到殿门边并献给国君，国君将汤放在酱汁的西面。然后，四只装着加了蔬菜的普通肉汤的有盖食器（铏）被端进来，并且放在这些容器的西面，从东依次排列——先是放了豌豆茎的牛肉汤，然后是加入苦瓜的羊肉汤，随后是放了野豌豆藤的猪肉汤，接着又是放入豌豆茎的牛肉汤，所有汤都放了豆荚。这时，国君邀请特使进食。特使献祭出有盖食器中的谷物、三牲的肺、蔬菜和酒。另外的菜肴随后被分发——黍米粥（被称为"香合"）*、稻米粥和"庶羞"，随后是烤牛肉（牛炙）和干腌碎肉（醢）、牛肉块（牛胾）、牛肉末（牛鲊）、烤羊肉（羊炙）、羊肉块（羊胾）、烤猪肉（豕炙）、猪肉块（豕胾）和芥酱，还有细切的鱼肉（鱼脍），都按照特定的顺序分发——特使又用这些额外的菜肴做第二次献祭。当终于轮到特使进食时，他必须对国君亲自在场表示推辞，后者随后退场。特使吃完饭，以煮熟的小米结尾。他饮浆三次，但是没有食用酱汁或大羹湆。他带着黍米粥和酱汁走下来落座，并将碗摆在台阶的西面，然后向已经返回的国君叩头两次。随后特使才能离开，有司将摆着家畜肉类的俎搬到特使的住处，但并不拿走鱼肉和干兽肉。

这种仪式的精细程度是如此登峰造极，让《仪礼》的英译者施约翰（John Steele）都感慨，这些"重复和不必要的细节……会使阅读本书几

---

* 《仪礼》原文为"粱"，指小米。下句"稻米粥"原文为"稻"。

乎与翻译本书一样令人疲倦"（Steele 1917: xvii-xviii）。他还想知道，为什么竟会有人屈从于如此细致的规定，我们现在可以借助那些使中国宴饮的新研究成为可能的发现来思考这一问题。

龙骨

上文所述的周代王室盛宴让人想起人类学家杰克·古迪关于欧亚大陆上高级料理（haute cuisine）兴起的新马克思主义模式（neo-Marxist model）（1982）。他将其与各种生产系统的发展联系起来，这些系统可以调动不同的权力、权威和资源，导致了建基于不平等关系的社会等级制度的出现。这些等级制度被可见的、物质上的社会差异标识出来，其中最主要的就是将某些食物分配给不同的社会阶层，最好的食物（精英阶层的高级料理）的特点在于种类繁多且分量十足，经由专家级烹饪技巧制成，且包含稀少而富异域风情的食材。就目前而言，这并无不妥，但是当被古迪排斥在外的仪式性和象征性因素被加入进来时，情况就变得更加复杂了。

一片破碎的牛肩胛骨躺在大英博物馆中国展厅的珍宝之中，上面刻着看似随意的划痕。在玉权杖、金线刺绣、通过丝绸之路影响了欧洲陶瓷的绚丽的唐三彩，以及来自北京紫禁城的精美皇家瓷器之间，它很容易被忽视，但这看似朴拙的物件正是这座博物馆最重要的藏品之一。这片骨头以及其他类似物件可以追溯到青铜时期的商代（约公元前1600—前1046），承载着中国迄今为止所知最早的文字形式，也使得商代成为已知最早的既有考古遗迹也有文献留存的朝代。总而言之，它们标志着史前时代向历史时代的过渡，并且让我们深入了解中华文化形成时期，当时城市或城市中心、早期国家和等级社会，还有以食物和饮宴为关键所在的信仰和实践都发展了起来。

这些骨头的发现是考古发掘工作的典范。"龙骨"——恐龙和其他生物的化石——长期以来都是一种珍贵的传统中医药材,由药剂师秘密发掘和研磨,或是整块卖给病人供其自行制作药品。当古老的牛骨被发现时,它们就是被这样使用的;而在19世纪末,这些骨头上的划痕引起了学术界的注意。传闻这是由一位生病的学者检查自己在北京一家药铺购买的药材时发现的(Allan 1991;Debaine-Francfort 1998)。逐渐清楚这些痕迹是一种古老书写形式后,人们尝试追根溯源,而药材供应商和倒卖文物的古董商人竭力隐瞒。最终,这些骨头被追溯到中国北部河南省的一座现代城市安阳的市郊。从1927年开始,在安阳和其他地方进行的挖掘工作——中国现代系统考古学的开端——不仅找到了隐藏的刻有文字的骨头,还发现了精美的人造艺术品,后者确立了商代作为一个富庶而复杂的文明的历史真实性,它此前因缺乏证据而被认为是传说。商代曾被认为拥有中国唯一的先进的青铜时代文化。20世纪70年代以来的发掘工作揭示了河南其他早期文化的存在,以及同一时代不同地区的文化,但是由于尚未发现关于它们的书面记载,北部地区和有文字的商代文化作为后来中国文明的原型,依然吸引了中国考古和历史领域的大部分兴趣。

中国传统观念认为,中国历史始于被称为"三代"的时期,前两个被看作半神话式的,后一个有文字且留有记载。第一个是夏朝,人们认为那是黄帝生活的时代,然后是商朝,最后是西周。一旦安阳的发现证实了商朝的存在,对夏朝的搜寻就开始成为探寻中国文化根源的一部分,并且支撑了中国是世界上最源远流长的文明的主张。在这个过程中,另外两种早期文化也在河南省被发现。其中一个曾被认为正是人们所寻找的夏朝遗迹,但未被证实。有人提出了如下的断代编年法:夏代(约公元前2700—前1600)、商代早期/二里岗文化(公元前1600—前

1300）、商代晚期（公元前1300—前1046），以及西周（公元前1046—前771）。断代和分类工作依然存在争议，但确实有某些物质文化特征在安阳之外的地方被发现，包括独特的饮食器皿、包含宫殿和庙宇在内的大规模建筑、青铜铸件，以及精心制作的仪式用具，都显示出商代文化并非像以前认为的那样完整地突然出现，而是借鉴了更早的尚未被证实的文化基础。

表意的商代甲骨刻记不是一种文学叙述，而解开这些原始资料的含义的学术项目正在进行。目前人们"已知晓了5000个单独的字符，其中一半的意义已被确定地破译出来"（Keightley 2006: 183）。无论如何，我们已知的东西已足够对商代人理解自己的世界的方式，给出某些直观

图6.1　甲骨卜辞，牛骨，显示出文字书写的痕迹。商代。

的理解。就像后来发展成为完备的楔形文字的简单的美索不达米亚符号一样，这些骨头上的划痕构成了详细的清单，将非常重要的神、人和食物的三位一体联结了起来。但美索不达米亚的记录是一种神圣的清点工作，全程记录拜神仪式中食物和其他货物的进出活动，商代骨头上的划痕却有另外一面，因为它们曾被用于占卜和献祭，也因此现在常被称为"卜骨"（oracle bones）。

占卜是"寻求预言和预见性信息以趋吉避凶的活动"（Field 2008: 3）。商代实行的是火占卜，即用火焰进行预言，牛的肩胛骨或者龟的腹甲，即乌龟的底部或者说下腹部扁平的甲片，在占卜仪式中被投入火中或加热至开裂，形成的图案可以被解读为"是/否"、"有利/不利"或"吉/凶"等回答。使用肩胛骨的占卜被称为"骨占"，而用龟甲的被称为"甲占"。这些仪式的记录被刻在骨头或甲壳上，保存于考古学家后来发现的埋藏物之中。虽然鉴于这些刻记的神秘特质，我们依然是在管窥蠡测，但它们使我们能够深入地了解商代社会、仪式和宴会。写在易腐坏的丝绸和木头上的这种文字都已失落，这些骨头可能就是全部遗存了，尽管也有一些带字竹片被发现。这些甲骨与从其他勘察地点和墓葬中出土的古物一起，揭示了一个其"统治者并非后世哲学家所想象的仁善圣王"（Allan 1991: 3）的社会，被艺术家们描绘为一派云山秀水的田园风光，消失于冥思幻想之中。与长期以来的认知不同，那时没有稳定的中央集权的政治组织，也不像人们长期认为的，存在一种处于神话中的黄帝庇护下、由学识甚高的官僚来管理的行政制度。这是一个动荡不安的武士社会，其核心充满暴力，暴力既有自然的，也有法律的（Lewis 1990），既来自外部，也来自内部。就像周代一样，人们也有等级，并以世系血统组织起来。他们的腹地位于土壤肥沃的黄河谷地。商代是典型的"河流文明"，受益于肥沃的冲积土壤，适宜农业的发展。但他们也受经常无法预测的河流和气候的摆布，他们不断试图维持和扩张对领土的控制，这些土地富饶、广阔而且很被羡慕，总是引起敌对势力的觊觎。这就需要大量而且驯服的劳动力来支撑农业和其他活动，还要有清晰且易动员的社会和军事组织形式，以及投入到包括人祭在内的神圣技术中的大量资源。而甲骨卜辞证实了所有这些的存在。

现已出土的牛骨和龟甲的巨大数量证明了占卜活动在商代生活中的核心地位和次数频繁。尽管这些铭文言简意赅而且常常不够完整，但"商代生活的重要方面几乎无不被占卜"（Keightley 1992: 33; Keightley 2000），而甲骨卜辞则揭示了商代精英阶层占卜的主要关注点，包括：军事行动、狩猎远征、一般性的建立新定居地和领土扩张、统治者的远足或出巡、对下周（商代人的一周长达10天）或下个白天/夜晚的展望、天气、农业、疾病、分娩、统治者或其王室家族成员及其盟友的忧患、是否应当签发命令、应当索要什么贡品以及梦境的含义（Keightley 1992: 34-5）。统治者是否应该再开辟一块新的田地来种植作物？他是否应当派一支远征队去攻打敌人？是否会下雨？占卜的答复可能是"是"或"否"。商代的统治者代表他的人民亲自进行占卜，介入与神明的交易之中，而这正是献祭的核心所在。

作为对众神的指引、支持和协助的回报，人们需要进行献祭，这是一种不受时间影响的交流活动，在《诗经》中有清晰的表达：

原文：   英译转译：

神保是格，   神圣的庇佑者已来到，
报以介福，   愿他们赐予我们更多福祉，
万寿攸酢。   愿我们得赏一万年的长寿。
……   ……
苾芬孝祀，   馨香是虔诚的祭祀，

神嗜饮食，　　　　　　　魂灵们乐享酒与食，

卜尔百福。　　　　　　　卜辞为你预言了百种祝福。

（引自 *Shih Jing* Ode 209 in von Falkenhausen

1993: 28；亦参见Rawson 1991）

除了随时按需要进行的占卜之外，还有需要一年时间方能完成的周祭，并且要求有5种不同的祭祀：包括鼓乐在内的"彡"、以羽毛为特色的舞蹈"翌"、需要以肉为祭品的"祭"、使用黍米的"貴"，以及包括所有一切的"肜"或者说大合祭（Chang 1994: 30）。

商代献祭的一个独特之处在于其互动性，即通过占卜进行调解。它并非单纯地苦苦哀求、然后将食货送上祭坛，商代占卜允许在这个过程中让神明积极介入，尤其是通过骨头和龟甲上的裂痕给出肯定或否定的答案，并特别指明他们想要的祭品。给予—索取频繁地发生，而众神的回应并非总是肯定的（Puett 2002: 41）。动物，无论家养还是野生，与酒、黍米都是商代常见的供品，这些谷物和饮料在本章开头的段落已有提及。最受推崇的祭品是人，通常是战俘。占卜者的问题有时会被记录在骨头上，有时则不会。在下面这个例子中，占卜者请求神明认可这些祭品：

前辞：在辛子这一天，殻占卜

命辞：我们是否应该以酒献祭？我们是否应该为祖先大甲和祖乙斩杀10人以及10对羊以示感谢？

（Plutschow 1995）[*]

---

　　[*]　可能出自《甲骨文合集》904："辛子（巳）卜，殻鼎（贞）：酒我匚大甲、且（祖）乙十伐、十口。"

如果没有得到回应或赞同，人们就会调整供品的数量和种类，并再次进行占卜。更多不同颜色和种类的动物可能会成为祭品，还有更多的人。羌人，一个不属于商的游牧民族，常常成为献祭人牲的来源。下面这段甲骨文是在询问活人献祭的人数：

> 要为祖乙举行"侑"的仪式而献祭10个羌人吗？还是20个？或是30个？
>
> （Chang 1980: 228-9）[*]

下面这段甲骨文则让我们对可能涉及的数量有了一个认识：

> 我们是否该献祭100名羌人和100组羊和猪给（至高的王）唐、甲和丁等伟大的祖先以及祖乙？
>
> （Eno 1996：43）[**]

根据仪式的需要和接受供奉者的不同，献祭人牲会以不同方式处死，包括斩首、活埋、曝晒、溺毙或者火刑。在对河神的献祭中，人们偏爱溺毙这种方式，而甲骨文记录过单次献祭300名俘虏的仪式（Chang 1980: 194-5）。当建造重要建筑时，也会采用活人献祭，在陵墓下葬时也是如此，好让这些人牲在死后世界陪伴亡者。

---

[*]　可能出自《甲骨文合集》324："甲午卜，贞，翌乙未侑于（祖乙）羌十人。"

[**]　可能出自《甲骨文合集》300："（禦）自唐、大甲、大丁、且（祖）乙，百羌、百口。"

6.2 祭坛上的青铜礼器布置。商代晚期或西周早期。

在大英博物馆中，离甲骨文展柜稍远的地方，陈列着商代闻名遐迩的青铜器皿和编钟。青铜通常是铜与锡的合金，在古代人类社会发展过程中产生了巨大的影响，一个具有持续影响力的时期因其而得名，青铜在当时促进了技术的进步和战争优势的获取，还引发了城市生活、更复杂的社会组织形式以及书写的出现。尽管古代近东或者说亚洲西部的青铜时代文化遗留下了大量青铜武器和工具，但在早期中国，青铜通常用于铸造在仪式和献祭活动中盛装珍馐琼浆的容器。与新近发现的甲骨文不同，这些青铜器在古代就被中国统治者和其他精英阶层人士高度珍视并收藏。它们形状独特，带有卷曲的纹饰，图案包括一张常被比作恶魔的程式化面孔，名叫"饕餮"。有时这些容器也像甲骨一样有刻印，但它们起初并不被认为是文字。

这些独特的青铜器成套出现，由不同种类组成，其中鼎（三足锅）、簋（有柄的开口容器）和爵（三足酒杯）是最广为人知的单品（参见Nelson 2003）。烤肉被放在俎上端来，爵中装着各种美酒，大量食物在鼎内炖煮。世界各地现存的青铜器藏品的数量证实了这些文物在古代的重要性，但它们长期以来主要被看作艺术品，而不是位于中国版无尽的盛宴核心的象征物和实用容器。它们原本的用途不被理会，只被当作"礼器"，也没有进一步的阐明，鉴于相关文献资料的缺乏，这情有可原，甚至有人认为这些器物上的图案只是单纯的装饰，并无任何图示或象征意义（Kesner 1991: 29），但是随着"龙骨"被发现和新材料的不断出土，这种情况发生了变化（参见Rawson 1993）。它们全都为施约翰觉得繁琐的文本赋予了深度、活力和意义，这些文本在19世纪末被首度译成外文时，虽然因古老而受到尊重，但人们曾长期认为其不过是一种旧时的奇闻。

宴请祖先和造神活动

献祭之后便是宴会，仪式之后便是筵席，但是在垃圾堆中残破的骨头（这表明它们曾被食用过）和青铜器之间存在断裂。由于商代缺少像周代的《周礼》和《仪礼》那样关于宴会或烹饪的文献记载——商代的表意符号单纯只是指"宴会"，于是人们的注意力便集中在了青铜器及其礼仪用途上。最初，拥有这些青铜器的权利是君王赐予的，由社会等级决定。最高统治者有权拥有九鼎八簋。公可能只有七鼎六簋，男爵则是五鼎三簋，*而士则是三鼎两簋（Rawson 1999, 2007）。它们所代表的远不只是社会地位。在其他容器中烹煮的食物或许能滋养身体，但青铜器却通过某种宗教性的炼丹术将内容物神圣化，转变为适于供奉给神明和祖先的食物，正如一只青铜器上的铭文明确指出的：

原文：	英译转译：
伯大师小子伯公父作簋（簠），择之金，唯镐唯镥，其金孔吉，亦玄亦黄，用盛稻糯粱，我用绍卿士、辟王，用绍诸老诸兄，用祈眉寿，多福无疆，其子子孙孙用宝用享。**	伯太师小子和伯公父用金属镐和镥制作谷物容器。它用的金属材质"非常好：颜色又黑又黄"。用谷物糕饼、粳稻、糯稻和黍米将它装满。［我们会］用它召集许多已故的父亲和许多兄长，用它祈求无尽的长寿和好运。希望他们的子子孙孙永远珍惜它，用它祭奠逝者。

（May Chengyuan vol. 4: 219
in Cook 2005: 17）

不仅如此，祖先变成魂灵，就可以代表子孙后代向众神求情，用青铜器盛装供奉的酒食似乎是一个不可或缺重要的部分，最终——随着时间流逝和不断使用青铜器进行献祭、仪式和供奉——一些祖先的灵转化成了神明本身。饕餮被诠释为转化过程中的形象，用它作装饰为这个过

---

*   应指大夫有五鼎四簋。
**   此段铭文应出自《伯公父簋（簠）》。

程增加了力量（Allen 1993；亦参见Childs-Johnson 1995），尽管这一点尚有争议。在青铜器中发现了人类头骨，这引发了对食人问题的讨论，无论是象征性的还是真实的，不过这个问题也存在争议。就连统治者也没有亲自向伟大的神明提出请求，而是让祖先代为说项。虽然我们对这个转化过程尚未完全了解，但我们知道它只能通过青铜器供奉的饮食来完成。所用器皿的数量决定了仪式的效力和价值，因此青铜器赋予了其拥有者神圣和世俗的双重权力和影响力。使用的青铜器越多，祖先的灵就越强大，也就更可能最终变成神。从人类学的视角看来，青铜器的使用让精英阶层得以在天界复制人间的社会秩序，将祖先转化成魂灵，然后在某些情况下变成神明，那样他们就可以照看人间的子孙后代，并且代其与天界最高层级的非祖先神明说项。安抚魂灵和祖先被看作一个持续不断的过程，使青铜器成了商代精英生前死后所能拥有的最宝贵的东西，它们在精英陵墓中的普遍存在印证了这一点，它们的出现也可以被看作墓穴主人自己转变为魂灵或神的第一步。如上所述，青铜器也被用于世俗精英的娱乐活动之中，拥有和使用青铜器的数量是声望的标志。

至于容器中的内容，主食大多是若干种不同的黍米，辅之以小麦、大麦、稻米和大麻。其中也有蔬菜，包括黄豆在内的豆类，还有水果，如李、栗、杏、柿、枣和桃（Sterckx 2011: 14-5）。丰盛的汤和炖菜是受欢迎的烹饪方法。精英阶层也吃野生以及家养动物的肉——野鸭、鹅、野鸡、鹌鹑、兔、鹿、牛、羊、猪、鸡和狗。人们也吃鱼，而烹制方法包括炙烤、烘烤、煮、炸、架烤和炖，而保存方法包括酸渍、风干和盐腌。尽管我们没有商代的食谱，但是显然，世俗和神圣之间通过食物形成的紧密关系"已然确立，并且可以推测出其他模式同样（指某些食物的含义和联系）已经或正在形成，它们在'这个餐桌和祭坛彼此相连的礼仪世界'中不断涌现"（Sterckx 2011: 2），随后发展成为一种渗透着宇宙论的烹饪体系。

青铜器皿是成套的，尽管尚无法确切地辨别不同的器物在不同仪式、献祭和宴会中是如何组合使用的，不过，其中有一种格外有趣——那就是酒器。酒在仪式和宴会中都必不可少。没有它，这两者都不完整，它被认为是取悦神灵的不可或缺之物。即使在早期铭文中，我们都可以分辨出不同的颜色和等级的酒，到了周代，有几种酒被提到，包括在有音乐歌舞的大型宴会上用于祝酒的"玄酒"，一种称为"醍"的红色的酒，一种称为"澄"的谷物稀糊，也是一种"给那些坐在中央厅堂和祭坛之外的席上的人"的酒（Cook 2005: 18-19）。*用于供奉神灵的是一种澄清的黍米酒，称为"齐酒"**，显然很受他们的欢迎。就像《诗经》（Ode 209 in von Falkenhausen 1993: 28）中有一段这样如此提到一次仪式的尾声：

原文：	英译转译：
礼仪既备，	各项仪式都已完成，
钟鼓既戒。	铃和钟已发出信号。
孝孙徂位，	虔敬的后裔回到他的位置，
工祝致告：	司仪祈灵者发出宣告：
"神具醉止。"	"神灵都已喝得醉醺醺。"

占卜和献祭仪式的司仪有可能也喝得酩酊大醉，以便进入一种能更

好地与神灵交流的出神状态，而在世俗宴会和筵席上，人们必定会痛饮一番。酒器是商代中晚期精英阶层的墓葬中发现数量最多的青铜器。目前已经甄别出的青铜礼器总共有44种不同的类型，主要种类上文已经提到，其中有24种是酒器（Poo 1999: 127）。国王武丁的妻子之一妇好（值得注意的是她不仅是王后，还是一位军事领袖和女祭司）的陵墓，直到1976年才首次被发掘，是第一个未经洗劫的商代王室墓葬，而其中70%的青铜器是酒器（Poo 1999: 127）。大量的青铜和陶制酒器表明饮酒活动在商代的生活中扮演了核心角色，根据后来的文献的说法，正是饮酒最终使商代走向穷途末路。据说商代的最后一位统治者帝辛酗酒成性、放荡纵欲，他在树林中举行裸体狂欢，他的饮酒娱乐项目包括让客人乘小船在装满美酒的人工湖上漂浮，当他们想饮酒时可以随手舀起，饿了则随时可以取食挂在树枝上的烤肉。周代《尚书》中的《酒诰》一篇，警示性地提到了纣王帝辛：

原文：　　　　英译转译：

诞惟厥纵淫泆于非彝，用燕丧威仪，民罔不盡伤心。惟荒腆于酒，不惟自息乃逸。……越殷国灭无罹。弗惟德馨香祀登闻于天；诞惟民怨，庶群自酒，腥闻在上。故天降

耽溺于不同寻常的淫乱和放荡中，他为享乐牺牲了威仪。人民没有不悲痛伤心的。但他狂暴地投入于酒，不想节制自己而是继续放纵直到疯狂……尽管王朝的覆灭迫在眉睫，他没有为此忧虑过，也没有让任何带有芳香品德的祭祀升至天国。只有人民的怨恨和他那群动物的醉态所散发的腥气放肆地飘舞空中，于是天国给殷

丧于殷，周爱于殷，　　降下了灾祸而没有显示慈爱——就是

惟逸。　　　　　　　　因为这种放纵。

　　前面这段文字有些许政治宣传的意味，另一个例子是用饮食作道德隐喻。公元前1046年，帝辛被周朝的领袖推翻，后者借"天命"理论为自己的行为辩护，即如果统治者失去了上天的认同，那么取而代之就是正确和正义的。周代（公元前1046—前256）具有和商代一样的武士文化，在许多方面保留了后者——考古学发现证实了青铜礼器和人祭继续被使用。尽管有上面这般警告，饮酒仍盛行不衰——《诗经》描述了"一言一行都被详细规定的祭祖活动，庙宇中举行了一场宴会，这是男性亲属聚集一堂、喝得酩酊大醉的场合"*（Ode 209 in van Falkenhausen 1993: 29）。但随着时间的推移，考古学记录证明文化发生了变化。在西周时期，青铜酒器的数量减少，食器却变多了（Cook 2005: 22；亦参见Rawson 1999），而且更大，其中不少能够装下供许多人食用的食物。这种使宴会更加世俗化的转变——或者说世俗宴会和筵席次数的增加——反映出一个更加复杂的政治体系，在其中越来越有必要通过采用结构更加规整和复杂的仪式，并且增加庆典仪式性饮食来"创建和维护社会等级制度，巩固社会结构"（Plutschow 1995）。

　　周代末期出现了独立国家之间的对立，导致了动荡的春秋战国时期的到来，这段时期结束于公元前221年，中国第一位皇帝秦始皇（公元前260—前210）实现了统一，他也是兵马俑的创造者。这个新帝国需要行政管理、标准化、得到巩固、新的律法及其实施。于是，一套中央集权的官僚制度诞生了，后来发展为中国的文官制度，虽有些许变化，

---

　　*　原诗为《诗经·小雅·北山之什·楚茨》。

但一直管理着中国，直到1912年最后一个封建王朝被推翻。在"法家"的严酷制度下，秩序和服从是至高无上的，任何违逆都会遭到严厉的惩罚，包括活埋、纹面和被发配去修筑长城。帝国形成之前的许多历史记录和哲学著作都被毁掉了，不是毁于战乱纷争，就是被秦始皇下令销毁，根据历史学家司马迁（in Nienhauser 1994: 147）的说法，这位皇帝不希望他激烈的改革措施和乾纲独断的权威受到古代律法和惯例的妨碍，也不愿意受到在战乱中成长起来的被称为"诸子百家"的许多新兴学说的质疑，其中也包括后来的儒家和道家。

漫长的汉朝紧随短命的秦朝之后，秦始皇的许多改革措施被保留了下来，但人们想要一个不那么严厉的政府，于是，一位历史人物根据当时的需求被重新塑造了。哲学家孔子（约公元前551—前479）是一位被许多后来的神话和阐释层层包裹的人物（参见Eno 2003）。就像卡尔·马克思一样，很多事情、很多言论都以他的名义出现，而这些都是他预想不到的。在个人层面上，儒家思想是一种人文主义哲学，其中，美德、礼节和道德的行为通过自我控制和自我修养得以实现，而家庭关系被"孝"观念控制——即对父母和长辈的忠诚、顺从和尊重。仪式和礼节都被认为"建基于伦理，也是一种伦理教化的手段，而伦理自身也被确认为一种整体的、道德上善的宇宙秩序的要素"（Cohen 1991: 117）。仪式和礼节——即"礼"——成为埃利亚斯笔下文明进程的典范（Elias 2000），其中，礼仪是形塑国家的工具，锻造出共同的文化，并且对于最善于利用它的人而言，也是权力和社会控制的工具。汉朝时期，儒家的个人道德转变为"国家儒学"（State Confucianism），取代了秦朝的法家学说，成为政府的意识形态。"孝"的原则被应用到个人与国家的关系之中，此时国家成了忠诚和顺从的对象。社会控制不再像法家那样来自外界，在国家儒学之中，控制来自内部，受到儒家价值的驱动。由个人上升到集体层面，国家儒学推行秩序的程度如此之深，以致于秩序在其所有分支中都凌驾于一切之上（参见Ebrey 1991）。中华帝国成了玛丽·道格拉斯笔下（1970）高压电网般、既受到也施加严密控制的社会模式的范例，其中的角色、地位和行为举止都被细致入微地规定，被建基于"儒家准则"的僵硬规范、系统化饮食方式和高度严格的仪式行为所加强。更精确地说，由于被归于孔子名下的著作大多是他的追随者所作，而且十分精微，因此诠释孔子的思想和言论都需要数个世纪的大量评述和重释。以下是遵循儒家方式进行的一顿简单家庭餐食：

原文：

子事父母，鸡初鸣，咸盥漱，栉縰笄总，拂髦冠緌缨，端韠绅，搢笏。左右佩用，……妇事舅姑，如事父母……以适父母舅姑之所。

及所，下气怡声，问衣燠寒，疾痛苛痒，而敬抑搔之。出入，则或先或后，而敬扶持之。进盥，少者奉盘，长者奉水，请沃盥，盥卒授巾。问所欲而敬进之，柔色以温之，饘酏、酒醴、芼羹、菽

英译转译：

儿子侍奉父母，应该在鸡叫头遍时就洗手漱口，然后梳头，用丝帛盖住头发，插上发簪，用丝带束住发根，拂去散发上的灰尘，戴上帽子，让帽带垂下……媳妇侍奉公婆，如同侍奉自己父母……就这样打扮好后他们要到父母或公婆那里去。到了之后，要屏气柔声，问衣服暖凉是否合适、身上有无病痛或不适；如果有，就要恭敬地按摩爬搔患处。出入走动时，有时要走在他们前边，有时要走在后边，并且恭敬地扶助他们进出。拿盆给他们洗手时，年龄小的捧盆，年龄大的倒水；他们会请求允许把水倒出来，洗过之后他们会递来手巾。然

麦、蕢稻、黍粱、秫唯所欲，枣、栗、饴、蜜以甘之，堇、荁、枌、榆免薧滫瀡以滑之，脂膏以膏之，父母舅姑必尝之而后退。

——《礼记·内则》

后问他们想吃什么，恭恭敬敬地端上。他们会和颜悦色地做以上诸事来取悦父母。他们应拿来稠或稀的粥、酒或甜酒、蔬菜羹、豆子、麦子、菠菜［大麻子］、稻、黍、粱、秫——事实上，父母想要的任何东西；在烹调时还要加上枣、栗子、糖和蜜使食物甘甜；用普通或大叶紫罗兰、新鲜或干燥的榆树叶和最舒缓的米汤来让食物变得柔滑；用油和脂使食物香醇。父母一定会品尝食物，晚辈要等到他们品尝后才可离开。

(*Nei Zei*: 2-4 in Legge 1885)

  汉代不像秦代那样抛弃旧有方式，而是利用"传统"来支撑新的政权和意识形态。人们曾尝试重制秦朝所失落的文献和记载，据说是根据记忆和所剩无几的周代作品的断章残简进行的。这次经典重塑工作中的关键作品被称为四书五经，它们长期被当作对周代和商代的权威性记录，还有专注于仪式的《礼记》《周礼》《仪礼》。人们曾经认为是孔子本人编纂了这些书籍，如今不再相信这一点——但不管作者是谁，它们是否准确地描绘出了古代饮宴的场景呢？

  时至今日，依然存在两种观点——要么认为《礼记》《周礼》《仪礼》的记载是准确的，要么认为它们完全是捏造的——但从人类学的角度看，有趣的正是那些被遗漏的东西。上文提到，这些文献对周代宴会的记述存在惊人的脱漏。人们确实进行了献祭——但对象是谁？食物得到了细致入微的描述，但社会情境到底是怎样的？新的发现表明，有些东西被小心翼翼地剔除了——占卜，献给神的有转化能力的祭品，以世系而非国家作为重要政治单位的社会，还有最重要的青铜器。这些著作的风格不尽一致，内容也常常彼此矛盾，还有许多章节是不完整的。这些都被粉饰遮掩了，或被辩解为只是未能幸存下来的更大的语料库的一部分，但带有政治目的的过度编修却从中显露出来。受儒家思想影响，宴会在官僚模式下被重塑，仪式的正确实施不再是神明崇拜的关键部分，而展演仪式本身成了目的——作为一种自我规训和对国家的服从。人们不再崇拜精英阶层那些已然神化的祖先，而是对自己的祖先表示孝敬，对他们进行供奉，这种做法延续至今。等级得到了强调，因为在儒家的事物体系中，等级——即社会秩序——被认为有巩固作用，而非引发分裂。仪式体系成为一种世俗化的美学和道德实践——世俗仪式成为维系中国社会的自然法。这回答了施约翰的问题，为什么人们会遵循它们。因为正如人类学家劳拉·纳德（Laura Nader, 1997）指出的，仪式成了一种控制性进程，进而将社会控制伪装为"做事情的方式"。虽然删去了一些东西，儒家思想的信奉者还是保留了宴会和筵席的重要意义，尽管是作为对国家和家族的庆颂。神圣的进食活动也没有完全消失。统治者——此时是皇帝——依然领导着国家的仪式，遵照这些经过翻新的文本中的先例，代表国家举行仪式。皇帝及其宗族、官员必须举行上百场仪式，包括祭天和祭祖（祖先未被神化）并且设宴款待官员和外国使节（McDermott 1999: 2）。皇帝还必须吃下仪式性膳食，这是根据"月令"安排的：他"春天吃黍米和羊肉，夏天是豆类和禽类，秋天是高粱和狗肉，冬天是黍米和猪肉"。该食谱"象征着一种观念，即通过周期性地吃下王国内的所有物产，统治者象征性地品尝了宇宙本身，从而有助于确保时间与季节的和谐流转"（Sterckx 2011: 18）。

尽管许多内容被删除了，但新的发现表明，这些文献中对宴会的记载并不完全是凭空捏造的。文献中记载的菜肴数目充分地呼应了已知商代仪式所用的青铜器数量，加上仪式化的祭品摆放，让我们得以一窥宴会活动的大致架构，随着新发现的不断涌现，它应会变得更加清晰。目前我们足以看出，在五经所描绘的受约束的进程背后隐藏着一些轮廓朦胧的宴会，献祭、占卜和将祖先转化为神明都包含其中。除这些仪式外，文本中还有食物象征主义的问题。这里出现了一些对比——调味的与未调味的菜肴；如准备黍米粥之类食品的工作，除了表面上的简单之外，还有重要的意义；特定的组合和风味——暗示象征性进食。"五"是一个与中国信仰和实践的许多方面相关的神奇数字，并且对"五味"（酸、甜、苦、辣、咸）这个出现在仪式文本中的关键概念来说极为重要。《礼记》这样表述它：五味被用六种不同的方法混合，形成了十二种菜肴,* 一种紧接着另一种，并依次（根据季节）构成了人们摄入的食物的基础（in Lo and Barrett 2005: 398）。

　　五味及与之相关的食物"呼应了五行，与季节相对应，并且由此产生了相应的营养和健康方面的好处"（Sterckx 2011: 18），它们是一种"关联宇宙论"（correlative cosmology）的组成部分——这是一种在自然、个人和社会之间建立起精巧的呼应关系的宇宙论（Harper 1998: 9）。在这种事物体系中，自然界被认为包含五种元素或者说动因——金、木、水、火、土——每种都与一个主方位、颜色、象征性神兽、味道、身体器官和季节相对应。所有这些都要从流动、过程、属性、特质和影响等各方面考虑，必须通过不断的努力保持它们的动态和谐，以免灾难降临——到任何事情上，从个人健康问题或其他不幸到悲惨的收

---

　　* 《礼记》原文为："五味，六和，十二食，还相为质也。""六和"指以滑、甘调制酸、苦、辛、咸，"十二食"指人们在十二个月中所吃的不同食物。

成、王朝的终结和国家的倾覆。

> 火：南、红、凤、苦、夏、心
>
> 水：北、黑、龟、咸、冬、脾或肾
>
> 木：东、绿、龙、酸、春、肝
>
> 金：西、白、虎、辣、秋、肺
>
> 土：中央、黄、麒麟、甜、夏末、胃

我们从中可以看到一个体系，它将健康、营养和神秘力量结合于烹饪中。在它后来的形式中，"饭"（谷物和其他淀粉食物）和"菜"（蔬菜、肉和鱼）之间有了根本性区分。食物与自然界中的万物一样，被认为拥有"气"（能量），处在一个将"气"分为"阴"（凉/轻/女性）和"阳"（热/重/男性）的体系中。比如，牛肉和大蒜属"阳"，西瓜和绿茶则属"阴"。在这样的分类中，有些东西比别的更加偏向"阴"或"阳"，并且"气"可以通过烹饪手法（例如深度油炸、蒸或炖）以及食材的质量和来源被进一步修正。这些象征和烹饪系统的轮廓在今日的筵席中依然可见，在上文提到的20世纪50年代的宴会中也是如此。这是一种以古老神秘力量为核心的宇宙论菜系。这个系统曾被认为起源于汉代，但新发现则表明应远早于此，在周代和商代就已出现。还有更多细节有望在未来出现，这也是中国膳食和饮宴研究如此有趣的原因之一。

在这些象征和营养的原则的引导下，宴会和筵席继续在中国的社会和政治生活中扮演核心角色。饮食和礼节在元代（1271—1368）和明代（1368—1644）仍然是一种组织上的隐喻，此时"如果恪守所有的规则，那简直无法进食"（Mote 1977:225）。清代（1644—1911）不是中国式而是满洲或蒙古式的（参见第五章），因此他们有两种并行的宫廷菜系：吃蒙古菜的分为6个等级的满洲筵席，以及吃中国菜的分为5个等级的

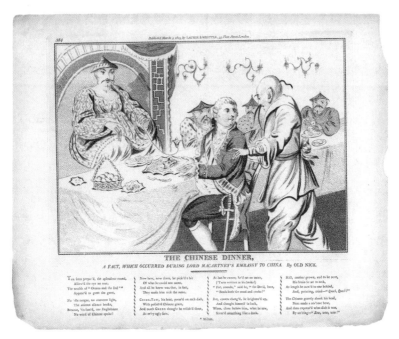

图6.3 《中国宴会》，马戛尔尼勋爵在中国的国宴上被以狗肉款待。作者：
"魔鬼"（Old Nick），1805年。©大英博物馆信托理事会。图片编号：00124692001

汉族筵席。它们靠菜肴的数量和种类区分，但其间的细微区别令西方人
一脸茫然，他们总是对端上来的食物深表怀疑。国宴一如既往地可能成
为外交雷区，饮食文化之间的激烈冲突可能造成深远的政治后果。马戛
尔尼勋爵（Lord Macartney）在1792年访华时发现了这一点，当时中国
人以狗肉款待他，这道中国人眼中的美食却被他当作一种侮辱，这一事
件惹来英国新闻界的讥讽。

19世纪末和20世纪初，出席盛大中国宴会的外国人仅对其时间长
度和菜肴丰盛程度震惊不已。"40或50道菜一道道地端来，"一位伦敦
《泰晤士报》（The Times）的通讯员记述道："直到所有的宾客不堪重负，

尽管他们确信还有更多菜肴等着上桌……筵席起伏跌宕，简直可以说，仿佛一阵狂风或一篇宏大的史诗。味觉受到轮番刺激又恢复；胃口被勉强继而陷入麻木；菜肴一道道端来，达到了高潮，而停顿片刻之后又有新的好戏上演。"

在清代，就像几千年来一样，食物、饮宴和礼仪依然是"这个文明赖以生存的意义和价值规范"的具体体现（Mote 1977: 225）。这些古老的价值观如此根深蒂固，以至于当毛泽东先生在1949年成为中华人民共和国主席时，下令禁止大摆筵席和祖先祭祀，并将儒家的等级制度一扫而空。但饮宴却在这个民族流散于海外的社群中幸存了下来，并且在后来东山再起，无尽的盛宴仍在继续。

第七章

日本：设宴梦浮桥外

食物放在六个用朴木制作、镶嵌珍珠母的托盘里。托盘表面有几处浮雕。桌布也织得精致繁复，还嵌了象牙。食盒、筷子架、清酒杯和碗都由内膳司备制……50桌筵席布置来[自]内藏寮，50份膳食来自谷仓，而为家臣准备的20份膳食来自宫中女性住处的厨房。内膳司的官员走到台阶底下，在这里女仆接过食物并将其端上来……显光和其他贵族在东厢房中饮宴；他们坐在南廊上，面朝北，并从西到东按位次排列。

平安时代的一位廷臣对宫中举行的皇子诞生庆典的记述，作于1008年。（in Bowring 1996: 76）

日本可能拥有世界上最古老的烹饪术。在20世纪60年代，碳同位素鉴定显示，日本古老的采集狩猎的绳文文化已经制造出了陶器，领先世界其他所有地方约2000年，这推翻了陶器是由定居农民发明的旧有论断，并且在20世纪90年代，最早的绳文陶器就已经被向前推至约16500年前。考古学家对绳文文化炊具中的残留物及出土遗迹的分析揭示出当时人们日常饮食的样貌：丰富的坚果（橡树子、核桃和板栗）、野味（尤其是鹿和野猪）、种子和谷物、水果和多种多样的海产品，包括贝类、鱼及海藻。有迹象表明包括鰤鱼、比目鱼、鲭鱼和鲨鱼在内的鱼类是在岸边被晒干、熏制或盐腌后再送入内陆的，还有证据表明，他们会用发酵的水果酿酒。尽管这样的基本饮食结构相当稳定地延续了许多个世纪，但日本料理和宴会的特别之处不仅仅在于食材，还在于高度程式化的呈现模式。这就提出了一个问题，这种富于视觉震撼力的进食方式是如何以及为何发展起来的？

"日式"料理

照烧牛排、寿喜烧、炸猪排、日式炸鸡（唐扬鸡块）、天妇罗和其他许多如今为世人所熟知的"传统"日本菜肴，实际上只能追溯到近代早期（1600—1868）的后段，尤其是后来的明治时代（1868—1912）（Ashkenazi and Jocob 2000, Ishige 2001）。日本在1639—1853年间闭关锁国，拒绝外国的影响和来访。这一时期以及追溯到古代，日本食物都被认为是"简朴"而"单调"的（Cwiertka 2006: 95），即使富裕的家庭也是如此，特别是在城市中心以外的地方。随着1854年日本迫于西方重压打开国门，新的食物、烹饪技法和饮食观念进入了这个国家。这些事物作为责任被介绍给——实际上是强加于——民众，致力于使日本重塑和崛起为一个现代民族国家。改善国民健康是这项工程的核心。日本官员被西方人的体魄和精力深深触动，并将其归因于饮食，因此强制引入了西方饮食，或者至少将外国元素糅合于日式餐饮之中。吃肉是其中最引人注目的改变，其先声是宫廷在1872年宣称，明治天皇现在经常吃牛羊肉。此前数个世纪以来，大多数肉类都曾出于宗教原因被劝阻或禁止食用。

此时一种名为"katsu"的菜肴进入了这个国家，它是"炸肉排"的日文说法，意指将猪肉或小牛肉切成薄片，裹上面包屑后油炸，也被称作"escalope"（法文）和"schnitzel"（德文），在19世纪明治天皇实施改革的时候，它被当作西方高级餐饮的顶峰。油炸并非日本本土的烹饪技法，面包屑此前并不为人所知，吃肉也仍让许多人感到震惊，但日本人还是很快就接受了炸肉排。在日本皇室的领导下，精英阶层采取了外国的用餐方式，坐在摆着水晶、瓷质和银质餐具的西式餐桌旁吃炸肉排，这些元素都属于以欧洲方式呈现的餐食。随着西方食物在普罗大众之中的传播，炸肉排入乡随俗，按照日本的方式被端上了矮桌，进餐者则坐在地板上。日本化的炸肉排不是整块端上再用刀叉分割，而是被事先切到能用筷子取食的大小，艺术性地摆放在餐盘上，佐以标准的日本饮食元素——米饭、汤、配菜和腌菜，一齐端上餐桌。炸肉排还依日本的习惯配有蘸酱，但不是传统的酱油或醋，而是番茄酱和辣酱油这两种西方调味品的混合，它们当时被认为十分时髦、颇具异域风情。

　　日式炸肉排如今被当作"典型的日本菜"，用克维尔特卡（Cwiertka）的话来说，它是"多元文化"的民族菜系的一部分，有助于建构这个在明治时期出现的近代民族国家，但这还不是故事的全貌。炸肉排可能是作为借来的食物进入日本的，但它没有保持其外来性，而是被纳入了一个深植于日本历史中的美学、实践和习俗体系。这些因素

　　图7.1　早期日本人接触西方食物。宴会上，荷兰的男男女女围坐桌边，长崎画派作品。桌上的动物头颅代表日本人眼中野蛮的进食方式。©大英博物馆信托理事会。图片编号：00512177001

决定了用什么搭配炸肉排、肉排要如何切、摆盘和装饰、适合何种场合，以及应当使用的餐盘种类和颜色。日本人有一个词——"摆盘艺术"（moritsuke）——指取决于食物和容器的七种摆盘方式：

　　　　1. 条状和切片食物搭成斜堆（sugimori）；

　　　　2. 切片食物彼此堆叠（kanemori）；

　　　　3. 块状或圆形食物平铺成金字塔形（tawaramori）；

　　　　4. 生鱼片纵向摆放或是选择具有代表性的摆在一个盘子里（hiramori）；

　　　　6. 两三种形成对比的材料比邻摆放（yosemori）；

　　　　7. 与前一种类似，但是食材彼此间隔一段距离（chirashimori）。

　　还有一个词的意思是将食物在容器上高高堆起（takamori），它"如今仅在献给神明或天皇时使用"（Hosking 1995: 98），并且有其他规则。盘子和容器必须要选择与食物搭配的，圆形食物必须放在方形碗盘上，方形食物必须放在圆形碗盘上，而碗盘的色彩和图案必须与季节相匹配（Hosking 1995: 211）。

　　吸收转化的过程无可避免地牵涉到接受方文化的改变，但是在日本还没有达到太过明显的程度，它的摆盘艺术、高度风格化和仪式化的饮食方式依然固我——无论是在正式还是非正式场合，无论是对于本土食物，还是炸肉排这种引进菜式。日本的政治历史、文学和艺术常常成为研究对象，但对其饮食和餐宴仪式进行的人类学研究却很少，它们因循袭故和独树一帜的特性尚有待探究——它们从何而来，又怎样产生？为什么能沿袭至今？它们又在向我们诉说着什么？

武士之宴

大多数人一提"传统日本"就会想到武士的全盛时期，这是一个很好的切入点。从镰仓时代（1192—1333）开始，一种军事政权即"幕府"统治了日本，其领导是被称作"将军"的军事领袖，受到各藩省领主"大名"和被称为"武士"的战士们的支持。他们一同掌握了日本的军事和政治权力，而天皇扮演着纯粹仪式性角色，这种状态一直持续到明治时代伊始，其间偶有中断和修正。人类学和食物史学家石毛直道指出，室町时代（1337—1573）晚期到江户时代（1603—1868）初期是日本社会和饮食变化的关键时期。起初，在平安时代末期夺取政权的镰仓时代武士的食物朴素又简单，与其刚推翻的政权中精美的精英饮食形成了鲜明对比。第一位将军源赖朝惩罚了受到昔日贵族浮华风格影响的武士，而他的继承者也在整个镰仓时期秉持类似的政策。但随着新兴的武士阶层巩固了其经济和社会基础，封建统治渗透到社会各个阶层，军事精英开始效仿旧日贵族阶层的饮食和礼仪，新的实践也在此时被引入。815年，来自中国的茶叶被带到日本宫廷，但被当作药品，没有得到更广泛的应用。13世纪初，茶以茶叶粉"抹茶"的形式被重新引入，在社会各阶层中流行起来，由此引发了饮茶仪式即"茶汤"以及相关小吃的兴起，一种新的正式进餐形式——全部选用当季新鲜食材的怀石料理也因此诞生。这一时期还发展出了另一种进食方式，被称为精进料理，是受到佛教影响而产生于寺院之中的素食料理。豆腐是精进料理的主料（Ishige 2001: 76），最早的记录出现在1183年。所有这些都对如今的日本料理影响深远，但本膳料理被普遍认为是最有影响力的一种。它先是"被制度化地确立为上层武士和贵族的筵席膳食"，然后"在普罗大众中传播开来，并且直到20世纪上半叶，正式宴会中都在使用本膳料理"（Ishige 2001: 98）。

图7.2　日本京都龙安寺精进料理中的豆腐菜肴。

本膳料理是一种正式筵席的风格，"出现于13世纪左右，并在室
町幕府时期成为完备的正式宴会形式"（Ishige 2001: 98）。在本膳料理
中，食物被称作"膳"，摆在若干小巧低矮的的桌子上。单独的托盘和
矮桌自古以来就被使用，而令本膳料理声名显赫的，是其精心和仪式化
的程度。正式的本膳料理筵席在军事精英的宅邸举行，宾客通常都是男
性，坐在地板上，位置由其社会阶层决定。主人和贵宾面向其他与宴者
而坐，这些人坐成排，地位高低根据与主人的相对位置一望而知，最近
的座位最被垂涎。一道道精心制作的美食被摆在小桌上，再端到宾客面
前。上菜的顺序、每位宾客面前的桌子数量，以及桌上菜肴的数量和品
种，都根据用餐者的社会地位而有不同，这是社会等级的物质化体现，

显示了主人能够举办如此奢华而精致的活动。一切都安排得巨细无遗、严丝合缝。摆盘、制作、用餐和餐桌礼仪等所有方面都有规矩，记载在名为"料理书"的烹饪手抄本中，随着日本饮食研究的发展，这些资料受到了越来越多的关注。

大多数幸存下来的料理书手稿都可以追溯到16世纪，但也有些来自15世纪，引用了今已散佚的更早的著作。起初料理书的创造者和服务对象都是负责准备盛大筵席的厨艺大师（Rath 2008: 44），同时也供那些负责安排和监督此类活动的人参考，料理书提供了值得注意的主位或者说内在视角下的本膳料理筵席。餐桌以3、5或7个为一组呈给宾客。一个"膳"桌作为主桌，被其他桌围绕，并且每份"膳"有特定数目的菜肴。这意味着用餐者必须彼此保持一定的距离，以便容纳这些桌子。一种标准摆法是：3张桌子分别摆上"5—4—3"道菜，其中主桌除了汤和米饭之外还有5道配菜，第二张桌子上除了汤还有4道配菜，最后一张上除了汤有3道配菜。虽然没有饮料，但是每道汤各不相同，比如编纂于1497年的《山内料理书》（after Rath 2010: 62-5）描述了这样的5—4—3型膳食：

第一张桌：米饭、竹笋汤、干海鲷、章鱼肉、腌菜、熟鱼肉沙拉、寿司（指浸醋的鱼，而非今日的寿司）。

第二张桌：鸳鸯肉汤、盐渍海鲷、香鱼、鲑鱼卵、醋煨海鲈鱼。

第三张桌：冷汤配单独的米饭、烤香鱼、鱼干、盐渍鲍鱼。

还有关于"七膳"的筵席记录，包括每人8道汤和24道配菜，尽管这只是给贵宾们的。匹配各种场合的菜肴都被一一指明，但它们并非每次都相同。例如，可能指明要有一道鱼汤，但是主厨可能有权自行选择鱼的种类，以便在一个整体框架中展现他的专长。

按照现代日本人的标准，上文描述的这种5—4—3型膳食似乎不是特别令人有食欲。筵席膳食由四种食物组成，大多都是冷的："干物"（盐腌并风干的食物）、"生物"（生鲜食物）、"窪坏"（发酵或淋醋的食物）和"菓子"（点心）（Ishige 2001:73）。因为运输和贮藏困难，新鲜食物有限。至少从9世纪起便已确立的基本烹饪方法是烤、煨、煮和蒸。几乎不用脂肪或油，调味也受到限制，主要只有盐、醋和早期形式的酱油（Ishige 2001: 71-2）。人们付出了许多努力来使基本食材美味可口——最终菜肴的感染力多在于视觉方面。料理强调的是制作和呈现，而不是风味。

本膳料理筵席的基础是切割食物，这被抬升为一种高级艺术。"切割常常是制作菜肴最重要的步骤"（Rath 2010: 58），许多料理书对于切割的注重程度等同于烹制，有一本就给出了47种不同的切鲤鱼的方法。在军国主义盛嚣尘上的年代，武士与他的剑和精英大厨与厨刀的相似之处被强调，厨师的刀具被描绘为"厨房用剑"（Ishige 2001: 206），有时宴会上还有厨房刀功的展示，主厨会被请来展示技艺，这种做法在今天的日本餐馆中依然存在。然而，刀功并不仅仅是取悦于人的表演。就像这些手册中描述的那样，持刀主厨的举止动作如剑豪一般是被精心编排过的。一则教导是这样开头的："右手持刀，向右上举起时，抬起你的右膝并挺直臀部"（in Rath 2010: 44）。该文献揭示出切割除作为专业技巧外，也被认为具有精神面向。正如另一本手册所言，"这是邀请众神赴会的刀"（Rath 2010: 48）。

对这些文献的细致检视还揭示了正确使用砧板的类似方法（Ishige 2001: 207）。在未经训练的人眼中，砧板不过是一块木头，但对于初窥门径者和行家里手而言是一座烹饪的圣坛。这块板被划分为5个区域——四角和中央——每个区域都与一种颜色、方位和元素相关联，必须保持它们处于动态和谐的状态。出于精神层面的原因，食物会根据种类和场合的不同，依不同顺序在砧板的不同区域被切割和摆放。一本料理手册表述，"守护星体从天堂降落到这些地方。人们不应该觉得这是不真实的。五大元素保护着所有的四个方向。这五种元素是金、木、水、火和土。对此还有进一步的口头说明"（Rath 2010: 49）。对于烹饪观念和实践的信息从未全然诉诸纸笔，而是被当作入门的秘诀，口传心授。因此，料理手册无法讲出故事的全貌，但它们提供了具有启发性的一瞥。

食物被从砧板上转移到食器中，通常是漆器、陶器以及从13世纪开始使用的瓷器。料理手册规定，容器的形状、材质和装饰必须与宾客的身份地位、场合以及食物本身相称。选好之后，容器必须被摆放在"膳"桌的精确位置上，手册中常常还包含摆放示意图。这些排布远不止对称那么简单：就像砧板一样，桌子和食器被当作看不见的地图，充满了我们今天已经无法完全理解的象征意味。食器和食物的颜色有各自的作用，碟子上食物的形状也是如此，有些食物和形状被认为是男性化的，有些则是女性化的——这是摆盘艺术的一个更早版本。至于食物本身，精英阶层吃的是野味、上等鱼肉和海鲜，以及稻米——尽管也常吃其他谷物，有些食物则因其象征意义和联系尤其受到推崇，例如与长寿联系在一起的鹤。在室町时代，本膳料理的菜品最让人叹为观止的元素就是那些供陈设和观赏的菜肴，特别是那些气派地摆放成如蟹、龙虾或野禽等活物形状的菜，细节都被精心照顾到，周围环布着显示它们自然栖息地的东西。还有一个变体是将食物做成别的东西的样子——比如把鱼装饰成船的模样，或是利用烹饪技巧将干制墨鱼和鲍鱼做成蝴蝶、鲜花或其他寓意吉祥的形状（参见Rath 2010: 79），其现代版本依然可见于当代日式筵席上。此时，正确的作客之道是对这些创意大加赞赏，且不要当场将它们吃掉，不过宴会结束之后，倒是可以一块块打包带走。

现在，我们终于能够想象室町时代在将军宫殿或武士精英豪宅中举行的正式本膳料理盛筵了，武士阶层此时放弃了先辈有节制的生活方式。"简素之美"，即日文中的"侘び"后来成了茶道的基础，与室町时代末期充斥着过多珍馐、显得奢靡和炫耀的筵席截然相反。然而，光鲜的外表下气氛紧绷。在这个武士社会中，正式筵席是政治活动，是将决定公之于众、宣告和庆祝成就，以及向所有人清晰表达赞成或反对的舞台，被竞争者密切注视着。即便情绪再沸腾，参与者都被要求几乎一动不动地坐着。筵席持续几个小时，常常被通告、宣布晋升、授奖和赠予仪式性礼品的行为打断，所以进行得十分缓慢。对于将军来说，招待大名们是展示财富和权威的机会；对于大名们来说，招待将军则是用正确方式举办得体筵席以展示忠诚和敬意的良机。任何程序或供给中的疏失——无论有意还是无意——都会被解读为对宾客的侮辱。当时还有一些严格的筵席礼仪规则必须遵守。

正确的进餐方式是吃一口饭，再吃一口配菜，轮替进行；只吃米饭之外的菜肴会被认为粗俗（Ishige 2001: 176），进食时讲话也被认为是无礼之举。正式筵席的与宴者还必须注意特定菜肴的正确吃法，包括根据所吃的菜以不同方式正确地使用筷子；要表达感激和欣赏到何种程度；端上来许多菜肴时要遵循正确的取食顺序；以及分辨哪些菜只是用于欣赏，而不是用来吃的。出席宴会时，人们必须穿上与自己的身份地位及场合相称的服装，最小的细节都不能放过。程序和仪式是如此复杂，以至于需要雇用（或贿赂）职业专家和顾问——确保将军府或大名宅邸中的初来乍到者举止如仪。通晓恰当的行事方法对于展示一个人的背景、地位和晋升能力至关重要，而一次失态就会导致灾难性后果。江户时代的伟大武士史诗作品《假名手本忠臣藏》就源自这样一系列事件。大名浅野初到将军府中，受命监督一场筵席，他本应从将军的"高家"（仪式总管）吉良大人那里得到指示。但因浅野的酬谢未能让他满意，吉良认为受到了冒犯，就仪式程序给出了错误的指示，导致浅野蒙羞。在后来的冲突中，被羞辱的浅野在将军的宫殿中袭击了吉良，为此不得不切腹。后来，浅野忠诚的武士家臣们终于伺机杀死了吉良，为主公报仇雪恨，随后他们也切腹自杀了。

　　尽管奢华靡费，室町后期的本膳料理简直是一项酷刑，人们只在正餐之后的酒会才能稍微放松。清酒是一种米酒，分为若干等级，属于精英的饮品。在筵席的森严规矩之后，宾客终于得以在筵席后的清酒酒会上举止相对自由和放松，酒会可能持续几个小时，经常以醉酒告终（Ishige 2001: 74）。官方活动之前常常会举行饮酒仪式，期间宾主饮三轮清酒，上酒的顺序依然取决于地位高低。每人一轮饮三小杯清酒，总共九杯。然后宾客就继续举行正式活动，比如筵席或庆典，也可能继续饮酒，并常常伴有娱乐活动。在这种情况下，料理书中指明的小吃——通常是鱼干——被端了上来。人们随意畅饮，常常会过量，场面充满了正式筵席中所没有的欢乐气氛。参加筵席之后的酒会被认为是必须的（Ishige 2001）。毫不夸张地说，在经历了正式筵席中的孤立与疏离后，饮用清酒确实重新创造出了共同体。就像现在一样，那时礼仪要求人们不得给自己斟清酒（Ohnuki-Tierney 1995: 229）。清酒由他人为你斟上，然后你投桃报李，他人再回报，酒被无止境地彼此传递。

　　室町时代末期，大名之间出现了旷日持久的毁灭性内乱，史称"应仁之乱"（1467—1477），随后出现了德川幕府统治日本的时期，即"江户时代"（1603—1868），一直延续到明治维新。德川政权对所有阶层实行严格的社会控制，包括在长达两个世纪的时间里闭关锁国，并且其中一些最严厉的规范是用在食物和筵席上的。已败亡的室町幕府过度铺张的饮宴遭到摒弃。野禽这时仅供贵族阶层食用，甚至在精英阶层内部，地位高下也决定着能吃什么——干海参、串烤鲍鱼此时仅供大名，而不许低阶武士食用。七托盘的规格被取消，将军的高级幕僚们可以吃摆在三个托盘上的十道配菜，但是大名们却限于两个托盘上的两汤七菜，而中层武士只有两个托盘上的两汤五菜（Rath 2010，2008）。总体而言，当时的社会不鼓励奢华的筵席，清酒的供应量也受到了限制。平民被禁止使用漆器作为清酒杯，也不许使用装饰精美的食盒，而农民不许染指任何形式的筵席，其主食也仅限于糙米和大麦或黍米之类的谷物，而不是白米。

与此同时，印刷术的发展使更多人有机会阅读书籍，并且旧式手写料理书被新的印刷书籍——"料理本"*取代，后者详细描述了过去的筵席。即便这些盛大的筵席依然存在，大部分民众也无缘参加，如今更无权合法地吃到书中描述的食物，何况在大多数情况下，他们即便有权也负担不起，尤其是不能与社会上层交往，尽管如此，这些书籍却极为流行。诸如精英阶层神秘的娱乐礼仪、错综复杂的切鱼方法、正式的食物摆盘方式、仪式性饮清酒的正确做法以及其他种种，头一次被披露给广泛的受众。在一个消费受到限制的时代，"幻想""替代性欢愉"，甚至"窥阴癖"（Higashiyotsuyanagi in Rath 2010: 118）都被提了出来，但有一种更有说服力的人类学解释，指向了埃利亚斯的文明进程论（Elias 2000）。在维多利亚时代的英格兰——就像德川时代的日本，正处于新兴中产阶级兴起的深刻变革的时代——这些书成了传递梦想和愿景的渠道。在那种时代氛围中，知晓应该怎样做事——这本身就被看作一种可敬的成就（O'Connor 2013），是一种通过遵守规则维护社会稳定的方式。自我提升是文明进程的一部分，而精英筵席的相关知识是一种教育

---

　　*　日文中"本"意为"书籍"，"書"的含义则更多样，可以理解为"手册""笔记"等。

图7.3　托盘上的汤碗、酒壶和小型"岁寒三友"盆景。作者：柳柳居辰斋，木刻版画，约文化年间。

形式，其中一两种要素，比如仪式性祝酒，渗透到了寻常百姓家，用于婚礼等特殊场合（Rath 2011: 114）。然而，由于外行读者无法得到精英阶层的烹饪和筵席材料，而且切割和烹饪的高级技术细节只对相对少数的专业"庖丁人"即烹饪大师，以及后来江户时代的餐馆主厨们才有实际用处，因此书中的重点发生了转移。

料理本不再是实用指南，而是逐渐远离烹饪和制作食物的主题，演化成了一种风尚手册，实用性让位于审美。食物被抽象地讨论和辩论——不同组合的相对价值、色彩和质感的相互作用、并列放置的乐趣、食物命名中的文字游戏，特定菜肴乃至想象中的整份菜单的哲学意义。讨论食物成了一种文化话语，一种资产阶级得以随心所欲地沉溺其中而且为武士和高级精英所接受的活动，这对某些人来说是爱好，对另一些人则是严肃的对谈。随着时间的推移，早期料理书中象征性和神圣的关联被转化为一套表现与审美的规范。事物之所以被认为好和美，是因为它们被按照特定的方式完成，而我们在室町时代瞥见的仪式性筵席的神秘因素消退了。关于烹饪美学的发展历程，很少或者说几乎从来没有如此清晰的范例。

大多数对日本食物和宴会的研究专注于江户时代和之后的时期，而室町时代则被认为代表着无需进一步了解的遥远过去，但这种观点未免以偏盖全。正式宴会的持存可见于下面对日本新年晚宴的正确呈现方式的描述，于1949年由日本交通公社发表。

用三个托盘，菜肴在碗碟中以及碗碟在托盘上的正确位置显然与食物本身同样重要（Kagawa 1949: 130）：

第一个托盘

碟（1）

（A）带壳烤龙虾

（B）菊花形小芜菁

（C）甜煮栗子

小碗（2）

甜煮黑大豆

盖碗（3）

年糕汤（zoni）

第二个托盘

混了药草粉的屠苏（Toso）甜清酒（4）

第三个托盘

碟（5）

鹤于巢（一个煮鸡蛋放在切成条的乌贼肉干上）

青草金团（kinton，加糖的白腰豆混和绿茶粉）

串烤西太公鱼（一种小鱼）

碟（6）

蒸寿司（nuku-zushi）——煮好的醋饭与多彩食材混合

碗（7）

汤

在日本，新年时总会举行盛大的节日庆典，其中食物扮演着重要的角色，它既是热情好客的表现之一，为来年巩固亲情和友谊的纽带，也因为在此时吃下特定的食物具有象征意义，会给新的一年带来好运、健康和财富。在这里，过去的浮光掠影投射在当下的情境之中，可以从三个分别端上的衝重（小型食案）中反映出来，而且虽然菜肴的数量较之5—4—3的规模大幅减少，但它们都有着当初在料理书中所看到的重要象征意义——鹤，由蛋和乌贼代表，与五彩食材混合的米饭，还有屠苏清酒，文献中这样写道："这是一种少量混合了四种草药粉末的清酒。这种方法从平安时代（794—1186）就开始使用，用于在新年来临之际驱邪避祸、益寿延年"（Kagawa 1949: 134）。食物研究中有太多将唯美主义视作理所当然的倾向，接受了"用眼睛进食"的观念，而不问它是如何以及为何产生的。要想真正理解这种烹饪象征主义和程式化进食的持存——在单纯的"唯美主义"之下的基础——人们就必须搞清记录在手写料理书中的初始规则。它们从何而来，又为何得以存续？为此，我们就必须跨越梦浮桥。

跨越梦浮桥

英译名《当我跨越梦浮桥》（*As I Crossed A Bridge of Dreams*）即《更级日记》，是日本平安时代宫廷中的一位女士所写。它属于当时杰出的文学作品序列，其中最著名的要数紫式部的《源氏物语》（Waley 1965），后者常被称为世界上第一部小说，提供了对公元9世纪日本贵族生活的深刻观察，当时天皇朝廷——而不是幕府将军——依然是国家的权力中心。"物语"是描述《源氏物语》以及其他此类作品的更恰当的文学术语，即"民族志式小说"，因为它们是基于历史事件的稍带虚构的叙述，以及对一个与后来黩武的室町时代完全不同的、如梦似幻的社会的切近观察。物语文学的背景设置在被称为"晶泉与紫山之城"的地方，就是如今的京都，它描绘了一个与世隔绝的帝王世界，其中的生活似乎就是无穷无尽的仪式、娱乐和庆典，受到精心制定的仪式日历和程序规则的严格规定。亲王王子和公主妃嫔、贵族爵爷和名媛仕女，在宫殿和宅邸之间穿行，仿佛棋盘上的棋子，根据从未完全明确却似乎人尽知晓并严格遵循的惯例行事，而且超自然元素——鬼魂和神灵——在其中扮演着重要角色。就像童话故事一样，茶点和筵席恍若魔法般时隐时现，由看不见的手制作，货物和礼品不知从哪处穷乡僻壤涌入首都，充填着这座城市。首都是国家的象征性中心，而宫殿群是这座城市的象征性中心，宫殿群中有这个国家的行政和礼仪官署，而其中心是天皇的住处（W. McCulloch 1999a）。天皇居住的院落是一座宫殿中的宫殿，由许多低矮的建筑组成，它们有着深邃的屋檐和宽敞的游廊，俯瞰精美的花园，并通过甬道和走廊彼此相连。围绕天皇私人寓所聚居的是他的皇后和妃嫔，约有6人，都有各自的门户。贵族大部分时间在宫廷中度过，而他们的宅邸坐落于宫殿群附近（H. McCulloch 1999）。就在这处皇家飞地，宫廷仕女们写出了物语文学。当这些物语第一次被翻译到西方时，人们很容易认为它们不过是些浪漫的故事而已，但是后来对男性高官日记的研究和该时期的其他记录印证了她们对这个恍若隔世的平安时代宫廷的描绘，其中筵席起到了虽然难以捉摸但又至关重要的作用。

平安时代的背景

中国的《三国志·魏志》显示，239年，一位名为"卑呼弥"的女王遣使造访（参见Kidder 2007），她是当时在日本兴起的众多小型部落国家之一的萨满和统治者，当时的日本社会分为统治阶层、市民大众和奴隶。《魏志》还留下了关于日本饮食文化的最早记载："倭水人好沉没捕鱼蛤""种禾稻""倭地温暖，冬夏食生菜，皆徒跣""有姜、橘、椒、蘘荷，不知以为滋味""食饮用笾豆，手食"，并且"人性嗜酒"（Ishige 2001: 26）。在经历了部族间战争和一段统一的时期后，一个国家出现了，其统治者正是当今日本天皇的祖先。早至公元2世纪，日本就曾遣使来华，而到了5世纪，这变成了制度化的长期任务，负责将中国的财货和文化知识带回日本。在大陆发生动荡时，也有从中国和朝鲜前往日本的移民。尽管日本的立场总是它并非全盘吸收或推行中国文化，而是始终处在自身控制下的择善而从，但中国对萌芽中的日本社会的贡献可谓"无可估量"（Borgen 1982: 1）。在奈良时代（710—794）及之前，中国的文字和文学、道教信仰和实践的元素、儒家价值观和官僚组织形式、法家的法典、佛教、奢侈品、筷子和包括中国蜜柑在内的新的农作物都来到了日本。奈良时代和其后的平安时代被认为是日本历史时代的开端，是最早有可靠的文字记载的时代。后来在894年，这些使团活动终止了。中日外交联系陷入停滞，直到在5个世纪后被室町幕府重启，而日本开始了一段发展"日本性"的时期，这使得平安时代有了如此独特的文化和饮宴活动。

原本，日本社会是仿效中国中央集权的金字塔模式构建的。塔顶是天皇，既是神圣的也是世俗的领导者。他之下是皇室家族和贵族阶层，得到精英行政官僚机构的支撑。在平安时代，政治权力落入了贵族藤原家族的手中，他们通过担任太政大臣和关白*来控制政府，进行间接的统治。在藤原氏统治下，天皇不得不扮演一个象征性角色，尽管所有国事依然以他的名义处理。藤原氏将女儿们嫁给天皇及其家族近亲，使操控天皇变得更加容易，因为这样一来，藤原家的家主就成了天皇的岳父，最终会成为天皇的外祖父或其他亲戚关系。藤原氏还鼓励天皇早早退位，最好由藤原家的后妃们所生的年幼皇子继位，在后者未成年时摄政会更容易操控。最重要的是，藤原氏认同仪式和典礼的重要性，并支持其举行，正式筵席则是其中核心所在。

世俗法典对平安时代生活的制约反而不如有法律效力的仪式来得深刻。当日本超越了单纯模仿中国的模式之后，一种独特的在中国找不到对应物的日式机构出现了（Hérail 2006: 33）。这就是"神祇官"，负责管理该国与神相关的事务。它是政府两大部门之一，另一个是负责监

---

* 日本古代官职名，天皇年幼时，太政大臣主持政事称"摄政"，天皇成年亲政后摄政改称"关白"。

察世俗行政的"太政官"。随着藤原氏权势的增长，太政官的重要性和活跃度降低，而神祇官势力崛起，有几个因素造成了这种宗教压倒世俗的情况。首先，重要的是太政官不能成为一个可能对藤原氏构成挑战的政治中心。将太政官的任职去精英化可部分达成这一目的，另一部分则是靠宣扬宗教仪式的重要性，以其作为社会和政治控制的手段。从家族崛起时开始，藤原氏就积极推动宫廷仪式程序的编纂和实行，族中许多人成了次序和礼仪方面的专家，这使他们得以主导和指导礼仪程序的进行。在平安时代的京都，"仪式和礼仪对于政府和市民个人而言，都是头等大事。在藤原氏执政时期……仪式和礼仪被认为是生活和治理的中心，花在这上面的时间和财富可能比花在朝廷或贵族们的其他任何公共或社会活动上的都要多"（W. McCulloch 1999b: 123）。其次，对于藤原氏和天皇家族而言，王权的重要性必须被不断地、明显地强调（Bock 1970: 17），但是要用一种不会对藤原氏的主导权构成威胁的方式。天皇与其说是在扮演政治角色，不如说是因其血缘追溯至太阳女神即天照大神，而被认为是天界与人世之间活的纽带，他"主持主要的宫廷仪式和庆典，这被广泛认为是统治者为他自己和大众福祉所做的最重要贡献，因为这是一个健全的国家的根基所在"（W. McCulloch 1999b: 123）。第三，有必要用仪式去制约这个国家错综复杂的宗教信仰背景，这是社会政治不稳定的潜在源头。

在日本的平安时代，宗教信仰复杂、彼此冲突又互相融合。中国早期对日本的记载中提到的萨满教是一种对"神"的万物有灵的崇拜——无数本土的自然神灵、元素力量、地方神祇，还有掌管太阳、月亮和风暴的男神和女神们，他们被按照等级顺序排列。有人给出过3132位神的数字（Bock 1970: 59），但其实他们不可胜数。在这之上发展出了这个国家的信仰，即今日所谓的"神道教"，这是一种对与皇室家族相关的一组特定本土神祇的狂热崇拜，皇室自称是其神圣的后代。与此交织

图7.4　正在吃鱼饮酒庆祝新年的惠比寿（亦作"惠比须"）和大黑天，他们同属日本神话中的"七福神"。绘画作品，纸本水墨，作者：葛饰北斋。

的是一些舶来信仰，包括来自中国的某个版本的阴阳五行体系——指的是宇宙力量间的动态影响，它们需要保持长期的和谐与平衡——在日本被称为"阴阳道"（Tubielewicz 1980）。佛教元素又被加入其中，来自当时在贵族中盛行的天台和真言二宗，它们曾经对神道教神明和国家崇拜的权威构成威胁。仪式的重要性还得到了儒家思想的加强，尽管后者本身并非宗教，但认为仪式及其被恰当地奉行是一种道德责任和基本美德。这些因素交织成一张纵横缠结的信仰和实践网络，包括风水、占星、占卜、预言、恶灵和闹鬼、不吉利的方位和日子（Frank 1998）的观念，以及对梦和预言的解读。被称为"阴阳寮"的专门机构负责拟定一年的庆典日历，它在承认外来元素的同时，促进和加强了对传统神道教神明的崇拜，这是帝国的基础。这份年历是一套无止境的节庆、供奉和典礼程序，旨在确保国家的福祉和土壤的肥沃，在天皇的领导下被宫廷谨慎地遵循，其根据是详细的庆典程序手册，比如《延喜式》和其他散佚的书籍（Philippi 1959: 1），精确说明了仪式究竟是怎样进行的，书中内容包括在仪式的不同阶段应当站在何处、穿何衣物，以及何时应仪式性地鼓掌。每个典礼都伴随着供奉食物，以及用于烹饪和向众神献上食物的器皿，它们由神祇官奉上，并巨细无遗地列举在《延喜式》中，下面的例子比较有代表性。如果典礼是在宫外举行，食物常常以生冷的形式呈上，伴之以烹饪的锅具和制作供奉所用食物的器具，都由神祇官送来。

> ……白米五斗，糯米二斗，大豆、小豆各一斗，酒二斗，稻四束，鳆、坚鱼、杂腊各二斤，鲑五只，杂鮨二斗，海藻二斤，杂海菜二斤，盐二斗。果直钱（多少随时）。明柜二合，折柜四合，高案一脚，罐二口，埚四口，片盘廿口。鲍四柄……。

> （Bock 1970: 64-5）

供奉还伴随以"祝词"，即仪式性诗文，用一种独特的铿锵有力的歌咏风格诵出，其原本的目的是通过催眠的节奏、重复和仪式性固定措辞本身，"用言辞施加魔法"（Philippi 1959: 2）。祝词向神致意，它恭敬地开场——"所有至高无上的神明，请听我说；我在你们面前谦卑地发言"——然后用一种隐晦和寓言的方式祈福。不同的神社和典礼有不同

的祝词，但都涉及食物的供奉和意象，就像下面这个重复出现在现存仪
式中的段落：

原文：	译文：
四方国能進礼流御調	四方进贡的首批物产排列
能荷前乎取並弖	成行：
御酒波瓱戶高知	美酒，令人翘首以盼
瓱腹満並弖	无数杯盏斟满到杯沿
山野能物波甘菜辛菜	山野中的果实
青海原乃物波	有甜和苦的药草
波多能広物	还有蓝色大海的物产
波多能狭物	鳍或宽或窄的鱼
奥都毛波	长于深海或岸边的海藻
辺津毛波尔至麻弖	我将所有这些供品摆好，垒高
雑物乎如横山置高成弖	仿佛一座山似的呈上
	（Philippi 1959: 32）[*]

这里我们可以看到"高堆"这种摆盘方式的起源——高高堆起的食
物代表人们心目中神居住的神圣群山。神道教的神就像其信徒一样，也
按照等级次序排列。所有神都受到尊崇，但给其中高位者的供品摆在供
桌上，而地位较低者的摆在桌子下面的垫子上（Bock 1970: 60 n. 149）。

---

[*]   如作者所言，本段祝词重复出现在多个仪式场合，措辞细节略有不同，此处根
据语序判断应出自《久度·古関的祝词》，参见http://www.7key.jp/data/thought/shintou/
norito/kudo_furuseki.html。

供品是一种神圣的食物技术，旨在取悦众神，大大小小的典礼和仪式被一丝不苟地举行，人们认为这样可以避免混乱和厄运，并确保土地肥沃和民生丰足。"只要通过正确的仪式维持宇宙的和谐，或至少不因错误行为而加以破坏，那么君主及其显赫的臣僚就算尽到了职责"（Sansom 1958: 167）。尽管藤原氏利用这个制度为自己谋利，但如其日记所述，他们也受制于这些规则和信仰。物语文学中的人们像钟表般按照看不见的规则行事，这种奇怪举动也可以部分归结于这些仪式安排，部分归结于复杂的社会等级制度，后者进一步支配着人们的行为。宫廷品秩在757年的《养老律令》中得到了规定，它是日本精英文化的核心所在，以至于日本人一直将其保持到明治时代。大内中有9个位级，每个又分"正"和"从"，"正一位"处于顶端，而"从九位"处于底层，较低6个位级的正、从位又有"上"和"下"之别。"宫廷品秩制度使得有品秩者有资格进入大内，并在公共及私人活动中获得特定的席位，并参加典礼和其他官方活动"（McCulloch and McCulloch 1980 II: 790）。家庭关系通常决定一个人在20岁左右入宫时的起始品秩。此后，他就靠家族影响力、靠山的支持和自身能力在宫廷中步步攀升。为天皇尽心效劳也是宫廷中的晋升阶梯——725年，两位小官因将中国蜜柑引入日本而被封为"五位"（von Verschuer 2003: 222）。宫廷女官和后妃也有品秩，其册立和升品取决于天皇。除了这些宫廷品秩之外，还有与官职相联系的官员等级（Sansom 1958: 170-1）。此外还"有一个单独而不可再分的四位级系统，正式授予皇子和公主。其他的亲王和公主则被授予一位到五位的位级"（McCulloch and McCulloch 1980 II: 790 n. 2）。在皇室和贵族家庭中，还有基于血统间的尊卑、一夫多妻制产生的差异以及核心子嗣的出生顺序而形成的内部等级制度，导致了对地位的细致划分。社会差异反映在礼仪和物质文化之中，拥有品秩和次级品秩的人有权穿着特定颜色和面料的不同服装，乘坐特定的车驾，按照先后次序被招待，携带不同种类的折扇，在官方场合按规定获得各种赠礼等等。由于食物因阶层而不同，每顿甚至每口饭食都在巩固着这种社会秩序。保持这种差异是维护社会及宇宙秩序的重要部分，而等级的展示从出生就开始了。《大镜物语》讲述了一位贵族婴儿出生即丧母，由姨母也就是天皇的中宫藤原安子抚养长大，养母对他视如己出——除了这个孤儿的餐桌比其皇家表兄弟矮了一寸（H. McCulloch 1980: 160）。

藤原氏的权势在于政治而非军事。那时没有武士阶层，而且因为这是一个和平时期，文化而非军事勇武成为廷臣争相施展才华的舞台。诗歌、艺术、专业知识、服饰风格和物料展览盛行一时，将这个时期塑造成了品味和文雅的黄金时代。男女都是如此。在大内中，藤原氏后妃的身边聚集着一群出身高贵的宫女，她们举止优雅、学识渊博，让后妃的居所变成供后妃、皇帝和朝臣取乐的文学沙龙，显赫的贵族也在宅邸中举行文艺娱乐活动。正是在这种星光闪耀、竞争激烈而又惶惶不安的背景下，女官们写出了如《源氏物语》和《更级日记》这样的民族志式叙事文学，而平安时代的筵席也在上演。

看不见的食物和难以捉摸的筵席

烹饪历史学家和食物人类学家有一种普遍的假设，即如果早期的历史和民族志更多由女人而非男人撰写，那么对于食物就会有更多详细的记述，但这被平安时代的情况推翻了。当然，平安时代的贵族女性不事烹饪，所以不会有像后来的料理手册中那么多的烹饪细节。但就物质文化而言，平安时代女性创作的物语文学可谓无与伦比。每一种感官都受到吸引。焚香的诱人气息，漆器的光泽，王公贵女身上丝袍那窸窸窣窣的声音，手绘扇子的精致美丽，都得到了描述——食物却未出现在画面中。《源氏物语》的作者紫式部在日记中描写了一次盛大的活动，"所有东西都是银的——食盒、碟盘和酒杯"（Bowring 1996: 88），但却没有提到食物本身。《源氏物语》有一章叫"花宴"，其中天皇在宫殿南院的一棵巨大樱花树下设宴。先是举行了赛诗会，然后是音乐和舞蹈表演，它的美让宾客热泪盈眶、衷心赞佩。授奖之后——筵席就结束了，没有提到食物和饮品（Waley 1965）。物语文学告诉读者，筵席举行了，但是却没有描述流程和食物。不过，作者写到了正式筵席之后的清酒酒会——物语文学显示它在平安时代已颇具规模——却也只论及娱乐活动、谐言谑语、男女调情以及杯子和器皿的可爱。本章开头对纪念皇子出生的筵席的描述也是如此。平安时代的诗歌与同时代的中国宋朝诗歌不同，完全没有歌颂食物带来的快乐。

帷幕唯一一次被揭开是在宫廷的私人娱乐活动中——一场皇室猫筵。猫最初是在一条天皇（986—1011）统治时期从中国传到日本的。起初，猫稀少而昂贵，是专属于精英阶层的宠物，而天皇和皇后定子都非常喜欢它们。999年，天皇的一只爱猫产了崽，皇室子女降生时必须到场的达官贵人都来庆贺。天皇最宠爱的小猫被赐四位之品，拥有自己的宫女，还举行了一场庆祝生产的筵席，特制的米糕在席间被仪式性地端给了幼猫（Morris 1967: 272-3; Hérail 1987 I: 240），待遇与皇室新生儿一样。我们可以在此感到欢乐的气氛，但总的来说，人们对于进食的态度非常严肃。食物被当作"粗俗"之物（Morris 1979: 159），并且如果一个人必须当众进食，应当优雅地取用，而不是狼吞虎咽，男女都是如此。日记作家清少纳言，也就是《枕草子》的作者，甚至写道："我不能容忍男人入内拜访宫女时吃东西。"（Morris 1967: 254）。

尽管食物在物语文学中是文化上无从得见的东西，但行政管理记录显示食物流向都城，并且经过宫廷厨房。在宫廷中，廷臣、行政官员、各部寮署以及所有在这建筑群中工作的人的食物是由大膳职用各省

图 7.5　小巧而便于携带的衝重，涂漆木质，一千多年来是日本正式筵席的必需品。

进贡的东西制作的。该部门也将食物和物资外送到神社、寺庙、宅邸和其他需要举行官方仪式和庆典的地方。其制作的食物有盐腌的肉、醋浸蔬菜、发酵的豆酱以及像味噌这样的豆汤，其原料主要是鱼、贝类、海藻、豆类、蔬菜和水果。调味料专家和160名厨师在助手的协助下轮班工作。这个部门必须承办从小吃到全套筵席的一切，供应食物的分量和种类都根据宫廷品秩被仔细区分和记录（Hérail 2006: 346）。它还负责所有的碟、碗和食器，也因品秩和场合而异。

内膳司负责为天皇制作食物，并且还要负责皇室食器、帷幔和餐巾。在这里，厨师轮流工作，不仅为皇室供餐，而且还要制作献给神明的供品。因此，这些厨房、餐具、厨师个人和所供应食品的纯洁性是最为重要的。皇室的灶火需要定期清洁，而且有一位专司皇室厨房的神。如果皇室居所因为房屋着火或仪式而必须迁移，就要在大批扈从的陪伴下，仪式性地将这位神明移入新居（Hérail 2006: 372）。天皇的食品供给来自特定的乡村地区，专为其提供食物，还有精挑细选的供应者送来不同种类的鱼、禽、坚果和地方特产，比如日本梨（nashi pear）和无花果。供给品也有种植于皇家花园中的，那里的园丁照料着梨、桃、柑橘、柿子、李子和红枣树（von Verschuer 2003: 28），以及枸杞和甘栗。其中还栽培有黑莓、大麦、大豆、赤小豆、豇豆、芜菁、几种葱、生姜、瓜、茄子、小萝卜、莴苣、十字花科蔬菜、芋头和其他东西。最后，造酒司负责酿造所有出现在仪式、筵席和茶点中的饮料，其品质和风味千差万别，从干涩到顺滑，应有尽有（Hosking 1995: 215）。包括泡着香草的清酒、花瓣口味的清酒，以及一种用灰烬着色的特制黑色清酒，专供仪式之用，而且造酒司被看得如此重要，以至它竟供奉着四位神明，他们都有自己的节庆，每年两次（Bock 1970: 70）。主水司（Office of Water）则为宫殿和宫廷提供饮用和烹饪用的净水，还有冰块。主水司有自己的守护神。该司的职责之一是制作一道用几种煮熟的谷物做成的菜——它被描述为一种"预防药"——天皇和宫廷必须在每年第一个月的第15天食用（Hérail 2006: 376）。对于宫廷庭园中每一种作物需要多大面积和多少肥料，《延喜式》都记载得一清二楚（von Verschuer 2003）。供给记录精确显示出不同省份进贡的多少，而行政管理记录则给出了其他细节，包括储存问题——必须为筵席所用的众多食案腾出储存空间。但筵席的细节依然模糊不清，部分是因为在平安时代没有发现像室町时代那样的料理书——尽管有理由假定这些后来的文献是基于平安时代的实践——部分是因为平安时代也像室町和后来的时代一样，其仪式性程序常常不诉诸纸笔，始终是口耳相传的秘密知识。至于筵席的视觉表现，最好的资料也是视觉的——少数幸存于世的卷轴画

（Hosking 2001），但它们回避了"从参与者的角度来看究竟发生了什么"这个问题。

在平安时代的文献中，身居高位的男性廷臣的日记直到最近才开始得到研究（Yienprugksawan 1994）。与希望被传阅的物语文学不同，它们是作者职业生涯中种种事件的私人记录。这些日记同样无视食物，除了在记录他们似乎非常着迷的典礼、礼仪和表演的时候。一个典型例子是由藤原氏最杰出的摄政者藤原道长（966—1028）于998年到1021年间所记的日记*（Hérail 1987, 1988, 1991）。在他权势的顶峰时期，道长仿佛一尊巨像矗立于朝堂之上。他有三个女儿成了皇后，两个儿子做了摄政，还有两个外孙做了天皇，他还是一位退位天皇和一位皇储的岳父，因此他的日记为平安时代宫廷权力中心的生活提供了一份独特的主位记载，在这里我们终于得以一睹那些筵席的面貌。

道长的日记描述了讨论宫廷事务的若干轮会议，艺术活动在间隙处出现，比如赛诗会和音乐表演。一些条目显示，几乎每日每夜都有不同种类的仪式和典礼，尽管它们是如此众所周知且理所应当，以至道长常常不加以描述，除非是他亲自安排或主持的，并且以某种方式为他本人增添了光彩。提到筵席时，他也常常只是寥寥数笔，伴以这样的语句："祝贺乔迁新居之喜的筵席，天皇参加"（Hérail 1991: 225，作者自译）或者"皇太后在第九夜举行筵席。所遵循的规则与［依惯例在婴儿出生后第九晚举行的］类似筵席的先例一致"（Hérail 1991: 12，作者自译）。在接下来的段落中，道长给出了珍贵的细节。第一个场合是专为精挑细选出来的宫廷贵胄举办的筵席，由道长作为藤原氏的家主举办：

---

*　即《御堂关白记》。

1008年3月5日。我组织了一场盛大的筵席……四点左右宾客开始陆续到达……并［根据品秩高低］按照惯例依次就座……第二次上清酒时，又端上用捣碎稻米制作的小糕点。第三次上清酒时，我命令端出米饭和汤。在这段时间，养鹰人在宾客中走过，展示他的禽鸟。在第四次上酒时，野菜连着茎干被端了上来。在第五次上酒时，有塞着馅的肉食。第六次，我亲自举杯向坐在靠内侧的贵宾敬酒。这杯子随后流转到后面，最终到了殿上人落座处。又向非参议、大辨官劝酒。在这段时间，酒杯继续流转。我请贵宾放松。鱼干和清酒被端上来。召来伶人后，又上了许多轮清酒。然后开始向宾客分发礼品，从那些地位较低者开始……

（Hérail 1988: 224，作者自译）

第二个被特别提到的场合是一场综合庆典，庆祝一位皇子——也是道长的外孙——出生满50天，以及宫廷年度典礼之一的煮七草，天皇、王公贵胄和廷臣都出席了，对于道长而言，这场恢弘盛事因最后时刻某人的失态而有了瑕疵。

1010年2月1日，天皇落座……而公卿坐在南面廊道上的特设座。他们面前摆上食案，然后是天皇……桌上铺了精美的白绫，绣着春野、松树、泡桐、柏树等。每种树枝旁摆上一道装饰性菜肴。泡桐上摆一对凤凰，这是天皇放筷子的地方。在松树上摆一道空心的鹤形菜肴。至于其余，用硕大的树叶充作菜肴……然后是放着天皇的清酒的托盘被端进来。这是个竹制托盘，上面摆一只鹦鹉形状的酒杯，在一只琉璃酒盏杯中放着一把唐草叶纹勺子……清酒先端给天皇，再端给公卿。杯盏流

转数巡过后，我召来乐师……这时，中宫大夫歌咏新丰酒色，
随后大家加入进来……活动结束后，天皇退席，右大臣看到摆
在天皇面前的饮食，试图从空心的鹤中掏出点什么，此举却弄
翻了托盘。目睹此事的所有人都震惊得无以复加：这鹤是不能
碰的。不是应该已经盖上了吗？多么不小心，真是不小心！这
套托盘本来是要给天皇用早餐的。

（Hérail 1988: 368-9，作者自译）

还有一个场合是道长获得一个显职之后，因收到象征新地位的红色
漆器食具而欣喜若狂。作为这片土地上最有权势的人，道长竟如此热衷
于这种细节，但这并不罕见。其他贵胄的日记也揭示了类似的关心，尽
管并不总是像道长那样在乎细节，或是涉及如此重大的娱乐活动。食物
依然常常不被提及，尽管在1136年藤原赖长举行的乔迁温居筵上，贵
宾们吃到了用各种方法备制的河中的香鱼，还有鲈鱼、海鲷、鲑鱼、章
鱼、鲤鱼、野鸡、棘刺龙虾、各种鱼干、蒸鲍鱼、烤章鱼、鸻鸟、比目
鱼、螃蟹、海鞘和海蜇（Hosking 2001: 105）。大体上，日记作家们简
单地声称筵席和其他活动"行事如仪""依正则""循例而为"，但当疏
漏出现时，就会被记录下来。天皇的猫筵之所以被我们知晓，是因为宫
廷仪规专家藤原实资认为此事非常不妥，必须动笔记下他的反对意见。
另一则日记记录了一次事故，因厨房出了错，一位主要贵宾没有得到依
其地位理应得到的野鸡腿。很快，一只鸡腿被从一位地位稍低的廷臣盘
中拿了出来，装进了这位贵宾的盘子，而那位廷臣熄灭了盘子前的灯，
这样别人就无法看见他盘中缺少了什么。

廷臣的日记和流传下来的程序手册显示，这些细节被看得极为重
要，远非表面文章。座次是另一件颇费神思的事——谁坐在哪里，谁
坐首座，谁朝什么方向——因为座位是上面提到的品秩制度的物质表

现。对盛大筵席的先后次序和位置的考量同样也适用于宫中较小规模的聚餐，宫廷里的所有进食活动都非常正式。这些日记已经足够清楚地表明，我们在室町时代看到的正式筵席早在平安时代就已经发展完善了。只在餐具上有少许不同。平安时代早期尚未采取多食案的方式。贵宾有他自己的桌子，大约一米见方，而面向他坐的宾客则围坐在几张两平方米大小的桌子旁，而且地位越高的客人，桌子也越高。另一种做法是依次端上几张衝重，就像道长时代的筵席一样。然而，食物与室町时代大体相同，食材和呈现方式均是如此，正如我们在卷轴画中看到的那样，而且还存在取决于宾主地位的不同等级的筵席菜肴（Hosking 2001）。筵席与室町时代一样会持续很久，以授奖、宣告、表演和仪式性赠礼为特色，筵后饮用清酒是一种受欢迎的放松方式。

至此，出现了两个问题——是什么造成了食物在物语和日记文学中的文化上的不可见？以及关于日本仪式化餐饮的起源，平安时代的筵席向我们揭示了什么？日本的本土宗教是神道教，而且日本的起源神话让我们得以深刻了解日本文化对于食物的态度。根据古老的编年史《古事记》《日本书纪》和其他资料，天照大神的兄弟造访了食物之神，后者被称为"大气津比卖神"或"保食神"，有时被描绘为男神，有时则是女神。为了设宴款待客人，大气津比卖神/保食神将稻米、鱼和"皮毛柔顺或粗糙"的动物——常常被称为"野味"的东西——从鼻子、嘴和直肠中喷出来，并将这些食物铺在一百张桌子上。那位神圣的宾客对此深感嫌恶——"多么肮脏！多么恶心！"——于是拔剑杀死了大气津比卖神/保食神。根据《古事记》*的说法，天照大神闻此暴行，派了一位信

使到场，信使发现那位死去神明的尸体依然在制造食物和有用的东西：

> 从头上的王冠生出马和牛。从额头喷出粟米，从眉毛生出蚕，从眼中生出黍米，从胃中生出稻米。从生殖器中生出小麦和大小豆类。信使搜集所有这些后离去，将它们献祭［给天照大神］。然后，天照大神说道："这些东西可以供人们当食物吃。"因此黍米、小麦和豆类成了旱地谷物庄稼，而稻米成了水田中的作物。

> （不同的版本参见Philippi 1987: 404-5n.11）

这里有两件事显而易见。首先，日本人与食物的关系始于令人作呕之事，这有助于解释如今仍弥漫于日本文化之中的对于食物和进食深切的矛盾情绪，这反映在物语文学对食物的视若无睹上，以及代之以唯美主义的做法上——全神贯注于食器（而非食物），精心制作的过程使食物远离其起源，以及对外观而非口味的兴趣，在平安时代及之后都是如此。这也解释了日本人在仪式和日常生活中对食物相关的纯洁和污染的关注。纯洁"是精神得以体现和国家得以运作的条件"（Ooms 2009: 257）。在平安时代，纯洁和污染成为"首都的核心文化问题。当时的人甚至将其与所谓日本人的身份认同联系起来"（Ooms 2009: 267），藤原实资也在日记中反思道，对污染的担忧是日本人的独特之处，因为中国并没有这样的污染禁忌。典礼无论大小，都要求参与者通过遵守包括斋戒在内的食物禁忌，从而处于礼仪上的纯洁状态。清洁仪式十分频繁，作为供品的食物必须经过净化，而且如上文所示，天皇的食水是否纯净至关重要。这反过来又反映出日本原生烹饪技巧的局限性，与古代日本在其他领域对中国和亚洲大陆的广泛借鉴相比，这似乎不可理解，也从未被解释过。虽然视觉上精美绝伦，但脂肪的匮乏和较高比例的盐卤腌渍食物却导致平安时代的食物没有什么营养。即使在贵族阶层之中，饮食的缺乏也导致了慢性疾病（H. McCulloch 1980），日记和物语文学常有提及——然而日本人执着于他们有限的技法。为何只用煮、煨和烤？为何没有采用油炸和其他用油的烹饪法？因为在神道教信仰中，水和火是两种净化和清洁的元素，它们的纯洁不断通过仪式得到强化。而我认为日本的水–火烹饪法根本就是一种清洁仪式，食物通过水和火获得净化。在这样的背景下，油和油炸就成了污染，而且日本人持续抵制它们，直到很久之后在非常不同的情况下才有所改变。

这就引出了神话中出现的第二样东西——首次与食物有关的事件是一场随后有献祭的神圣筵席，从而融合了筵席、仪式和神明，并将它们置于日本宇宙观和起源叙述的核心。《延喜式》中被详细列举的祭品是典礼和仪式的永恒回归的中心，它们总在重复上演那第一场筵席，筵席中充满象征意义的食物被制作和摆放得仿佛置于小型祭坛上一般，并且采用了"高堆"的摆盘风格。甚至连烦人的座次问题——后来被完全解释为品秩问题——原本也对应在仪式中极为重要的神圣和吉祥的方位。平安时代的年度仪式日历确定了一系列仪式典礼，内容常常包括天皇食用象征性食物、饮品和餐饭，它们旨在确保他和这个国家的健康——道长笔下庆典中重要的"煮七草"就是一个例子，主水司制作的谷物粥也是一样。这些食物常被描述为"有疗效的"，最初被看作具有神奇力量、有转化作用和保护性的食物。它们的服食始于天皇，先是在皇室中普及，然后是宫廷，最终经过几个世纪的发展走入寻常百姓家，就像在1949年新年筵席上出现的鹤形菜肴一样，还有包含在同一餐之中的屠苏清酒——这已是平安时代结束700年后的事了。

清酒是如今世界仍在日常饮用的最古老饮品之一。作为日本国酒——即日本酒——它依然是宗教仪式、正式筵席、社会和商业娱乐，以及家庭活动的组成部分。如上文所述，它在最早的编年史料中作为祭神的供品出现，顾名思义，清酒即纯净的酒——在提醒人们它的仪式性作用，以及也被认为具有净化性的事实。尽管近两千年来都在日本文化中处于核心地位，但在日本饮食研究中，清酒一直被茶掩盖，其实后者很晚才被引进。室町时代末期，频繁的茶会成为时尚，其形式类似于平安时代的清酒酒会，但在菜单中添加了茶。在后来德川幕府将军统治下的江户时代，一种形式朴素的饮茶方式，即与佛教禅宗相关的"侘茶"得到普及。其惯例做法包括一顿清淡的餐饭，然后仪式性地备茶并喝掉，而清酒通常会被从菜单中删除。侘茶最终衍生出了自己专属的菜系，即"怀石料理"，其中菜品更少，食物盛装成小份并用不同的方式排列在盘中，每个人的餐饭通常都放在一个无脚托盘中被端上。不过，减少是相对的；依然存在不同等级的茶-食，并且随着时间推移，这些食物变得不再简素。怀石料理常常被描述得比过去的筵席食物"更简单""更新鲜"，但经过检视发现，它不止于此。茶道是一种仪式，它包括细节繁复的礼仪，与旧式的正式筵席一样要求苛刻。在茶道中，大部分活动是在保证水的纯净，而经过繁琐的烹茶仪式最终制成的饮品带有一种半神秘化的色彩，正确地烹茶、饮茶所需的沉思和专注则仿佛宗教冥想一般。从清酒到茶的变迁可以被看作佛教禅宗试图取代本土原生的神道教从而占据中心地位的表现，这在明治维新前时有发生，而佛教在那时实际上是被禁止的。以茶代替清酒破坏了人们与神道教神明的联系。清酒黯然失色，清酒酒会被挪用，用茶礼仪来控制社会就像过去利用筵席礼仪一样，怀石料理的发明及其呈现方法的变化——将食物放在盘子上的方式拒绝了以神道教实践为基础的老式布局的精心设计、对称和象征意义——绝不只是社会风尚的变化。这是一场通过饮宴展开的战争。

饮宴作为一种社会叙事，必须具有尽可能辽远的历史纵深。日本的情况表明，审视食物若只从近代早期开始，难免有失偏颇。平安时代社会和宗教的复杂性常常被忽视，但是它们解释了为何维持秩序是头等大事，以及把食物作为实现此目标的手段的重要性。根植于起源神话中的对食物的文化蔑视，与食物在仪式中和作为维持社会及政治控制手段的明显的重要性之间始终存在着张力。料理书提到了"邀请神"的刀功，提到将食物朝特定的吉祥方位移动，将象征性的色彩和形状结合起来，以及与新鲜食物关系不大但与年度周期相适应的季节性。哪怕在室町时代，人们已不再能完全理解这些做法了。《延喜式》中提到了这些重复的程序和原则，在平安时代神社和庙宇的仪式性献祭中被采用，很可能包括奈良时代甚至更早，但缺乏可靠的书面记载。就像仪式和庆典的重复巩固了宇宙和社会秩序，在正式筵席中吃下仪式化的食物使这些秩序得以内化。正式的日本饮宴的显著特征之一就在于它的极度刻板，但最后又被筵席后例行酒会中的狂喝滥饮所逆转。在藤原氏和其他更早而鲜为人知的政权统治下，筵席非常好地实现并维持了等级化的社会秩序，但随着时间的推移，神圣和世俗混同起来，尽管对神明的认知逐渐褪色，但仪式性实践根植于仍是官方生活核心的正式筵席之中，根植于令本土菜肴和改良的外来菜肴如此具有视觉独特性的日常烹饪习惯之中，也根植于日本版无尽的盛宴之中。

第八章

尾声：盛宴之后

　　"第二宫"的人手持火炬，站在诸位王子和酋长的桌子之间；享用过
丰盛的菜肴后，王子和酋长的身边会焚起大量熏香，硕大的酒杯被摆好，
宫廷总管（sa pan ekalli）会站出来说："斟酒啊，酒侍。"

（Kinnier Wilson 1972: 43）

　　这段对于宴后酒会开场的描述出自《尼姆鲁德酒单》（*Nimrud Wine
Lists*）一书，以它来开始本书简短的结尾是再恰当不过的了（仿佛一场
可以大饮特饮的余兴派对），因为酒精的重要性已然在对古代筵席的历
史人类学研究中凸显了出来。尽管我们默认了"筵席"是"一种在某种
程度上与平时不同的共同进食活动"（Bray 2003: 1），表明食物是古代
筵席和相关仪式及庆典的主要焦点，但之前的章节却展现了与此不尽相
同的情况。本书想表达的是，向神供奉酒比供奉食物更常出现在古代文
献中，博物馆收藏的酒器远比食器要多，对饮酒的艺术呈现十分普遍，
而以进食为题的则相对较少。正如博泰罗（Bottéro 1994: 10）在谈到美
索不达米亚时所说的那样，酒在古代世界通常比食物更受称颂和推崇。
古苏美尔语中的"宴会"一词的字面意思正是"倒啤酒"（Michalowski
1994: 29）。是什么让酒占据如此高的地位？
　　作为学术研究对象，酒精起初比食物遭遇到更多的责难和道德说
教，但随着大转向的发生，它开始作为一种物质文化形式出现在考古学
和古代历史学中，人们通过"惯例做法、政治和性别的透镜"（Dietler
2006: 229）审视它，揭示出它所立足的广泛的政治经济学背景，揭示出
操控和统治的策略，以及社会分化、殖民和贸易。这些宽泛的要点在前

面数章中都出现过，但如历史人类学所展示的，它们并非故事的全部。例如，在美索不达米亚，考古记录证实了女性主导的小规模酿酒被男性主导的大规模经营所取代，女性也丧失了使用生产设备的机会。因为男性开始出现在生产记录中，女性的身影则在相应减少，以及由大型工场制作的储存罐的数量在增多，它们并不适合家庭使用。但对人类学家而言，酿造女神宁卡希的日落西山更有力地表明了女性地位的变化。家庭经济受到的影响比较容易想象，但是宁卡希地位的下降造成了多大的心理冲击？这对人们的信仰和行为又可能会造成怎样的影响？古代学家关注的是农业生产、劳动者的作用以及啤酒酿造所牵涉的社会关系，但由于我们了解到这是由"一抔尘土中的恐惧"所驱策的，而人们认为需要向众神供奉酒饮（这些神明常以饮酒或醉酒的姿态出现），从而给研究增添了一层人类学的维度。美索不达米亚和古代世界的其他地方一样，酒在那里总是可以归结于众神。

过往的信仰和宗教被考古学家和许多历史学家认为是富于挑战性的领域。他们倾向于承认"酒精常常在宗教和世俗仪式中都扮演着重要角色……（而且）酒精和宗教的联系源远流长"（Dietler 2006: 241），随后迅速将重点转移到世俗庆典、生产、政治、陶瓷制品、烹饪的遗迹和残留物上。相比之下，《人类学的询问与记录》中的关键问题却直指人、酒、信仰和众神的关系的核心：是否存在与饮酒相关的仪式？是否存在与酒或饮酒的习俗相关的神话和传统？

在各种起源神话中，酒精都不是人类发明的，而是神明的馈赠，人类则回报以供奉和奠酒。酒与食物不同，它除了有致幻作用，还会影响人的心理——它能改变人的认知。摄入酒精会引发一种具身的魔力，人们对现实的体验被改变了。感官被提升，时间和空间被超越，思维得以超脱肉体或以一种不同的方式体验它，界限消融了，连神明也变得触手可及。就此而言，醉酒未必是件坏事，它在古代可能被看作神明附体的表现。音乐、舞蹈、庆典、仪式和群体参与的动力加强和操控了这种体验。人通过饮酒直接体验到神的力量，而且在某种程度上成为其中的一员。饮酒也就因此成为一种崇拜行为，不断巩固着众神与为他们服务的神庙的权力。

在神圣和世俗的界限不像今天这么清晰的情况下，世俗仪式中也存在类似的过程。当宫殿取代神庙成为权威的中心，君王主张自己的统治被神认可，酒精仍然是神庙和宗教节庆中的崇拜活动的中心，但此时国家通过配给和规模宏大的公共筵席及庆典，定期向民众提供酒饮。这种对过去神庙的垄断地位的侵蚀，重申了世俗国家的权力，并巩固了新兴的神性君王与众神的紧密联系。国家对酒的供应（涉及大量资源调集的工作）总是困扰着古代史学家和考古学家。正如有些人所言，"我不明白为何新崛起的领袖人物会想要培育一群神志不清的劳动者"（Peregrine 1998: 314），尽管我们无法确切地知道国家化的饮酒活动到底有多令人心智衰弱。借人的依赖性实行社会控制，通过奖励来建立忠诚以及作为一种将社会变革、冲突和强迫劳动造成的压力最小化的手段，这些都被用来解释这个问题。所有这些因素无疑都包含在内，但从人类学的角度来看，酒精根本的重要性与它在宗教中的作用相对应，可以说在于该物质本身的活跃特性，它能通过饮酒将国家的力量真正地施加到身体上。

酒精作为一种富于生机和活力的物质，在本质上具有双重属性，仿佛两张脸孔，一张是健康有益的，另一张则是毁灭性的。正如希腊诗人巴尼亚西斯（Panyasis，公元前5世纪）所说，"当以恰当的方式喝醉时，酒能驱散人心中所有的惆怅，但若滥饮无度，则会成为毒药祸根"（in Anthenaeus II: 163）。这两张脸孔都体现在宴会中。酒有助于促进社会交往，并提高表演水平——歌唱、舞蹈、奏乐、吟诵诗歌和辩论技艺均是如此。热情地向一位来访者或陌生人敬酒，可以迅速地建立联结。

但那张毁灭性的面孔同样常见，表现为滥饮后的胡作非为、荒淫无度和对正常秩序的不屑一顾，以及在正常情况下被禁止的言论和行为。这种情况，即便在通常不赞成过度放肆的古希腊人之中也时有发生，他们在酒里兑水以降低摄入酒精的浓度，并且只喝几杯。他们相信酒是外来的半神狄俄倪索斯所赐，而他们自己的神并不饮酒，只喝花蜜。其他地方的人并非都走极端，但是常会甚至必须喝得非常醉，例如在蒙古汗王的营帐和平安时代的日本宫廷中，人们会被迫饮酒。

　　本书的研究表明，进食和饮酒在古代的宴会中并非始终融为一体，这与如今的趋势不同——宴会以开胃酒或鸡尾酒开场，期间则有葡萄酒或其他酒水佐餐，最后以利口甜酒、波尔图酒或白兰地收尾。而古代世界的酒通常是饮宴序列的一部分，按照"饮酒—进食—饮酒"或"进食—饮酒"的顺序呈现。用餐完毕才可以饮酒。酒带来的随意性（甚至完全放弃礼节）与正式宴会的严格形成鲜明对比，后者的核心在于食物、更大的社会结构的实体化，以及通常同样十分繁复的价值观念。酒会和宴会中的饮酒环节是一个特别的"焦点汇聚、界域分明的世界"，有着自己的礼仪规范和"包括'赌戏''喝酒聊天'在内的具体表达策略"（Michalowski 1994: 33）。饮酒为社会协商创造了机会，它是"一种结构化的场景设定，在其中，一个人的社会关系可以超越其日常交往范围而被拓展、界定和操控"（Frake 1964: 131）。醉酒在这里是综合性的，饮酒的义务也是如此。它是一种释放和凝聚的形式，使在宴会开场阶段或在宴会之外形成的紧张气氛烟消云散，并将此前因进食环节的礼仪或宴会之外的社会事件而分开的人们凝聚在一起，尽管这种释放和凝聚都未必是完全平等的。饮酒之后，秩序和清醒回归，但饮酒过程中发生的事可能会改变秩序，使饮酒和酒会以一种并不构成直接挑战的方式成为变革的动力。然而，还有一个更大的问题悬于这些功能性解释之外。

　　饮酒在宴会、宗教和国家仪式中的优先性使我们不得不问：人为什么要饮酒？乙醇或称乙基酒精（C_2H_5OH），这种活跃的化学物质是所有酒饮的共同成分，无论葡萄酒、苹果酒、蜂蜜酒、啤酒、麦芽酒还是烈性酒（Heath 1987）。饮酒在史前期出现的时间正在被考古学家不断地推前，至于熟食和酒精究竟哪一个先出现，学术界依然存在争议。古代的主要粮食（黍米、大麦、小麦和稻米）都因能用于酿酒而备受珍视——程度不亚于因其能用来煮食。在所有的社会形态和历史时期中，人们都是用溶解（分解）、静置、混合、煎煮（水煮）、蒸馏和发酵的基本技巧和一系列原料来酿制酒饮的，其丰富和智巧令人眼花缭乱。当果实过度成熟并发酵时，就可以自然形成葡萄酒，无需人类介入，但其他酒类则需要酿造、蒸馏和其他调制过程。为什么要这么麻烦呢？食物能维持生命，但推崇酒犹胜于食物就意味着酒比生命还要重要。此处的"生命"并非生物学的概念，不仅指生存，还有**社会**生活。社会科学中有一条毋庸置疑的假设，即社会化是人心所向，是人类向前发展的一步，是每个人都想参与进来的事。但这总是对的吗？用现象学的术语来说，酒精饮料使饮者得以突破人类存在的具身、社会化和时间性结构。简而言之，它使人从社会限制和身份中解放出来，超拔于日常生活，并被允许接触神圣。这就是酒的力量所在。酒精饮料的古老性和优先性表明，它是人类最深刻和最基本的冲动；它可能会被宗教和国家操纵、侵蚀，但依然保留在我们心底。有人断言，烹饪使我们得以成为人（Wrangham 2009）。本书则想表明，饮酒使我们得以不止于人。而这对于我们似乎更加重要。

　　事实上，尽管考古学家还在不断发掘出那些已经消失的盛宴的遗留物，但除中国、希腊和罗马的文献外，目前已知的古代文献中并没有太多对美食和烹饪的细致描述。阿忒纳乌斯（Athenaeus IV: 128-30）曾写道，马其顿人希普洛查斯（Hipplochus the Macedonian）和萨摩斯岛人林叩斯（Lynceus the Samian）是一对朋友，他们约定给对方描述彼此分开期间参加过的所有豪华盛宴。结果就有了"筵席信札"（banquet letters），全本今已经散佚，但阿忒纳乌斯曾引用希普洛查斯的信，其中写道：

> 卡拉努斯（Caranus）摆筵席庆祝自己结婚，有20人受邀参加……他们一坐上长榻，就被奉上银杯，每人一只，是送给他们的。而且，每位宾客进门前都被戴上金冠……饮尽杯中酒后，每人还得到了一只科林斯人（Corinthian）制造的青铜大浅盘，上面放着一块与盘同宽的面包；还有鸡、鸭、斑鸠和一只鹅，以及高高堆起的类似的食物；每位宾客拿起他那一份（浅盘和所有东西），并分配给站在身后的奴隶们。还有花样繁多的其他食物被传来递去，之后又端上第二只银制大浅盘，上面同样又是一大块面包以及鹅、野兔、小山羊和造型奇特的蛋糕，还有鸽子、斑鸠、鹧鸪和大量其他禽类。"这也是，"他说道，"我们额外送给奴隶的……"当他终于愉快地与一切清醒告别，吹长笛的少女、歌手和来自罗德岛的桑布克琴（sambuca）师走了进来。在我看来，这些女孩近乎赤裸，但有些人说她们穿着束腰长袍。一段前奏曲后，她们退场……接下来，与其说是一餐饭食不如说是一件珍宝被端了上来，那是一只银制浅盘……大到能放下一整只烤猪——还是只大猪——仰躺在盘子上；从上方看去，它的肚腹被填得满满实实。里面是不计其数的烤画眉、鸭子和莺雀，还有浇了豌豆泥的鸡蛋、牡蛎和扇贝，所有这些都堆得高高的，全部装在大浅盘中，一齐端到每位宾客面前。在这之后，我们饮酒，接着是一只小山羊，烧得滚热，也放在与先前同样大小的浅盘上，旁边摆着金

勺子……然后我们的注意力都集中在一种温热且几乎未经勾兑
的酒饮上……（随后）一只直径约两肘尺[*]的水晶大浅盘被端
到我们面前，基座是银制的，装满了烤的各种鱼；还有一个银
制面包架上垒着大块大块的卡帕多西亚（Cappadocian）面包，
我们吃了一些，剩下的给了奴隶。

之后，100名强壮的男性组成的合唱团演唱了婚礼颂歌，装扮得像
涅瑞伊得斯和宁芙^{**}一般的舞女进行了表演，还用银制烤叉献上一块块
厄律曼托斯山的野猪（Erymanthian boar）肉，筵席终于要结束了。小
号声是结束的信号，根据阿忒纳乌斯的说法，这是马其顿人在宾客众多
的宴会上的惯例。宴后，宾客成箱成篮地将宴席上的美食带走——这是
主人最后的赠礼。

　　无论这是精确的描述抑或关于食物的隐喻，当今学者和美食爱好
者都会乐于见到这两位爱好饮宴的朋友之间的全部信函，以及来自其他
文化的更多这类带有溢美之词的描述，但至少到目前为止，我们尚未找
到它们，而且可能永远找不到。人类学田野调查（这里以萨林斯所谓
"行走在文本间"的形式呈现）的重大教训之一就是你不会总能如愿找
到自己期待或想要的东西。相反，即便似乎违反直觉，你还是必须按照
那些民族自身看待事物的方式，即主位地看待你的发现。

　　在处理过去时有必要抵挡"现在论"（presentism）的侵袭（避免当
今的价值观和视角渗入自己的工作中）——这在本书的研究中体现为一
种普遍的假设，即旧时的宴会完全是一桩赏心乐事，特征是平和而愉快

---

*　1肘尺相当于43.18—53.34厘米。
**　涅瑞伊得斯（nereid）、宁芙（nymph），古希腊神话中的海仙女和自然幻化的
精灵。

的共餐。相反，如前文所述，古代筵席作为**最典型**的总体性社会事实，展现的更多是差异而非分享。从内部视角**主位**地看之前各章内容，古代正式的宴会和筵席远非人们在外在**非位**视角中想象的快乐体验，就像后世艺术和文学所描绘的那样，而常常是充满竞争的活动，令人备感煎熬，这挑战了当前许多饮宴研究所强调的共餐体现出的巩固和形塑社区的面向。有一点很能体现这种挑战：在关于饮酒的详细记载出现伊始，社会分化就存在其中。早期美索不达米亚地区有包括黑色、甜黑、红棕和金色在内的许多种啤酒，还分为不同的等级，以"最佳"和"一等"为首，而且古代世界所有品种的饮品都有类似的情况。"炫耀"和"奢侈"显然不足以描述通过宴会中的座位划分、菜肴数目、容器品种、饮食的数量及质量、所赠礼品和所穿衣袍传达出的细微差别。现代的固定式餐桌在古代并不常见。端着事先布置好的小桌穿过宴会厅或各个房间，让所有宾客都能看到谁受到了何种招待、各自在社会等级中处于什么地位，以及谁在那个特定的场合中得/失宠。分到的菜肴少于对手、只获得盛在相对普通的杯子中的劣酒、座位远离贵宾区，这该是多么难堪啊；而且，如果一个人近来才因冒犯了别人而被降职或干脆被人挤了下去，那岂不更糟糕！想要偷偷摸摸地占据较好的位置是不可能的。主管和工作人员在席间穿梭，确保人们都坐在指定的位置上并且严格遵守了礼仪，这种做法似乎非常普遍。而且即使坐在主厅中并非第一级的位子上，也远远好过待在外间，那是地位较低的人吃饭的地方，更别提到宴会厅外普通人吃饭的地方去了，如庭院中或远处的田野上。包容与排斥是相对的。在众目睽睽之下坐在低微的位置上远不如干脆缺席。基于生产的功能性研究强调了合作的面向，而基于消费的文化研究则强调竞争性，两者都是必要的，但本书针对宴会的研究表明，社会性/共食的概念需要在宴会的语境中和更广泛的意义上得到修正。

尽管应当避免现在论，但进行古今比较却是值得鼓励的，因为宴会在不同时代有着不同的体现，而且其差异颇具启发性。纵向地看，就如一项对当今食物类著作的调查所揭示的那样，在民主化、移民潮和全球化的影响下，近代早期的饮宴活动发生了剧烈的变化。人们依旧会举办重大的节日性宴会，如在圣诞节和复活节，但至少在西方，它们的规模比过去更小，往往是由"大家庭"或朋友群体在一所房子里举行的。地区、社会和宗教团体、民族可以通过在一年中的同一时间吃相同的节日食物而团结起来，但这都是以私人集体的形式进行的。那么，曾经通过饮宴而实现的区分和竞争，如今又表达在何处呢？可能其中大部分都被各种炫耀性消费取代了，而这也是晚期现代性的特征。但等级制度依然存在——各类食物方面的攀比；对高档餐厅的最好座位的竞争；领班（maitre d'）的地位依然重要，他们是过去专门安排次序和座位的人的现代翻版；或是对最新的街头小吃了如指掌，这可以变成一种反向的优越感。最高层级的正式宴请、外交宴会和国宴以及私人社团聚餐在很大程度上以现代风格保存了过去等级制度的许多形式。有变化也有传承，但盛宴没有尽头。

尽管如今的宴会美食众多、种类丰富而且舒适宜人，但与古代大多数的筵席相比，有些重要的东西却消失了——那就是曾经对大量摄入酒食的纯粹的热情，阿忒纳乌斯（Athenaeus IV: 144）很久之前就预料到了这一点，他写道：

> 所有超乎寻常的东西都能带来欢乐，这就是为什么除暴君之外的所有人都欢欣鼓舞地期待着节日的盛宴。由于暴君面前的餐桌总是满满当当的，即便在宴会之日也没有什么更特别的东西可以给他们了，以至于和不当官的人相比，他们的第一个劣势就是缺少对欢乐的期待。然后，第二点，他说道，我确定你已经知道，一个人的所得越是超过所需，他就越容易遭受

过度饱足的痛苦。

也许有读者注意到，我在引言部分并未给出自己对"宴会"的简明定义。这是有意为之的，是一种让宴会自己说话的方法。这种技巧叫"操作性定义"。与其冒着过度武断和限制分析视角的风险开门见山地给出正式定义，不如让切实可行的定义从材料中自行浮现出来。这不是什么新方法。正如《人类学的询问与记录》（1929: 174）这样描述它："田野工作者的首要目标就是记录给定社群中存在的事物，花时间研究国内学生使用的术语的精确定义并不是他急需的。如果田野工作者采用了一个标准术语以便描述他所研究的人的特性，就会有忽视地方差异的危险而使其对术语的特定使用具有某种程度上的误导性。"这是一种"行走在文本间"的理想方法，目的是对不同时空和社会形态中的饮宴进行整体的、综合的研究，涉及人类学、历史学、考古学、艺术和文学。操作性定义是主位的，它不预先强加类型学、模板或理论上的限制，允许微妙的异同从文化信息富集的记叙中显现出来。从本书对酒的重要性的阐述中可以看出这种方法的好处，如果采取那种标准的默认需强调食物的观点，酒的重要性就不会以同样的方式浮现出来了。

如引言所述，本书的首要学术目标在于利用马歇尔·萨林斯发展出的"历史人类学"来促进后续的协同工作，并为新的综合性理论提供一个起点，而非在这里发展这些理论。使叙述重现则是另一个目标。且如前文所言，本书还有更广阔的目标。于是，我们发现自己又回到了大英博物馆，身处曾经觉得古怪、如今却已熟悉的物品之中。希腊饮器的展柜不再寂然无声——它们有些述说着杯盏和软榻间的共饮之乐，有些则见证了针锋相对的滔滔雄辩，甚至有时被当作奖品颁授，用来勾兑酒水的大型容器现在也能被人欣赏了。灰白色石头雕出的巨大嵌板如今装饰着亚述展厅，它们是亚述纳齐尔帕二世的宴会的背景装饰，那场迄今为止已知的规模最宏大的宴会持续了10天之久,有69574名宾客参加。随后,在大量的中国陶瓷器上曾经似乎纯装饰性的图案,如今被揭示为联结烹饪和宇宙观的象征性图形与色彩,而祖先所化的神灵似乎在商周的青铜礼器上盘旋着。盛放过蒙古马奶酒的大口罐向我们发问,单一的饮品/食物如何能够维系饮宴和战斗,从而建立起当时最庞大的帝国;在日本展厅,我们遇到了极其正式的宴会上的用具,这些符号是用眼睛来食用的。所有这些作为整体呈现在这儿,孤立地看则毫无意义,它们回答着这样的问题:古代的宴会是什么样的,它们又为什么如此重要? 我们现在理解了为什么这座博物馆充斥着旧日的饮宴。我们习惯称大英博物馆的管理人为"守护者"(Keepers),尽管博物馆完全应当保护文化遗迹,但不应将知识封存于此。和所有事物一样,博物馆的研究和展示也有时尚可言,但目前的展示偏好与现代主义的美术馆如出一辙,只有最简单的标签,除发现和登记的细节外不提供任何更多的信息,无法向人展示活生生的过去,且几乎从不用馆藏所属的古代文本的话语来讲述它们。透过它们,我们能听到不再沉默的各个民族的声音,看到已然消失的风景;我们得以理解膳食变化的结果,以及人类**长久以来**的对环境的操纵。最重要的是,我们得以尽可能地触及人类学的目标——"身临其境"(being there)。器物需要**文化**的语境,理论和研究需要通过整合焕发新生,而博物馆的展览应当遵循在这里树立起来的先例。我们必须学会对过去和现在提出新的问题。本书是一份公开邀请:来对无尽的盛宴做更多的综合性研究吧。

参考文献

Ainian, Alexander Mazarakis (2006), "The Archaeology of *Basileis*," in Sigrid Deger-Jalkotzy and Irene S. Lemos (eds), *Ancient Greece: From the Mycenaean Palaces to the Age of Homer*. Edinburgh: Edinburgh University Press, pp. 181–211.

Allen, Sarah (1991), *The Shape of the Turtle: Myth, Art and Cosmos in Early China*. Albany: State University of New York Press.

—(1993), Art and Meaning, in Roderick Whitfield (ed.), *The Problem of Meaning in Early Chinese Ritual Bronzes*. London: Percival David Foundation of Chinese Art/School of Oriental and African Studies.

Allsen, Thomas T. (2001), *Culture and Conquest in Mongol Eurasia*. Cambridge: Cambridge University Press.

Alster, Bendt (2005), *Wisdom of Ancient Sumer*. Bethesda, MD: CDL Press.

Ammianus Marcellinus (1986), *The Roman History of Ammianus Marcellinus*, C. D. Yonge (trans). London: Penguin Books. Also from 2009, Project Gutenberg.

Anderson, E. N. (1988), *The Food of China*. New Haven and London: Yale University Press.

Antonini, Chiara Silvi (1994), "On Nomadism in Central Asia between the Saka and Xiongnu: The Archaeological Evidence," in Bruno Genito (ed.), *The Archaeology of the Steppes: Methods and Strategies*, pp. 287–330. Naples: Istituto Universitario Orientale.

Appadurai, Arjun (1981), "Gastropolitics in Hindu South Asia." *American Ethnologist*, 8: 494–511.

—(1988), "How to make a national cuisine: cookbooks in contemporary India." *Comparative Studies in Society and History*, 30(1) 3–24.

Ashkenazi, Michael and Jacob, Jeanne (2000), *The Essence of Japanese Cuisine*. Philadelphia; University of Pennsylvania Press.

Athenaeus (1927–41), *The Deipnosophists*, Charles Burton Gulick (trans.) in seven volumes (1927–41), and S. Douglas Olson (trans.) in eight volumes (2007–12). Cambridge, MA and London; Loeb Classical Library, Harvard University Press.

Beidelman, T. O. (1989), "Agonistic exchange: Homeric reciprocity and the heritage of Simmel and Mauss." *Cultural Anthropology* 4(3), (August): 227–59.

Bellwood, Peter (2006), "Asian Farming Diasporas: Agriculture, Languages and Genes in China," in Miriam T. Stark (ed.), *Archaeology in Asia*. Malden and Oxford: Blackwells, pp. 96–118.

Bendall, Lisa (2004), "Fit for a King? Exclusion, Hierarchy, Aspiration and Desire in the Social Structure of Mycenaean Banqueting," in P. Halstead and J. Barrett (eds), *Food, Cuisine and Society in Prehistoric Greece*. Sheffield: University of Sheffield Press.

—(2008), "How Much Makes a Feast? Amounts of Banqueting Foodstuffs in the Linear B Records of Pylos," in A. Sacconi, L. Godart and M. Negri (eds), *Proceedings of the XIIth International Colloquium of Mycenology* (February). Rome: Biblioteca di Pasiphae.

Bentley, Amy (2012), "Sustenance, Abundance and the Place of Food in U.S. Histories," in Kyrie W. Clafin and Peter Scholliers (eds), *Writing Food History, a Global Perspective*. London and New York: Berg.

Bentley, Jerry H. (2006), "Beyond Modernocentrism: Toward Fresh Visions of the Global Past," in Victor H. Mair (ed.), *Contact and Exchange in the*

Ancient World. Honolulu: University of Hawaii Press, pp. 17–29.

Binford, Louis (1962), "Archaeology as anthropology." *American Antiquity* 28(2): 217–25.

Black, Jeremy (2002), "The Sumerians in Their Landscape," in Tzvi Abusch (ed.), *Riches Hidden in Secret Places*. Winona Lake, IN: Eisenbrauns, pp. 41–62.

Black, Jeremy and Green, Anthony (1992), *Gods, Demons and Symbols of Ancient Mesopotamia*. London: The British Museum Press.

Boas, Franz (1928), *Anthropology in Modern Life*. London: George Allen and Unwin.

Bock, Felicia Gressitt (1970), *Engi-Shiki: Procedures of the Engi Era*. Tokyo: Sophia University Press.

Boileau, Gilles (1998–9), "Some ritual elaborations on cooking and sacrifice in late Zhou and Western Han texts." *Early China*, 23–4, 89–124.

Bonatz, Dominik (2004), "Ashirnasirpal's headhunt: an anthropological perspective." *Iraq* 667(1); 93–101.

Bonfante, Larissa (2011), *The Barbarians of Ancient Europe: Realities and Interactions*. Cambridge; Cambridge University Press.

Borecky, Borijov (1965), *Survivals of Some Tribal Ideas in Classical Greek*. Prague: Universita Acta Universitatis Carolinae, Philosophica et Historica Monographia 10.

Borgen, Robert (1982), "The Japanese mission to China, 801–806." *Monumenta Nipponica* 37(1): 1–38.

Bottéro, Jean (1985), "The cuisine of ancient Mesopotamia." *The Biblical Archaeologist*, Vol. 48(1) (March), 36–47.

—(1987), "The culinary tablets at Yale." *Journal of the American Oriental Society*, 107(1) (January–March): 11–19.

—(1995a), *Textes Culinaires Mesopotamiens*. Winona Lake, Indiana: Eisenbrauns.

—(1995b), *Mesopotamia: Writing, Reasoning and the Gods*. Chicago: University of Chicago Press.

—(1999), "The Most Ancient Recipes of All," in John Wilkins, *Food in Antiquity*. David Harvey and Mike Dobson (eds). Exeter: University of

Exeter Press, pp. 248–55.

—(2001), *Religion in Ancient Mesopotamia*. Chicago and London: University of Chicago Press.

—(2004), *The Oldest Cuisine in the World: Cooking in Mesopotamia*. Chicago and London; University of Chicago Press.

Bowie, A. M. (1997), "Thinking with drinking: wine and the symposium in Aristophanes." *Journal of Hellenic Studies* 117: 1–21.

Bowman, Raymond A. (1970), *Aramaic Ritual Texts from Persepolis*. Chicago: University of Chicago Press.

Bowring, Richard (1996), *The Diary of Lady Murasaki*. London: Penguin.

Boyle, John Andrew (1958), *Ala-a-Din Ata-Malik Juvaini's History of the World Conqueror*. Cambridge, MA: Harvard University Press.

Braun, David (ed.) (2005), *Scythians and Greeks: Cultural Interactions in Scythia, Athens and the Early Roman Empire*. Exeter: University of Exeter Press.

Bray, Tamara (2003a), "The Commensal Politics of Early States and Empires," in Tamara Bray (ed.), *The Archaeology and Politics of Food and Feasting in Early States and Empires*. New York, Boston and London: Kluwer Academic/Plenum, pp. 1–13.

—(2003b), "To Dine Splendidly: Imperial Pottery, Commensal Politics and the Inca State," in Tamara L. Bray (ed.), *The Archaeology and Politics of Food and Feasting in Early States and Empires*. New York, Boston and London: Kluwer Academic /Plenum, pp. 93–142.

—(ed.) (2003c), *The Archaeology and Politics of Food and Feasting in Early States and Empires*. New York, Boston and London: Kluwer Academic/ Plenum.

Bremmer, Jan (1994), "Adolescents, Symposion and Pederasty," in Oswyn Murray (ed.), *Sympotica*. Oxford: Clarendon Press, pp. 135–48.

Briant, Pierre (2002), *From Cyrus to Alexander: A History of the Persian Empire*. Winona Lake, IN; Eisenbrauns.

Brosius, Maria (2007), "New Out of Old? Court and court ceremonies in Achaemenid Persia," in A.

J. S. Spawnforth (ed.), *The Court and Court Society in Ancient Monarchies*.

Cambridge; Cambridge University Press, pp. 17–57.

Buccellati, Giorgio (1964), "The Enthronement of the King and the Capital City," in Robert M.

Adams (ed.), *Studies Presented to A. Leo Oppenheim (From the Workshop of the Chicago Assyrian Dictionary)*. Chicago: The Oriental Institute of Chicago, pp. 54–61.

Buell, Paul (2001), "Mongol Empire and Turkicization: The Evidence of Food and Foodways," in Reuven Amitai-Preiss and David O. Morgan (eds), *The Mongol Empire and its Legacy*. Leiden, Boston and Koln: Brill, pp. 200–23.

—(2007), "Food, medicine and the silk roads: the Mongol-era exchanges." *Silk Road Foundation Newsletter* 5(1): 22–35.

Buell, Paul D., undated, *How Genghis Khan Changed the World*. http://www. mongolianculture.com/How%20Genghis%20Khan%20Has.pdf

Buell, Paul D., Anderson, Eugene and Perry, Charles (2000), *A Soup for the Qan*. London and New York: Kegan Paul.

Burkert, Walter (1985), *Greek Religion*. Oxford: Basil Blackwell.

—(2004), *Babylon, Memphis, Persepolis: Eastern Contexts of Greek Culture*. Cambridge, MA and London: Harvard University Press.

Burton, Joan (1998), "Women's Commensality in the Ancient Greek World," *Greece and Rome* 45(2): 143–65.

Bylkova, Valeria (2005), "The Lower Dnieper Region as an Area of Greek/ Barbarian Interaction," in David Brown (ed.), *Scythians and Greeks. Culture Interactions in Scythia, Athens and The Early Roman Empire*. Exeter: University of Exeter Press, pp. 131–47.

Chang, Esther (1955), *Chinese Banquets*. Singapore: Tan Liang Khoo Printing.

Chang, K. C. (1977), "Introduction" in Chang, K. C. (ed.), *Food in Chinese Culture: Anthropological and Historical Perspectives*. New Haven: Yale University Press, pp. 3–21.

—(1980), *Shang Civilization*. New Haven: Yale University Press.

—(1994), "Shang Shamans," in Willard J. Peterson, Andrew H. Plaks and Ying-shih Yu (eds), *The Power of Culture*. Hong Kong: The Chinese University Press, pp. 10–36.

Childs-Johnson, Elizabeth (1995), "The ghost head mask and metamorphic Shang imagery." *Early China* 20: 79–92.

Cifarelli, Megan (1998), "Gesture and alterity in the art of Ashurnasirpal II of Assyria." *The Art Bulletin* 80(2) (June): 210–28.

Civil, Miguel (1964), "A Hymn to the Beer Goddess and a Drinking Song," in Robert M. Adams (ed.), *Studies Presented to A. Leo Oppenheim (From the Workshop of the Chicago Assyrian Dictionary)*. Chicago: The Oriental Institute of Chicago, pp. 67–89.

—(1994), *The Farmer's Instructions: A Sumerian Agricultural Manual*. Barcelona: Editorial Ausa.

Coe, Andrew (2009), *Chop Suey: A Cultural History of Chinese Food in the United States*. Oxford and New Haven: Oxford University Press.

Cohen, Andrew C. (2005), *Death Rituals, Ideology and the Development of Early Mesopotamian Kingship*. Leiden and Boston: Brill/Styx.

—(2007), "Barley as a Key Symbol in Early Mesopotamia," in Jack Cheng and Marian H. Feldman, *Ancient Near Eastern Art in Context: Studies in Honour of Irene J. Winter*. Leiden: Brill, pp. 411–22.

Cohen, Mark E. (1993), *The Cultic Calendars of the Ancient Near East*. Bethesda, MD: CDL Press.

Cohen, Myron (1991), "Being Chinese: the peripheralization of traditional Chinese identity," *Daedalus* 120(3) (Spring): 113–34.

Collon, Dominique (1992), "Banquets in the Art of the Ancient Near East," in R. Gyselen (ed.), Banquets d'Orient. *Res Orientales* IV: 23–30.

Comaroff, John and Comaroff, Jean (1992), *Ethnography and the Historical Imagination*. Boulder, CO: Westview Press.

Cook, Constance A. (1996), "Scribes, cooks and artisans: breaking Zhou tradition." *Early China*, 20; 241–77.

—(2005), "Moonshine and Millet: Feasting and Purification Rituals in Ancient China," in Roel Sterckx (ed.), *Of Tripod and Palate: Food, Politics and Religion in Traditional China*. London and New York: Palgrave Macmillan, pp. 9–33.

Cooper, Jerrold S. (1983), *Reconstructing History From Ancient Inscriptions: The Lagash-Umma Border Conflict*. Malibu: Undena Publications.

Crawford, Gary W. (2006), "Early Asian Plant Domestication," in Miriam T. Stark (ed.), *Archaeology in Asia*. Oxford and Malden: Blackwells.

Crawford, Michael and Whitehead, David (1983), *Archaic and Classical Greece: A Selection of Ancient Sources in Translation*. Cambridge and New York: Cambridge University Press.

Curtis, John and Razmjou, Sharokh (2005), "The Palace," in John Curtis and Nigel Tallis (eds), *Forgotten Empire: The World of Ancient Persia*. London: British Museum Press, pp. 50–103.

Curtis, John and Tallis, Nigel (2005), "Introduction," in John Curtis and Nigel Tallis (eds), *Forgotten Empire*. Berkeley and London: University of California Press, pp. 9–11.

Cwiertka, Katarzyna J. (2006), *Modern Japanese Cuisine: Food, Power and National Identity*. London: Reaktion.

Dalley, Stephanie (1998), "Introduction," in Stephanie Dalley (ed.), *The Legacy of Mesopotamia*. Oxford and New York: Oxford University Press, pp. 1–8.

Dalley, Stephanie and Oleson, John Peter (2003), "Sennacherib, Archimedes and the water screw: the context of invention in the ancient world," *Technology and Culture* 44(1): 1–26.

David Braun (ed.), *Scythians and Greeks. Cultural Interations in Scythia, Athens and The Early Roman Empire*. Exeter: University of Exeter Press.

Davidson, James (1998), *Fishcakes and Courtesans*. London: Fontana Press.

—(1999), "Opsophagia: Revolutionary Eating at Athens," in John Wilkins, David Harvey and Mike Dobson (eds), *Food in Antiquity*. Exeter: University of Exeter Press, pp. 204–13.

Dawson, Christopher (1955), *The Mongol Mission*. London and New York: Sheed and Ward.

Day, Ivan (2014), www.historicfood.com, http://foodhistorjottings.blogspot.co.uk (accessed September 2014).

Debaine-Francfort, Corinne (1998), *The Search for Ancient China*. London: Thames & Hudson.

Deger-Jalkotzy, Sigrid (2006), "Late Mycenaean Warrior Tombs," in Sigrid Deger-Jalkotzy and Irene S. Lemos (eds), *Ancient Greece from The*

Mycenaean Palaces to the Age of Homer. Edinburgh Leventis Studies 3. Edinburgh: University of Edinburgh Press, pp. 151–79.

Dentzer, Jean-Marie (1971), "L'Iconographie Irannienne du Souverain Couché et le Motif du Banquet." *Annales Archéologiques Arabes Syriennes-Revue d'Archéologie et d'Histoire*, XXI: pp. 43–9.

—(1982), *Le motif du banquet couché dans le Proche-Orient et le monde grec du VII siècle avant J.-C.* Rome: Ecole Francaise de Rome.

Detienne, Marcel (1989), "Culinary Practices and the Spirit of Sacrifice," in Marcel Detienne and Pierre Vernant (eds), *The Cuisine of Sacrifice Among the Ancient Greeks*. Chicago: University of Chicago Press.

Dickenson, Oliver (2006), "The Mycenaean Heritage of Early Iron Age Greece," in Sigrid Deger-Jalkotzy and Irene S. Lemos (eds), *Ancient Greece from The Mycenaean Palaces to the Age of Homer*. Edinburgh Leventis Studies 3. Edinburgh: University of Edinburgh Press, pp. 115–22.

Dietler, Michael (2006), "Alcohol: anthropological/archaeological perspectives." *Annual Review of Anthropology*, 35: 229–49.

Dietler, Michael and Hayden, Brian (eds) (2001a), *Feasts: Archaeological and Ethnographic Perspectives on Food, Politics and Power*. Washington and London: Smithsonian Institution Press.

—(2001b), "Introduction: Digesting the Feast," in Michael Dietler and Brian Hayden (eds), *Feasts; Archaeological and Ethnographic Perspectives on Food, Politics and Power*. Washington and London: Smithsonian Institution Press, pp. 1–20.

Donbaz, Veysel (1988), "Complementary data on some Assyrian terms." *Journal of Cuneiform Studies* 40(1) (Spring): 69–80.

Donlan, Walter (1989), "The social groups of dark age Greece." *Classical Philology* 80(4) (October); 293–308.

Douglas, Mary (1970), *Natural Symbols: Explorations in Cosmology*. London and New York; Routledge.

—(1977), "Introduction," in Jessica Kuper (ed.), *The Anthropologists' Cookbook*. London and Boston: Routledge and Kegan Paul.

—(1987a), "A Distinctive Anthropological Perspective," in Mary Douglas (ed.), *Constructive Drinking: Perspectives on Drink from Anthropology*.

Cambridge and New York: Cambridge University Press, pp. 3–15.

—(ed.) (1987b), *Constructive Drinking: Perspectives on Drink from Anthropology*. Cambridge and New York: Cambridge University Press.

Douglas, Mary and Isherwood, Baron (1979), *The World of Goods: Towards an Anthropology of Consumption*. London and New York: Routledge.

Dunlop, Fuschia (2007), "Human Resources." *New York Times* Magazine, February 4 2007, http://www.nytimes.com/2007/02/04/magazine/04food. t.html (accessed September 13, 2012).

Dusinberre, Elspeth R. M. (1999), "Satrapal sarids: Achaemenid bowls in an Achaemenid capital." *American Journal of Archaeology* 103(1) (January): 73–102.

Ebrey, Patricia Buckley (1991), *Confucianism and Family Rituals in Imperial China*. Princeton; Princeton University Press.

Edens, Christopher (1992), "Dynamics of trade in the ancient Mesopotamian 'world system.'" *American Anthropologist* New Series, 94(1) pp. 118–39.

Elias, Norbert (1983), *The Court Society*. New York: Pantheon Books.

—(2000), *The Civilizing Process*. Oxford and Malden, Blackwells.

Ellison, Rosemary (1981), "Diet in Mesopotamia: the evidence of the barley ration texts (c. 2000–1400 BC)." *Iraq* 43(1) (Spring): 35–45.

—(1983), "Some thoughts on the diet of Mesopotamia from c. 3000–600 B.C." *Iraq*, 45(1) (Spring): 146–50.

—(1984), "Methods of food preparation in Mesopotamia (c. 3000–600 BC)." *Journal of the Economic and Social History of the Orient* 27(1) (1984): 89–98.

Ellison, Rosemary; Renfrew, Jane; Brothwell, Don and Seeley, Nigel (1978), "Some food offerings from Ur, excavated by Sir Leonard Woolley and previously unpublished." *Journal of Archaeological Science* 167–77.

Endicott-West, Elizabeth (1986), "Imperial governance in Yuan Times." *Harvard Journal of Asiatic Studies* 46(2) (December): 523–49.

Eno, Robert (1996), "Deities and Ancestors in Early Oracle Inscriptions," in D. S. Lopez Jr. (ed.), *Religions of China in Practice*. New Haven: Princeton University Press, pp. 41–52.

—(2003), "The background of the Kong Family of Lu and the Origins of

Ruism." *Early China* 28: 1–41.

Ferguson, Priscilla Parkhurst (2004), *Accounting for Taste: The Triumph of French Cuisine*. Chicago; University of Chicago Press.

Field, Stephen L. (2008), *Ancient Chinese Divination*. Honolulu: University of Hawaii Press.

Finet, Andre (1992), "Le Banquet de Kalah Offert Par le Roi d'Assyrie Asurnasirpal II (883–59)," in R. Gyselin (ed.), *Banquets d'Orient. Res Orientales* IV: 31–44.

Firth, Raymond (1967), *The Work of the Gods in Tikopia, 2nd Edition*. London and New York; University of London/The Athlone Press.

Fisher, Nick and van Wees, Hans (eds) (1998), *Archaic Greece: New Approaches and Evidence*. London and Swansea: Duckworth and The Classical Press of Wales.

Flannery, Kent and Marcus, Joyce (2012), *The Creation of Inequality: How our Prehistoric Ancestors set the Stage for Monarchy, Slavery and Empire*. Cambridge, MA and London: Harvard University Press.

Fletcher, Joseph (1986), "The Mongols: ecological and social perspectives." *Harvard Journal of Asiatic Studies* 46(1) (June): 11–50.

Frake, Charles O. (1964), "How to ask for a drink in Subanum." *American Anthropologist* NS 66; 6 pt 2: 127–32.

Frank, Bernard (1998), *Kata-imi et Kata-tagae: étude sur les interdits de direction à L'époque Heian*. Paris: College de France, Institut des Hautes Etudes Japonaises.

Freeman, Michael (1977), "Sung Dynasty," in K. C. Chang (ed.), *Food in Chinese Culture; Anthropological and Historical Perspectives*. New Haven and London: Yale University Press.

Fuller, Dorian Q. and Rowlands, Mike (2011), "Ingestion and Food Technology: Maintaining Difference Over the Long Term in West, South and East Asia," in T. C. Wilkinson, S. Sherratt, and S. Bennet (eds), *Interweaving Worlds—Systematic Interactions in Eurasia 7th to 1st Millennia BC*. Essays from a conference in memory of Professor Andrew Sherratt. Oxford: Oxbow Books, pp. 37–60.

Garnsey, Peter (1999), *Food and Society in Classical Antiquity*. Cambridge:

Cambridge University Press.

Geertz, Clifford (1973), *The Interpretation of Cultures*. New York: Basic Books.

Gelb, I. J. (1965), "The ancient Mesopotamian ration system." *Journal of Near Eastern Studies* 24(3) (July): 230–43.

—(1982), "Measures of dry and liquid capacity." *Journal of the American Oriental Society* 102(4) (October–December): 585–90.

Genito, Bruno (1994), "Foreword," in Bruno Genito (ed.), *The Archaeology of the Steppes: Methods And Strategies*. Naples: Istituto Universitario Orientale, pp. xv–xx.

—(ed) (1994), *The Archaeology of the Steppes*, Naples: Istituto Universitario Orientale.

Gibson, McGuire (1974), "Violation of Fallow and Engineered Disaster in Mesopotamian Civilization," in T. E. Downing and Gibson McGuide (eds), *Irrigation's Impact on Society*. Tucson: University of Arizona Press, pp. 7–10.

Gold, Barbara K. and Donahue, John F. (eds) (2005), "Roman dining." *American Journal of Philology*, special issue.

Goody, Jack (1982), *Cooking Cuisine and Class*. Cambridge: Cambridge University Press.

Gordon. E. I. (1959), *Sumerian Proverbs*. Philadelphia: University of Pennsylvania Museum.

Gorman, Robert J. and Gorman, Vanessa B. (2007), "The *Tryphê* of the Sybarites: a historiographical problem in Athenaeus." *The Journal of Hellenic Studies* 127: 38–60.

Goulder, Jill (2010), "Administrators' bread: an experiment-based re-assessment of the functional and cultural role of the Uruk Bevel-Rim Bowl." *Antiquity* 84: 351–62.

Grayson, A. Kirk (1991), *Assyrian Rulers of the Early First Millennium I (1114–859* BC). Toronto; University of Toronto Press.

Grayson, A. Kirk; Frame, Grant; Frayne, Douglas and Maidman, Maynard (1987), *Assyrian Rulers of the Third and Second Millennia BC (to 1115 BC)*. Toronto: University of Toronto Press.

Guralnick, Eleanor (2004), "Neo-Assyrian textiles." *Iraq* 66: 221–32.

Hall, Jonathan M. (2007), *A History of the Archaic Greek World c 1200–479 BCE*. Oxford: Blackwell Publishing.

Halstead, P. and Barrett J. (eds) (2004), *Food, Cuisine and Society in Prehistoric Greece*. Sheffield; University of Sheffield Press.

Hamilakis, Yannis and Konsolaki, Eleni (2004), "Pigs for the Gods." *Oxford Journal of Archaeology*, 23(2): 135–51.

Harper, Donald J. (1998), *Early Chinese Medical Literature: The Mwangdui Medical Manuscripts*. London and New York: Kegan Paul International.

Hartog, François (1988), *The Mirror of Herodotus*. Berkeley, Los Angeles and London: University of California Press.

Hayden, Brian (2001), "Fabulous Feasts: A Prolegomenon to the Importance of Feasting," in Michael Dietler and Brian Hayden (eds), *Feasts: Archaeological and Ethnographic Perspectives on Food, Politics and Power*. Washington and London: Smithsonian Institution Press, pp. 23–64.

—(2014), *The Power of Feasts from Prehistory to the Present*. Cambridge: Cambridge University Press.

Hayden, Bryan and Villeneuve, Susanne (2011), "A century of feasting studies." *Annual Review of Anthropology* 40: 433–49.

Heath, Dwight B. (1987), "Anthropology and alcohol studies: current issues." *Annual Review of Anthropology* 16: 99–120.

Hegmon, Michelle (2003), "Setting theoretic egos aside: issues and theory in North American archaeology." *American Antiquity* 68(2): 458–69.

Henkelman, Wouter F. M. (2010), "Consumed Before the King: The Table of Darius, that of Irdabama and Irastuna and that of his Satrap Karkis," in Bruno Jacobs and Robert Rollinger (eds), *The Achaemenid Court*. Wiesbaden: Harrassowitz, pp. 667–776.

Hérail, Francine (1987), *Notes Journalières de Fujiwara no Michinaga. Vol. I*. Geneva: Librarie Droz.

—(1988), *Notes Journalières de Fujiwara no Michinaga. Vol. II*. Geneva: Librairie Droz

—(1991), *Notes Journalières de Fujiwara no Michinaga. Vol. III*. Geneva: Librairie Droz.

—(2006), *La Cour et l'Administration du Japon a l'époque de Heian*. Geneva: Librairie Droz.

Herodotus (1998), *The Histories*, R. Waterfield (trans.). Oxford: Oxford University Press.

Herrenschmidt, Clarisse and Lincoln, Bruce (2004), "Healing and salt waters: the bifurcated cosmos of Mazdean religion." *History of Religions* 42: 629–83.

Hessig, Walther (1970), *The Religions of Mongolia*. London: Routledge and Kegan Paul.

Hicks, Dan (2010), "The Material-Cultural Turn: Event and Effect," in Dan Hicks and Mary E. Baudry (eds), *The Oxford Handbook of Material Culture Studies*. Oxford: Oxford University Press, pp. 25–98.

Hobsbawm, Eric and Ranger, Terence O. (eds) (1984), *The Invention of Tradition*. Cambridge; Cambridge University Press.

Hocart, A. M. (1970), *The Life-Giving Myth, with an Introduction by Rodney Needham*. London; Methuen & Co.

Holzman, John D. (2006), "Food and memory." *Annual Review of Anthropology* Vol. 35: 361–78.

Homan, Michael M. (2004), "Beer and its drinkers: an ancient Near Eastern love story." *Near Eastern Archaeology* 67(2) (June): 84–95.

Homer (1961), *The Iliad of Homer*, Richard Lattimore (trans.). Chicago and London: University of Chicago Press.

—(1991), *The Odyssey*, E. V. Rieu (trans.), rev. edn. London: Penguin Books.

Hornsey, Ian Spencer (2003), *A History of Beer and Brewing*. London: Royal Society of Chemistry.

Hosking Richard (1995), *A Dictionary of Japanese Food: Ingredients and Culture*. Rutland, Vermont and Tokyo: Tuttle.

—(2001), "A Thousand Years of Japanese Banquets," in Harlan Walker (ed.), *The Meal: Proceedings of the Oxford Symposium on Food and Cookery*, pp. 104–12.

Huang, H. T. (1990), "Han Gastronomy: Chinese Cuisine in *Statu Nascendi*." *Interdisciplinary Science Reviews* 15(2) (June): 139–52.

Ingold, Tim (2012), "Toward an ecology of materials." *Annual Review of*

Anthropology 41: 427–42.

Ishige, Naomichi (2001), *The History and Culture of Japanese Food*. London and New York: Kegan Paul.

Jack, Albert (2010), *What Caesar Did To My Salad*. London: Particular Books/ Penguin.

Jackson, Peter and David Morgan (eds) (1990), *The Mission of Friar William of Rubruck*. London; Hakluyt Society.

Jacobsen, Thorkild (1970), *Toward the Image of Tammuz and Other Essays on Mesopotamian History and Culture*, William L. Moran (ed.). Eugene, OR: WIPF & Stock.

—(1987) *The Harps That Once ☐ Sumerian Poetry in Translation*. New Haven and London: Yale University Press.

Jacobsen, Thorkild and Adams, Robert M. (1958), "Salt and silt in ancient Mesopotamian agriculture." *Science*, New Series, 128(3334) (November): 1251–8.

Jennings, Justin; Antrobus, Kathleen L.; Atencio, Sam J. et al. (2005), "Drinking beer in a blissful mood': alcohol production, operational chains and feasting in the ancient world." *Current Anthropology* 46(2) (April): 275–303.

Joffe, Alexander H. (1998), "Alcohol and social complexity in ancient western Asia." *Current Anthropology* 39(3) (June): 297–322.

Jones, Martin (2008), *Feast: Why Humans Share Food*. Oxford: Oxford University Press.

Jong, Albert de (2010), "Religion at the Achaemenid Court," in Bruno Jacobs and Robert Rollinger (eds), *The Achaemenid Court*. Wiesbaden: Harrassowitz, pp. 533–58.

Josephus, Flavius (2006), *Jewish Antiquities*. London: Wordsworth Editions.

Joyce, Rosemary A. (2012), "Life with Things: Archaeology and Materiality," in David Shankland (ed.), *Archaeology and Anthropology: Past, Present and Future*. London and New York: Berg, pp. 119–32.

Kagawa, Aya (1949), *Japanese Cookbook: 100 Favourite Recipes for Western Cooks*. Tokyo, Japanese Travel Bureau.

Keightley, David N. (1992), *Sources of Shang History: The Oracle Bone*

Inscriptions of Bronze Age China. Berkeley and London: University of California Press.

—(2000), *The Ancestral Landscape: Time, Space, and Community in Late Shang China, Ca. 1200–1045 B.C.* Berkeley: Institute of East Asian Studies/University of California Press.

—(2006), "Early Writing in Neolithic and Shang China," in Miriam T. Stark (ed.), *Archaeology of Asia*. Malden and Oxford: Blackwells, pp. 177–201.

Kertzer, David I. (1988), *Ritual, Politics and Power*. New Haven and London: Yale University Press.

Kesner, Ladislav (1991), "The *Taotie* reconsidered: meanings and functions of Shang theriomorphic imagery." *Artibus Asiae* 51(1/2), pp. 29–53.

Kidder, J. Edward Jr. (2007), *Himiko and the Elusive Chiefdom of Yamatai*. Honolulu: University of Hawaii Press.

Kilian, Klaus (1988), "The emergence of the Wanax ideology in the Mycenaean palaces." *Oxford Journal of Archaeology*, 7(3): 291–302.

Killen, John T. (2006), "The Subjects of the Wanax: aspects of Mycenaean Social Structure," in Sigrid Deger-Jalkotzy and Irene S. Lemos (eds), *Ancient Greece: From the Mycenaean Palaces to the Age of Homer*. Edinburgh Leventis Studies 3. Edinburgh: Edinburgh University Press, pp. 87–109.

Kinnier Wilson, J. V. (1972), *The Nimrud Wine Lists. (Cuneiform Texts from Nimrud)*. London; British School of Archaeology in Iraq.

Kiple, Kenneth F. (2007), *A Moveable Feast: Ten Millennia of Food Globalization*. Cambridge; Cambridge University Press.

Kiple, Kenneth F. and Conèe Ornelas, Kriemhild (eds) (2000), *The Cambridge World History of Food*. Cambridge: Cambridge University Press.

Kirch, Patrick V. and Sahlins, Marshall (1992), *Anahulu: The Anthropology of History in the Kingdom of Hawaii*. Vol. 1 (Historical Ethnography by Marshall Sahlins) and Vol. 2 (The Archaeology of History by Patrick V. Kirch). Chicago and London: University of Chicago Press.

Kitto, H. D. F. (1957), *The Greeks*. London: Penguin.

Klein, Jakob A., Pottier, Johan and West, Harry G. (2012), "New Directions in the Anthropology of Food," in Richard Farndon, Olivia Harris, Trevor

H. Marchand et al. (eds), *The SAGE Handbook of Social Anthropology*. London: Sage Publications, pp. 293–302.

Klotz, Frieda and Oikonomopoulou, Katerina (eds) (2011), *The Philosopher's Banquet*. Oxford; Oxford University Press.

Knechtges, David R. (1986), "A literary feast: food in early chinese literature." *Journal of the American Oriental Society* 106(1) (January to March): 49–63.

—(1997), "Gradually entering the realm of delight: food and drink in early medieval China." *Journal of the American Oriental Society* 117(2) (April to June): 229–39.

Komroff, Manuel (1929), *Contemporaries of Marco Polo*. London: Jonathan Cape.

Kotaridi, Angeliki (2011), *The Legend of Macedon: A Hellenic Kingdom in the Age of Democracy in Heracles to Alexander the Great*. Oxford: Ashmolean Museum of Art and Archaeology, pp. 1–24.

Kramer, Samuel Noah (1963), "Cuneiform studies and the history of literature: the Sumerian sacred marriage texts." *Proceedings of the American Philosophical Society* 107(6) (December 20): 485–527.

Ku, Robert Ji-Song; Manalansan IV, Martin F.; and Mannur, Anita (eds) (2013), *Eating Asian America*. New York and London: New York University Press.

Kuhrt, Amelie (2002), *'Greeks' and 'Greece' in Mesopotamian and Persian Perspectives* (21st Meyers Memorial Lecture). Oxford, Leopard's Head Press.

—(2010), "*Der Hof der Achaemeniden*: Concluding Remarks," in Bruno Jacobs and Robert Rollinger (eds), *The Achaemenid Court*. Wiesbaden: Harrassowitz, pp. 901–12.

Kuper, Jessica (ed.) (1977), *The Anthropologists' Cookbook*. London and Boston: Routledge and Kegan Paul.

Kushner, Barak (2012), *Slurp: A Social and Culinary History of Ramen*. London: Global Oriental/Brill.

Ladurie, Emmanuel Le Roy (1978), *Montaillou*. London and New York: Penguin Books.

Lambert, W. G. (1993), "Donations of Food and Drink to the Gods," in J. Quaegebeur (ed.), *Ritual and Sacrifice in the Ancient Near East*. Leuven: Uitgeverij Peeters in association with the Departement Orientalistiek, pp. 191–201.

Langness, L. L. (1977), "Ritual, Power and Male Dominance in the New Guinea Highlands," in Raymond D. Fogelson and Richard N. Adams (eds), *The Anthropology of Power*. New York, San Francisco and London: Academic Press, pp. 3–22.

Leach, Edmund (1989), *Claude Levi-Strauss*. Chicago: University of Chicago Press.

Legge, James (trans.) (1885), *The Book of Rites*. Oxford: Clarendon Press.

Levi, Mario A. (1994), "The Scythians of Herodotus and the Archaeological Evidence," in Bruno Genito (ed.), *The Archaeology of the Steppes: Methods and Strategies*. Naples: Instituto Universitario Orientale, pp. 634–9.

Levi-Strauss, Claude (1967), *Structural Anthropology*. New York: Anchor Books.

Lewis, David M. (1997), "The King's Dinner," in P. J. Rhodes (ed.), *Selected Papers in Greek and Near Eastern History*. Cambridge: Cambridge University Press, pp. 332–41.

Lewis, Mark Edward (1990), *Sanctioned Violence in Early China*. Albany: State University of New York Press.

Limet, Henri (1987), "The cuisine of ancient Sumer." *The Biblical Archaeologist* 50(3) (September); 132–47.

Lincoln, Bruce (2007), *Religion, Empire and Torture*. Chicago and London: University of Chicago Press.

Lion, Brigitte; Michel, Cecile and Noel, Pierre (2000), "Les Crevettes dans la documentation du Proche-Orient Ancien." *Journal of Cuneiform Studies* 52: 55–60.

Lissarrague, François (1990), *The Aesthetics of the Greek Banquet: Images of Wine and Ritual*. Princeton: Princeton University Press.

Lo, Vivienne and Barrett, Penelope (2005), "Cooking up fine remedies: on the culinary aesthetic in a sixteenth-century Chinese materia medica." *Medical*

History 49(4): 395–422.

Luke, Joanna (1994), "The Krater, 'Kratos,' and the 'Polis.'" *Greece & Rome*, second series, 41(1) (April): 23–32.

Luukko, M. and van Buylaere, G. (2002), *The Political Correspondence of Esarhadon*. Helsinki; SAA. 16.

Macfarlane, Alan (1988), "Anthropology and History," in John Cannon et al., *The Blackwell Dictionary of Historians*. Oxford: Blackwells.

Machida, Margo (2013), "Devouring Hawai," in Robert Ji-Song Ku, Martin F. Manalansan IV and Anita Mannur (eds), *Eating Asian America*. New York and London: New York University Press, pp. 323–53.

Mair, Victor H. (2006), "Introduction: Kinesis versus Stasis, Interaction versus Independent Invention," in Victor H. Mair (ed.), *Contact and Exchange in the Ancient World*. Honolulu; University of Hawaii Press, pp. 1–16.

Malinowski, Bronislaw (1922), *Argonauts of the Western Pacific*. London: Routledge and Kegan Paul.

Mallowan, Max (1972), "Cyrus the Great (558–529 BC)." *Iran* 10: 1–17.

Maran, Joseph (2006), "Coming to Terms with the Past: Ideology and Power in Late Helladic IIIC," in Sigrid Deger-Jalkotzy and Irene S. Lemos (eds), *Ancient Greece from The Mycenaean Palaces to the Age of Homer*. Edinburgh Leventis Studies 3. Edinburgh: University of Edinburgh Press, pp. 123–50.

Masson Smith, John Jr. (2000), "Dietary Decadence and Dynastic Decline in the Mongol Empire." *Journal of Asian History* 34; 1: pp. 35–52.

—(2003), "The Mongols and the Silk Road." *Silk Road Foundation Newsletter*, 1: 1. http://silkroadfoundation.org/newsletter/volumeonenumberone/mongols.html (accessed September 2014).

Mauss, Marcel (1966), *The Gift: Forms and Functions of Exchange in Archaic Societies*. London; Cohen & West.

McBride, W. Blan (1977), "Import-Export Business Operation in Early Mesopotamia." *Business and Economic History* 6, Mesopotamia. http://www.hnet.org/~business/bhcweb/publications/BEHprint/toc61977.html (accessed September 2014).

McCulloch, Helen Craig (1980), *Okagami—the Great Mirror: Fujiwara*

Michinaga (966–1027) and His Times. Princeton: Princeton University Press.

—(1999), "Aristocratic Culture," in John Whitney Hall, Donald H. Shively and William H.

McCulloch (eds), *The Cambridge History of Japan Vol. 2: Heian Japan*. Cambridge: Cambridge University Press, pp. 390–441.

McCulloch, William H. (1999a), "The Heian Court, 794–1040," in John Whitney Hall, Donald H. Shively, and William H. McCulloch (eds), *The Cambridge History of Japan Vol. 2: Heian Japan*. Cambridge: Cambridge University Press, pp. 20–80.

—(1999b), "The Capital and Its Society," in John Whitney Hall, Donald H. Shively, and William H.

McCulloch (eds), *The Cambridge History of Japan Vol. 2: Heian Japan*. Cambridge: Cambridge University Press, pp. 97–180.

McCulloch, William H. and McCulloch, Helen Craig (1980), *A Tale of Flowering Fortunes: Annals of Japanese Aristocratic Life in the Heian Period, Vols I and II*. Stanford: Stanford University Press.

McDermott, Joseph (1999), "Introduction," in Joseph McDermott (ed.), *State and Court Ritual in China*. Cambridge and New Haven: Cambridge University Press, pp. 1–19.

McEwan, Gilbert J. P. (1983), "Distribution of meat in Eanna." *Iraq* Vol. 45(2) (Autumn): 187–98.

McGovern, Patrick E. (2003), *Ancient Wine: The Search for the Origins of Viniculture*. Princeton and Oxford: Princeton University Press.

—(2009), *Uncorking the Past: The Quest for Wine, Beer and other Alcoholic Beverages*. Berkeley, Los Angeles and London: University of California Press.

McGovern, Patrick E., Fleming, Stuart J., and Katz, Solomon H. (eds) (1995), *The Origins and Ancient History of Wine*. Amsterdam: Gordon and Breach.

Michalowski, Piotr (1990), "Early Mesopotamian Communication Systems: Art, Literature, Writing," in A. Gunter (ed.), *Investigating Artistic Environments in the Ancient Near East*. Washington DC: Smithsonian Institution Press, pp. 53–69.

—(1994), "The Drinking Gods," in Lucio Milano (ed.), *Drinking in Ancient Societies*. Padua; SARGON srl, pp. 27–44.

Mieroop, Marc van de (1997), *The Mesopotamian City*. Oxford: Oxford University Press.

Miller, Daniel (1995a), "Consumption and commodities." *Annual Review of Anthropology* 24: 141–61.

—(1995b), "Consumption as the Vanguard of History," in Daniel Miller (ed.) *Acknowledging Consumption*. London and New York: Routledge.

Miller, Margaret (1997), "Foreigners at the Greek Symposium?" in William J. Slater (ed.), *Dining in a Classical Context*. Ann Arbor: The University of Michigan Press, pp. 59–81.

Mintz, Sidney and Dubois, Christine (2002), "The anthropology of food and eating." *Annual Reviews of Anthropology*, 31: 99–117.

Mordaunt Cook, J. (1972), *The British Museum*. London: Allen Lane, The Penguin Press.

Moreland, John (2001), *Archaeology and Text*. London: Duckworth.

—(2006), "Archaeology and text: Subservience or Enlightenment?" *Annual Review of Anthropology* 35: 135–51.

Morris, Ian (1986), "The use and abuse of Homer," *Classical Antiquity* 5: 81–138.

Morris, Ivan (1967), *The Pillow Book of Sei Shonagon*. London: Penguin.

—(1979), *The World of the Shining Prince: Court Life in Ancient Japan*. London: Penguin.

Mote, F. W. (1977), "Yuan and Ming," in K. C. Chang (ed.), *Food in Chinese Culture*. New Haven and London: Yale University Press, pp. 193–258.

—(1999), *Imperial China 900–1800*. Cambridge and London: Harvard University Press.

Munn Rankin, J. M. (1956), "Diplomacy in western asia in the early second millennium BC." *Iraq* 18(1): 68–110.

Murray, Oswyn (1983), "The Greek Symposion in History," in E. Gabba (ed.), *Tria Corda: Scritti in onoredi Arnado Momigliano*. Como, Edizione New Press.

—(1995), "Forms of Sociality," in Jean-Pierre Vernant (ed.), *The Greeks*.

Chicago and London; University of Chicago Press, pp. 218–53.

—(ed) (1994), "Sympotic History," in *Sympotica: A Symposium on the Symposion*. Oxford: The Clarendon Press, pp. 1–13.

Nader, Laura (1972), "Up The Anthropologist – Perspectives Gained from Studying Up," in Dell Hymes (ed.), *Reinventing Anthropology*. New York: Pantheon Books.

—(1997), "Controlling processes: tracing the dynamic components of power." *Current Anthropology* 18(5): 711–38.

Neer, Richard T. (2002), *Style and Politics in Athenian Vase-Painting. The Craft of Democracy ca. 530–460 B.C.E*. Cambridge: Cambridge University Press.

Nelson, Sarah Milledge (2003), "Feasting the Ancestors in Early China," in Tamara Bray (ed.), *The Archaeology and Politics of Food and Feasting in Early States and Empires*. New York, Boston and London: Kluwer, pp. 65–92.

Neumann, Hans (1994), "Beer As a Means of Compensation for Work in Mesopotamia During the Ur III Period," in Lucio Milano (ed.), *Drinking in Ancient Societies: History and Culture of Drinks in the Ancient Near East*. Padova: Sargon srl, pp. 321–31.

Nienhauser, William (1994), *The Grand Scribe's Records Vol. I: The Basic Annals of Pre-Han China (S'su ma Chien)*. Bloomington: Indiana University Press.

Nissen, Hans J., Damerow, Peter and Englund, Robert K. (1993), *Archaic Bookkeeping: Writing and Techniques of Economic Administration in the Ancient Near East*. Chicago and London; University of Chicago Press.

Noonan, Thomas S. (1994), "What Can Archaeology Tell Us About the Economy of Khazaria?" in Bruno Genito (ed.), *The Archaeology of the Steppes: Methods and Strategies*. Naples, Istituto Universitario Orientale, pp. 331–45.

Notes and Queries on Anthropology (1929), Edited for the British Association for the Advancement of Science by A Committee of Section H. London, Royal Anthropological Institute.

O'Connor, Kaori (2013), *The English Breakfast: The Biography of a National*

Meal. London; Bloomsbury.

Ohnuki-Tierney, Emiko (1995), "Structure, event and historical metaphor: rice and identities in Japanese history." *The Journal of the Royal Anthropological Institute* 1(2): 227–53.

Ooms, Herman (2009), *Imperial Politics and Symbolics in Ancient Japan: The Tenmu Dynasty*. Honolulu: University of Hawaii Press.

Oppenheim, A. Leo (1949), "The golden garments of the gods." *Journal of Near Eastern Studies* 8(3) (July): 172–93.

—(1965), "On Royal Gardens in Mesopotamia." *Journal of Near Eastern Studies*, 24(4) Pt 2 (October), pp. 328–33.

—(1977), *Ancient Mesopotamia: Portrait of a Dead Civilization*, Rev. edn completed by Erica Reiner. Chicago and London: University of Chicago Press.

Ortner, Sherry B. (1984), "Theory in anthropology since the Sixties." *Comparative Studies in Society and History* 26(1): 126–66.

Palaima, Thomas G. (2004), "Sacrificial feasting in the Linear B documents," *Hesperia*, 73: 217–46.

Parpola, Simo (2004), "The Leftovers of God and King," in Cristiano Grottanelli and Lucio Milano (eds), *Food and Identity in the Ancient World*. Padova: SARGON, Editrice e Libreria, pp. 281–312.

Percy, William Armstrong II (1996), *Pederasty and Pedagogy in Archaic Greece*. Champaign, IL; University of Illinois Press.

Peregrine, Peter N. (1998), "Comment in Joffee, Alexander (1998), alcohol and social complexity in ancient Western Asia." *Current Anthropology* 39(3): 314.

Philippi, Donald L. (1959), *Norito: A New Translation of the Ancient Japanese Ritual Prayers*. Tokyo: The Institute for Japanese Culture and Classics, Kokugakuin University.

—(1987), *Kojiki*. Tokyo: Tokyo University Press.

Pinnock, Frances (1994), "Considerations on the 'Banquet Theme' in the Figurative Art of Mesopotamia and Syria," in Lucio Milano (ed.), *Drinking in Ancient Societies: History and Culture of Drinks in the Ancient Near East*. Padova: Sargon srl, pp. 15–26.

Pittman, Holly (1998), "Cylinder Seals," in Richard L. Zettler and Lee Horne (eds), *Treasures from the Royal Tombs of Ur*. Philadelphia: University of Pennsylvania Museum of Archaeology and Anthropology, pp. 75–86.

Plutschow, Herbert (1995), "Archaic Chinese sacrificial practices in the light of generative Anthropology." *Anthropoetics* 1(2) (December). http://www.anthropoetics.ucla.edu/ap0102/china.htm (accessed August 2014).

Pollock, Susan (2003), "Feasts, Funerals and Fast Food in Early Mesopotamian States," in Tamara Bray (ed.), *The Archaeology and Politics of Food and Feasting in Early States and Empires*. New York, Boston, Dordrecht, London and Moscow: Kluwer Academic/Plenum Publishers, pp. 17–38.

Poo, Mu-Chou (1999), "The use and abuse of wine in ancient China." *Journal of the Economic and Social History of the Orient* 42(2): 123–51.

Postgate, J. N. (1992), *Early Mesopotamia: Society and Economy at the Dawn of History*. London and New York: Routledge.

Powell, Marvin (1994), "Metron Ariston: Measure as a Means of Studying Beer in Ancient Mesopotamia," in Lucio Milano (ed.), *Drinking in Ancient Societies*. Padova: Sargon, pp. 91–119.

—(1996), "Money in Mesopotamia." *Journal of the Economic and Social History of the Orient*, 39(3): 224–42.

Praetzellis, Adrian (1998), "Archaeologists as storytellers." *Historical Archaeology*, 32(1): 2.

Puett, Michael J. (2004), *To Become a God: Cosmology, Sacrifice and Self-Divinization in Early China*. Cambridge, MA and London: Harvard University Asia Center for the Harvard-Yenching Institute.

Putz, Babette (2007), *The Symposium and Komos in Aristophanes*. Oxford: Oxbow Books.

Raaflaub, Kurt A. (2006), "Historical Approaches to Homer," in Deger-Jalkotzy, Sigrid and Irene S. Lemos (eds), *Ancient Greece: From the Mycenaean Palaces to the Age of Homer*. Edinburgh; Edinburgh University Press, pp. 449–62.

Rachewiltz, Igor de (2004), *The Secret History of the Mongols, Vols I and II*. Leiden and Boston; Brill.

Radner, Karen (2011), "Fame and Prizes: Competition and War in the Neo-

Assyrian Empire," in Nick Fisher and Hans van Wees (eds), *Competition in the Ancient World*. Swansea: Classical Press of Wales, pp. 37–58.

Rath, Eric C. (2008), "Banquets against boredom: towards understanding (Samurai) cuisine in early modern Japan." *Early Modern Japan* 16: 43–55.

—(2010), *Food and Fantasy in Early Modern Japan*. Berkeley, Los Angeles and London: University of California Press.

Rawson, Jessica (1993), "Late Shang Bronze Design: Meaning and Purpose," in Roderick Whitfield (ed.), *The Problem of Meaning in Early Chinese Ritual Bronzes. Percival David Foundation of Chinese Art*. London: School of Oriental and African Studies, pp. 67–95.

—(1999), "Ancient Chinese Ritual as Seen in the Material Record," in Joseph McDermott (ed.), *State and Court Ritual in China*. Cambridge and New Haven: Cambridge University Press, pp. 20–49.

—(ed) (2007), *The British Museum Book of Chinese Art*, London: British Museum Press.

Redfield, James (1995), "Homo Domesticus," in Jean-Pierre Vernant (ed.), *The Greeks*. Chicago and London: University of Chicago Press, pp. 153–83.

Reiner, Erica (1995), "Astral magic in Babylonia." *Transactions of the American Philosophical Society New Series* 85(4): 1–150.

Riasanovsky, V. A. (1965), *Fundamental Principles of Mongol Law*. Bloomington: University of Indiana Publications.

Ricci, Aldo (trans.) (1939), *The Travels of Marco Polo*. London: Routledge and Kegan Paul.

Ridgway, David (1997), "Nestor's cup and the Etruscans." *Oxford Journal of Archaeology* 16(3); 325–44.

Roberts, J. A. G. (2002), *From China to Chinatown: Chinese Food in the West*. London: Reaktion Books.

Rolle, Renate (1980), *The World of the Scythians*. London: Batsford Ltd.

Root, Margaret Cool (1979), *The King and Kingship in Achaemenid Art*. Leiden: Brill.

Ruark, Jennifer K. (1999), "More scholars focus on historical, social and cultural meanings of food, but some critics say it's scholarship lite." *Chronicle of Higher Education* (USA), July 9.

Sachs, Abraham (1969), "Daily Sacrifices to the Gods of the City of Uruk," in J. B. Prichard, *Ancient Near Eastern Texts Relating to the Old Testament*. Princeton: Princeton University Press, pp. 343–5.

Sahlins, Marshall (1976), *Culture and Practical Reason*. Chicago and London: University of Chicago Press.

—(1991), "The segmentary lineage system: an organization of predatory expansion." *American Anthropologist* New Series, 63(2): 322–45.

—(1992), *Anahulu: The Anthropology of History in the Hawaiian Islands*. Vol. I: Historical Ethnography. Chicago and London: University of Chicago Press.

—(2004), *Apologies to Thucydides: Understanding History as Culture and Vice Versa*. Chicago; University of Chicago Press.

—(2008), "The Stranger-King or Elementary Forms of the Politics of Life." *Indonesia and the Malay World* 36:105, pp. 177–99.

Said, Edward (1978), *Orientalism*. London and Boston: Routledge and Kegan Paul.

Sancisi-Weerdenberg, Heleen (1989), "Gifts in the Persian Empire," in Pierre Briant and Clarisse Herrenschmidt (eds), *Le Tribut dans l'Empire Perse*. Louvain and Paris: Peeters, pp. 107–20.

—(1995), "Persian Food: Stereotypes and Political Identity," in John Wilkins, David Harvey and Mike Dobson (eds), *Food in Antiquity*. Exeter: University of Exeter Press, pp. 286–302.

—(1997), "Crumbs from the Royal Table: Foodnotes on Briant," in Pierre Briant (ed.), *Recherches Recent sur l'empire Achemenide*. Lyons: Maison de l'Orient et de la Méditerranée, pp. 297–306.

Sansom, George (1958), *A History of Japan to 1334*. London: The Cresset Press.

Sasson, Jack M. (2004), "The King's Table: Food and Fealty in Old Babylonian Mari," in Cristiano Grottanelli and Lucio Milano (eds), *Food and Identity in the Ancient World*. Padova: SARGON, Editrice e Libreria, pp. 179–215.

Schafer, Edward H. (1963), *The Golden Peaches of Samarkand*. Berkeley and Los Angeles; University of California Press.

Schiefenhovel, Wulf and Macbeth, Helen (eds) (2011), *Liquid Bread: Beer and Brewing in Cross-Cultural Perspective*. Oxford and New York: Berghahn Books.

Schmandt-Besserat, Denise (1992), *Before Writing*. Austin: University of Texas Press.

—(2001), "Feasting in the Ancient Near East," in Michael Dietler and Brian Hayden (eds), *Feasts; Archaeological and Ethnogaphic Perspectives on Food, Politics and Power*. Washington DC and London: Smithsonian Institution Press, pp. 391–403.

Schmitt-Pantel, Pauline (1990), "Collective Activities and the Political in the Greek City," in Oswyn Murray and Simon Price (eds), *The Greek City from Homer to Alexander*. Oxford: Clarendon Press, pp. 199–215.

—(1994), "Sacrificial Meal and Symposion: Two Models of Civic Institutions in the Archaic City?" in Oswyn Murray (ed.), *Sympotica*. Oxford: Clarendon Press, pp. 14–33.

Scholliers, Peter (2012), "The Many Rooms in the House: Research on Past Foodways in Modern Europe," in Kyri W. Clafin and Peter Scholliers (eds), *Writing Food History: A Global Perspective*. London and New York: Bloomsbury, 59–71.

Scholliers, Peter and Clafin, Kyri W. (2012), "Surveying Global Food Historiography," in Kyri W. Clafin and Peter Scholliers (eds), *Writing Food History: A Global Perspective*. London and New York: Bloomsbury, pp. 1–10.

Sherratt, Andrew (1999), "Cash Crops Before Cash: Organic Consumables and Trade," in Chris Gosden and Jon Hather, (eds), *The Prehistory of Food: Appetites for Change*. London and New York: Routledge, pp. 13–34.

—(2006), *Bread, Butter and Beer: Dietary Change and urbanisation in early Mesopotamia and Surrounding Areas 6000–3000 BC*. Unpublished manuscript, cited in Jill Goulder (2010), "Administrators' bread: an experiment-based re-assessment of the functional and cultural role of the Uruk Bevel-Rim Bowl." *Antiquity* 84:351–62.

Sherratt, Susan (2004), "Feasting in Homeric epic," *Hesperia* 73(2) (April/June): 301–37.

Simoons, Frederick J. (2001), *Food in China: A Cultural and Historical Enquiry*. Boca Raton and Boston: CRC Press.

Simpson, St John (2005), "The Royal Table," in John Curtis and Nigel Tallis (eds), *Forgotten Empire: The World of Ancient Persia*. London: British Museum Press, pp. 104–31.

Slotsky, Alice L. (2007), "Cuneiform Cuisine: Culinary History Reborn at Brown University, SBL Forum", Online: http://sbl-site.org/Article.aspx?ArticleID=703 (accessed September 2, 2011).

Sourvinou-Inwood, Christiane (1990), "What is *Polis* Religion?" in Oswyn Murray and Simon Price (eds), *The Greek City from Homer to Alexander*. Oxford: Clarendon Press, pp. 295–322.

Spieser, E. A. (1954), "The case of the obliging servant." *Journal of Cuneiform Studies* 8(3): 98–105.

Steele, John (1917), *I-Li or Book of Etiquette* (2 vols). London: Probsthain.

Steiner, Ann (2002), "Private and public: links between symposion and syssition in fifth-century Athens," *Classical Antiquity* 21(2): 347–80.

Sterckx, Roel (ed.) (2005a), "Introduction," in Roel Sterckx (ed.), *Of Tripod and Palate: Food, Politics and Religion in Traditional China*. New York and Basingstoke: Palgrave Macmillan, pp. 1–8.

—(2005b) "Food and Philosophy in Pre-Buddhist China" in Sterckx, Roel (ed) 2005 *Of Tripod and Palate*, New York: Palgrave Macmillan: 34–61.

—(2011) *Food, Sacrifice and Sagehood in Early China*. Cambridge: Cambridge University Press.

Stol, Marten (1994), "Beer in Neo-Babylonian Times," in Lucio Milano (ed.), *Drinking in Ancient Societies: History and Culture of Drinks in the Ancient Near East*. Padova: SARGON srl, pp. 155–83.

Strong, Roy (2002), *Feast: A History of Grand Eating*. London: Jonathan Cape.

Suter, Claudia E. (2007), "Between Human and Divine: High Priestesses in Images from the Akkad to the Isin-Larsa Period," in Jack Cheng and Marian H. Feldman (eds), *Ancient Near Eastern Art in Context: Studies in Honor of Irene J. Winter by Her Students*. Leiden and Boston: Brill.

Sutton, David E. (2010), "Food and the senses." *Annual Review of*

Anthropology 39: 209–23.

Tchen, John Kuo Wei (1999), *New York Before Chinatown: Orientalism and the Shaping of American Culture 1776–1882*. Baltimore: Johns Hopkins University Press.

The Times, Saturday October 3, 1885, p. 9; issue 31568; col D.

Thomason, Allison Karmel (2004), "From Sennacherib's bronzes to Tarhaqua's feet: conceptions of the material world at Nineveh." *Iraq*, 66: 151–62.

Thompson, R. Campbell (1903), *The Devils and Evil Spirits of Babylonia*. London: Luzac and Co.

Thucydides (2009), Martin Hammond (trans.), *The History of the Peloponnesian Wars*. Oxford; Oxford University Press.

Thureau-Dangin, F. (1921), *Rituels Accadiens*. Paris: Editions Ernst Leroux.

Tubielewicz, Jolanta (1980), *Superstitions, Magic and Mantic Practices in the Heian Period*. Warsaw: Wydawnictwa Uniwersytetu Warszawskiego.

Turner, Victor (1967), *The Forest of Symbols*. Ithaca, NY: Cornell University Press.

Twiss, Katheryn (2012), "The archaeology of food and social diversity." *Journal of Archaeological Research* 20: 357–95.

Tyson Smith, Stuart (2003), "Pharaohs, Feasts and Foreigners: Cooking, Foodways and Agency on Ancient Egypt's Southern Frontier," in Tamara L. Bray (ed.), *The Archaeology and Politics of Food and Feasting in Early States and Empires*. New York and London: Kluwer/Plenum, pp. 39–64.

Ustinova, Yulia (2005), "Snake-Limbed and Tendril-limbed Goddesses in the Art and Mythology of the Mediterranean and Black Sea," in David Brown (ed.), *Scythians and Greeks. Culture Interactions in Scythia, Athens and The Early Roman Empire*. Exeter: University of Exeter Press, pp. 64–79.

Van Buren, E. Douglas (1948), "Fish-offerings in ancient Mesopotamia." *Iraq* 10: 2, (Autumn): 101–21.

Vanstiphout, H. L. J. (1992), "The Banquet Scene in the Mesopotamian Debate Poems," in R. Gyselen (ed.), Banquets d'Orient. *Res Orientales*, vol. IV, pp. 9–21.

Vernant, Jean-Pierre (1989), "At Man's Table," in Marcel Detienne and Jean-

Pierre Vernant (eds), *The Cuisine of Sacrifice Among the Ancient Greeks.* Chicago and London: University of Chicago Press, pp. 21–86.

Von Falkenhausen, Lothar (1993), *Suspended Music: Chime-Bells in the Culture of Bronze Age China.* Berkeley and Oxford: University of California Press.

Von Verschuer, Charlotte (2003), *Le Riz dans la Culture de Heian: Mythe et Réalité.* Paris: Institut des Hautes Etudes Japonaises.

Waines, David (1987), "Cereals, bread and society: an essay on the staff of life in medieval Iraq." *Journal of the Economic and Social History of the Orient* 30(3): 255–85.

Waley, Arthur (1918), *A Hundred and Seventy Chinese Poems.* New York: Alfred Knopf.

—(1937), *The Book of Songs.* London: George Allen & Unwin.

—(1965), *The Tale of Genji: A Novel in Six Parts by Lady Murasaki.* London: George Allen & Unwin.

Watson, James L. (1987), "Feasting from the common pot: feasting with equals in Chinese Society." *Anthropos*, 82(4/6): 389–401.

Wengrow, David (2008), "Prehistories of commodity branding." *Current Anthropology* 49(1): 7–34.

—(2010) *What Makes Civilization?* Oxford and New York, Oxford University Press.

Wiessner, Polly and Schiefenhovel, Wulf (1996), *Food and the Status Quest.* Providence, RI and Oxford: Berghahn Books.

Wilcox, George (1999), "Agrarian Change and the Beginnings of Cultivation in the Near East," in Chris Gosden and Jon Hather (eds), *The Prehistory of Food: Appetites for Change.* London and New York: Routledge.

Wilkins, John (2000), *The Boastful Chef: The Discourse of Food in Ancient Greek Comedy.* Oxford; Oxford University Press.

—(2012), "Food and Drink in the Ancient World," in Kyri W. Clafin and Peter Scholliers (eds), *Writing Food History: A Global Perspective.* London and New York: Bloomsbury, pp. 11–23.

—(2014), "Archestratus: naughty poet, good cook." *Petits Propos Culinaires* 100: 162–86.

Wilkins, John and Hill, Shaun (2011), *Archestratus: Fragments from the Life of Luxury*. Devon; Prospect Books.

Wilkins, John, Harvey, David and Dobson, Mike (eds) (1995), *Food in Antiquity*. Exeter: University of Exeter Press.

Wilkinson, Toby C., Susan Sherratt and John Bennet, (eds) (2011), *Interweaving Worlds – Systematic Interactions in Eurasia, 7th to 1st Millennia BC*. Essays from a conference in memory of Professor Andrew Sherratt. Oxford: Oxbow Books, pp. 37–60.

Willerslev, Rane (2011), "Frazer strikes back from the armchair: a new search for the Animist soul. (Malinowski memorial Lecture 2010)." *Journal of the Royal Anthropological Society* 17(3): 504–26.

Winter, Irene J. (1985), "After the Battle is Over: the Stele of the Vultures and the Beginning of Historical Narrative in the Art of the Ancient Near East," in Herbert L. Kessler and Marianna Shreve Simpson, *Pictorial Narrative in Antiquity and the Middle Ages*. Center for Advanced Study in the Visual Arts, Symposium Series IV. Washington DC: National Gallery of Art. pp. 11–32.

—(1986), "The King and the Cup," in Marilyn Kelly-Buccellati (ed.), *Insight Through Images, Studies in Honor of Edith Porada*. Malibu: Biblioteca Mesopotamica 21, pp. 253–68.

—(1993), "Seat of kingship/a wonder to behold: the palace as construct in the ancient near east." *Ars Orientalis* 23: 27–55.

Wiseman, D. J. (1952), "A New Stela of Ashurnasirpal II." *Iraq* 14: 24–39.

—(1983) "Mesopotamian Gardens." *Anatolian Studies* 33: 137–44.

Woolley, Sir Leonard (1934), *The Royal Cemetary, Ur Excavations*, vol. 2. London: Trustees of the British Museum and of the Museum of the University of Pennsylvania.

—(1938), *Ur of the Chaldees: Seven Years of Excavation*. Harmondsworth and New York: Penguin Books.

Wrangham, Richard (2009), *Catching Fire: How Cooking Made Us Human*. New York: Basic Books.

Wright, James C. (2004a), "A survey of evidence for feasting in Mycenaean society," *Hesperia*, 73; 2: 133–78.

—(2004b), "The Mycenaean feast: an introduction." *Hesperia* 73(2), Special issue: The Mycenaean Feast: 121–32.

—(2006), "The Formation of the Mycenaean Palace," in Sigrid Deger-Jalkotzy and Irene S. Lemos (eds), *Ancient Greece from The Mycenaean Palaces to the Age of Homer*. Edinburgh Leventis Studies 3. Edinburgh: University of Edinburgh Press, pp. 7–52.

Wright, Katherine I. (Karen) (2014), "Domestication and inequality? Households, corporate groups and food processing tools at Çatalhöyük." *Journal of Archaeological Research* 33: 1–33.

Wu, David Yen Ho and Cheung, Sidney C. H. (2004), *The Globalization of Chinese Food*. London and New York: Routledge.

Wu, David Yen Ho and Tan, Chee Beng (2001), *Changing Chinese Foodways in Asia*. Hong Kong; Chinese University Press.

Yiengpruksawan, Mimi Hall (1994), "What's in a Name? Fujiwara Fixation in Japanese Cultural History." *Monumenta Nipponica* 49:4, 423–53.

Yoffee, Norman (1995), "Political economy in early Mesopotamian States." *Annual Review of Anthropology* 24: 281–311.

Zeitlyn, David (2012), "Anthropology in and of the archives: possible futures and contingent pasts. Archives as anthropological surrogates." *Annual Review of Anthropology* 41: 461–80.

译后记

　　我非常荣幸能翻译奥康纳教授的这部涉及历史学、考古学和人类学等多个学科的著作。本书悉数美索不达米亚、希腊、蒙古、中国和日本等古老文明中源远流长的饮宴活动，采取主位与客位相结合的视角，论及饮宴活动的物质供应、烹饪技法、呈现方式、社会意义和宗教仪式等诸多方面，并敏锐地点出了饮酒活动的相对独立性及其巨大影响。同时，作者在行文中旁征博引、巨细靡遗，其严谨细致令人钦佩，也为读者打开了进一步研究或阅读的大门。相信无论与古籍古物为伍的专业学者，还是求知若渴的普通读者，无论饕餮附身的饮宴达人，还是不食人间烟火的辟谷谪仙，甚至连译者本人这种通常不参与饮宴活动的闲散人员，都能从本书中获得许多启迪和灵感。

　　由于本书跨越多重文化、民族和语言，其翻译工作可谓"道阻且长"，尤其是涉及书中引用（尤其是转引）的中、日文古籍的英译转译问题，有时不得不一页页、一段段、一句句乃至一字一词地在卷帙浩繁的古籍甚至甲骨文资料库中逐条对照查找原文语段。即便如此，偶尔还是会无功而返，没能找到古籍原文加以还原，只好暂作音译。本着忠实于原著、尽可能对照还原的精神，译本中夹杂了不少古籍原文，我也尽可能多地加以注释，并标注出英文原文，以便阅读和检索。

此外，非常感谢广西师范大学出版社的编辑，没有他们的悉心帮助，这部译作可能早已胎死腹中而无法面市。由于译者的能力、资源和时间所限，难免有错漏之处，在此诚惶诚恐地请求读者的原谅和指正。

译者 X. Li

2018 年 12 月于祖国大陆最南端